U0104158

古遠清臺灣文學新五書

臺灣百年文學出版史

古遠清　著

自序　瘋狂地寫書的理由

「老夫聊發少年狂」，人到八十歲，我覺得自己變「狂」了，居然不滿足於出版《世界華文文學概論》，半夜從夢中爬出被窩，趕緊將構思好的《世界華文文學學科史》的提綱寫出來，這正好與排版中的《世界華文文學新學科論文選》構成「三部曲」。

我覺得自己不僅變「狂」了，而且這「狂」已近乎「瘋狂」。原計劃今年八十歲出八本書，這八本書已成功出版——尤其是在對岸出版了「古遠清臺灣文學五書」後，又趕快寫續篇「古遠清臺灣文學新五書」，其中《微型臺灣文學史》、《臺灣百年文學期刊史》已出版，《臺灣百年文學出版史》正在校對中，馬上要動手寫《臺灣百年文學紛爭史》。寫史得「十年磨一劍」，可我已沒有十年了。我這不是「以創作豐收自樂」，而是利用原已發表和出版的成果整理加工、再新寫三分之一而成，這完全是「厚積」的結果。

我爲什麼到了人生的寒冬，還要樂此不疲地寫書，「瘋狂」地出書？其理由如下：

一是打發疫情期間的無聊時光。去年武漢封城數月，無法再外出開會、講學，便利用這難得的機會，整理胡秋原、臧克家、余光中等海內外作家寫給我的兩千多封信，後又覺得時間充裕，還可再寫一本《世界華文文學概論》，這本書花了半年功夫已由中國華僑出版社出版。這是我用心血澆灌的花朵，寫書已成了我精神生活的一部分。與兩岸出版社相遇、投契、出簡體字和繁體字書，是如此動人和奇妙，這令我愉悅，更令我難忘。

二是治癒精神創傷。近四年，我遭受了空前未有的家暴，被剝奪了看電視的權利，一被「惡婦」發現，便像上次用鐵錘砸我的手機那樣將遙控器砸爛或收繳。退休老人看電視很正常，可她說「礙眼」。這壞事變成好事，我從此戒掉看電視的習慣，全心全意地寫作。緊接著書房「淪陷」，被「惡婦」和孫子占領，連進去取書都得小心翼翼。我在計算機被強行拔線後，「老秘」幫我買了一台手提電腦在衛生間旁邊的一個小角落裏偷偷地寫。一想到臺灣一位作家在日據時期躲在防空洞裏寫，我這點困難算得了什麼。

寫作，可以忘卻痛苦，忘卻煩惱，是療傷的最佳方法。我在接受學生採訪時，信口說了三句話：

何以解憂，唯有讀書。
何以療傷，唯有寫書。
何以快樂，唯有出書。

三是享受人生快樂。有人認爲旅遊、打牌、抽菸是享受人生的好辦法，可我腿腳不比年輕人靈活，走久了不行。即使我腿腳靈活的時候，我對旅遊的興趣完全放在到不同城市逛書店上。二〇一九年我趁到臺北開會之機，把臺灣的大小書店「洗劫」了一番，在新書店、舊書店拎著一包包書回賓館。有人說快八十歲的人都不再買書而是將書處理掉，可我怎麼捨得丟棄這些從海內外購回來的書。購書、讀書、寫書，這才是我的摯愛，我的人生享受。《中華讀書報》曾有個專欄「我的枕邊書」，我的枕邊書不是別人寫的書，而是把自己在對岸出的繁體豎排書放在枕邊陪我入睡，入睡前摸摸封面，嗅嗅墨香，這樣可以忘卻痛苦，忘卻焦慮，忘卻恐懼，忘卻難堪，忘卻艱辛，忘卻的最佳途徑是對岸作家琦君說的「三更有夢書當枕」，尤其是用自己的書當枕，由此完成靈魂的救贖。我一直在思考，人生的苦難只能盛載在著書立說的容器裏，而寫單篇論文這個容器畢竟小了些，必須在論文的基礎上形成體系，形成專著。

四是治療健忘症。文革前鄧拓曾說老年人常犯健忘症，當年體會不到，我到了耄耋之年，才眞正感受到此言不虛。我寫書之前，常常爲找眼鏡犯愁，有時眼鏡已戴上，可還在四處尋找，可笑！更可笑的是我最近到汕頭講學，坐飛機前見旁邊有許多人排隊，我沒有仔細看自己的登機口，竟把鄰口「四一」當成我應去的「四〇」。當我到「四一」窗口檢票時，工作人員說你錯了！這錯，是相差十萬八千里之錯。錯上飛機，那就回不來了，好險！我衷心感謝那位檢票員認眞核對，把我從錯誤的道路上拉回來。生活中常犯錯的我，寫起書來是不可能犯這類錯的。我有一位年近九旬的老友，新出的書中，竟把吳濁流編的《臺灣文藝》錯成外省作家夏濟安主編的，這和一位香港學者把文學史家司馬長風錯爲武俠小說家一樣。像這類差錯，我盡可能避免。我對一些作家的年齡和著作的書名，不用查字典均記得一清二楚，而誤上飛機這不過是選擇性的「失憶」罷了，在我的專業範圍內是不允許出現的。讀書、寫書，可防止老年痴呆症的發生。我從不抽菸、喝酒、打牌。開會、講學、購書、讀書、寫書、出書、搬書、寄書才是我最好的人生享受。這不是以學術的名義，在瘋狂地消費讀者和忽悠出版社，而是用按回車鍵的方式找回我的青春，找回我的快樂，找回我的欣喜，找回我的滿足，找回我的人生。

五是答謝陝西師範大學給我的學術第二春。二〇一九年我七十八歲時，陝西師範大學人文社會科學高等研究院高薪聘我做駐院研究員，使我受寵若驚。在簽合同時，該院竟不實行考核制度，不「強迫」我申報國家社科基金課題，不要求我每年發表多少篇重點刊物的論文，如此寬鬆的學術環境，不是天下第一，也是天下第二，打著燈籠都找不到。不考核使我更感到必須努力工作，才能不辜負「高等研究院」對我的「高等」期望。這也是我瘋狂寫書的一個理由。

老年散漫，老年懶惰，老年放棄，老年保命，老年只吃喝玩樂，這不是我的人生。一輩子快過完了，自己要看的書還未看完，要寫的書還未寫完，我隱隱感到有一盞著書立說的燈在照亮我奔向遠方。臺灣文學居然有那麼多空地等待我去馳騁，去開墾，難怪賢茂老兄點贊我「精力充沛，活力四射，今年九月底醫院給你下的『病危通知』，應該屬愚人節的寓言。」

我絕不能讓我的精力全耗在醫療保健上，我要保持旺盛的學術生產力，我要保持每天看書寫作六小時的速度，我要保持對讀書的熱愛，對學術的忠誠。我要盡可能發揮餘熱，做個對社會、對海峽兩岸文化交流有貢獻的人，對學術有建樹的人。

以上均是個人拚命地寫書的理由，說點嚴肅點的理由吧，那就是爲了學科建設的需要。臺灣文學兩岸學者研究了這麼多年，可就沒有《戰後臺灣文學理論史》、《臺灣查禁文藝書刊史》、《臺灣百年文學制度史》，我便不自量力做這種塡補空白的工作。此外，世界華文文學學科已經行走了半個世紀，也該有人出來總結寫「學科史」了。

北京一家權威雜誌的主編收到我寄贈的一箱「古遠清臺灣文學五書」後，他連忙問我是否瘋了，這把年紀還寫這麼多書，叫我趕緊打住，要我收起「古遠清臺灣文學新五書」的計劃，可我怎麼收得住，要是收住了，我的靈魂如何找到依託？現今把這本《臺灣百年文學出版史》交稿後，我正發愁是先寫「新五書」之四的《臺灣百年文學紛爭史》，還是先寫學術界十分期望的《世界華文文學學科史》呢？

古遠清

二〇二一年十一月二十九日凌晨於武昌

（原刊於天津市：《文學自由談》二〇二二年第一期）

目次

第五章　七十年代的臺灣文學出版……九三

第六章　八十年代的臺灣文學出版……一三九

緒論　臺灣文學出版的特徵及其走向

所謂「出版」，是指文稿由作者完成後，交由編輯加工，然後由印刷廠排印，以圖書的形式呈現在讀者的面前。出版離不開出版機構。這個機構也就是出版社，它和作者有一種配合關係，出版物由兩者共同生產製造。

出版的功能，在於爲人類文明定格，爲知識的傳播、爲人文關懷累積信息。人類從古代到當代所創造的文化，靠圖書記載，靠出版品保存下來。要檢閱一個國家或一個地區的精神文化的發展，出版業在其中扮演了重要的角色。

在八十年代初，臺灣的人口不到兩千萬，這是日本的六分之一，美國的十一分之一，在這些人口中讀書人不多。在書香社會還未建成之前，期待出書能贏利，正如鄧維楨所說：「就像在淺海上釣魚一樣，只能釣到小魚，不可能釣到大魚。在臺灣，一本書只要估計能在一年內賣到兩千本，出版社就願意出版；能賣到一萬本，就算是暢銷書；賣到一百萬本，只有在夢中才能實現。」（註一）這個統計已過時，到了新世紀，一本書能賣一千本就不錯了。至於中國大陸，日本乃至在美國，像到超市排隊買日用品那樣排隊購書，在八十年代的確出現過，一本書能賣到一百萬本並不是夢幻，而是現實。

無論如何，比起大陸來，臺灣的出版環境要寬鬆許多。他們實行的不是審批制，而是登記制。只要有一定的資金，十天或半個月就可申請辦到雜誌或出版社執照。解嚴後出版內容允許「犯上作亂」，所謂政治小說、政治詩，均可嘲諷或抨擊執政者。在題材上，沒有什麼限制，性愛詩、情色詩乃至色情詩均大行其道，主管單位對此放得很寬鬆，正因爲太寬容了，便造成亂象叢生。如在七十年代被稱爲新文學經典的《查泰萊夫人的情人》，在當時是禁書，由一家出版社一字不改推出後，再無「潔本」、「珍本」這一說了。亂象叢生另一表現是用譯作冒充自己的著作，如應大偉於一九九五年由圓神出版社出版的《一百年前的臺灣寫眞》，其藍本是翻譯自一九〇八年臺灣總督官房書課製造的《臺灣寫實帖》。據孟樊考證，應大偉「不但圖文照單全用，連內文編輯體例也如出一轍。嚴重的是，作者在該書中隻字未提圖片出處，更以著作之名代翻譯之實，並且認爲自己並未侵犯著作權。其理由很簡單：國內的國家圖書館臺灣分館沒有搜集《臺灣寫實帖》一書。」（註二）濫出書、出僞書、出垃圾書，導致書災時代的提前來臨。

早期官營的出版社，後來都服從商業利益，成爲選戰機器的出版社畢竟很少。就是有，這種書也沒有多少人認眞看，以致選舉後，宣傳標語和小冊子，成堆成堆的被掃進垃圾箱。

臺灣出版譯作多於本地文人的作品。無論是哲學、建築、音樂、科學、管理，臺灣本地的研究成果均比不上大陸，更比不上國外，因而引進這些內容的著作，可塡補臺灣的空白。於是，文字方面請人翻譯，圖片部分要簡單多了，只要翻拍就行，既省事、省錢還有價値。因而譯作多於創作，是臺灣早期出版的一個獨特現象。臺灣大學劉文潭的《現代美學》，就有人檢舉說是西譯做的改編，不是他的原創。另一現象是大量出版舊書，尤其是比較通俗、沒有版權之爭乃至沒有版權的書。對這種書不是翻譯，就是重排，要不就出版選集，這是多快好省之道，也是臺灣出版包括文學出版的一大特徵。（註三）

臺灣的出版社，老牌的中華書局、臺灣商務印書館、開明書店、正中書局，均以出版教材和學術叢書爲主。拿不到教材的民營出版社，在未被「出版集團」併購時，多採用家庭手工業式。所謂社長或總編輯，除決定出何種書外，還要兼做編輯、美工、校對、會計、發行乃至送貨，有的則是發行人和妻子、兒女一齊上陣，名氣很大的「文史哲出版社」以及後來成立的「二魚出版社」，就是典型的例子。另還有教會辦的光啓出版社、道聲出版社，成立後並不熱衷於傳教，所出的書籍，讀者均能接受。至於附屬兩大報系的時報文化出版公司、聯經出版公司，以出書量大引人矚目。

在五、六十年代，作家自己辦出版社的不少，其目的是出自己的書，同時也幫朋友出書，如陳紀瀅創辦的重光文藝出版社、梅遜主辦的大江出版社、周錦創辦的智燕出版社。

民間的出版社，由於未納入體制，得不到政府的扶助，常常旋生旋死，轉瞬無聲，如五十年代風光一時的開明書店、大業書店，還有一九六二年出過黎烈文編著的《西洋文學史》、在重慶南路一段六十六號的大中國圖書公司，現只留下一個名字。當年曾活躍過一陣的「巨人」、「天華」、「三山」、「領導」、「乾隆」、「源成」、「眾成」、「文豪」、「慧龍」、「長河」、「長弓」、「白雲」、「明潭」、「將軍」、「多元」、「浩瀚」等，不久就進入了冬眠期。也有少數能維持長久的，如皇冠出版集團。這類出版社靠通俗文學支撐，和出純文學書的出版社越辦越小對比，兩極分化是如此嚴重。

臺灣的民辦出版社，也有不是靠大眾文藝走俏的，而是以敢爲天下風氣先的姿態，站在時代的前沿，但由於超越了言論自由的底線，勇於向官方挑戰，這種出版社在戒嚴時期便很快被干預、被停辦。「文星」星沉海島，就是一例。也有不是政治原因，而是因虧本太多而倒下。一般說來，出版社都很脆弱，「很少經得起連續三批書全部滑鐵盧（每批書以十本計算）。有些『一書』出版社，只因出師不利，第一批書全軍覆沒，數十萬元的創業基金就此泡湯，一個出版的理想就這樣被封殺了。」（註四）

臺灣出書成本低——相比較大陸而言。臺灣的書號不要錢，故不存在買賣書號的現象。同一本二十萬字的學術著作，在大陸出版費奇高，而臺灣至少便宜一半，且精裝，製作得非常漂亮。以這樣的價格，臺灣本可到大陸發展，可大陸的教授在本地出書，多半有各自不同名目的課題補貼。臺灣有的出版社（如「花木蘭文化出版社」）出大陸學者的書不僅精裝還彩印，一般不會刪改內容，且不收任何費用，大陸學者非常羨慕。可這種繁體字書，在書店不出售，讀者買不到，且在大陸評職稱時不被承認，因而即使在大陸出版費昂貴，還未退休的人均不會到臺灣出書。

臺灣的純文學作品和學術著作，自費出版的週期短，這也是臺灣的優勢，但由於週期短，有些出版社校對體制不健全，致使出書後買一送一即免費送一至二頁的勘誤表。

臺灣的文學出版，文藝雜誌的推介起了重要作用。像早期《文壇》雜誌社出的「文壇叢書」，影響極大。《現代文學》、《文學季刊》、《純文學》對文學名著的發現和推廣，具有重要作用。

臺灣的文學出版，選本泛濫，年鑑發達，大系甚少。選本方面有小說、散文、新詩，甚至還有文學批評年選，但生存不易，同樣逃不出旋生旋死的命運。至於出「文學大系」，要有相當雄厚的財力，可政府忙於建設完全顧不上，致使這種工作時斷時續，其中斷的時間甚長，比如九歌出版社一九八九年、二〇〇三年分別出版了《中華現代文學大系·臺灣一九七〇～一九八九》、《中華現代文學大系·臺灣一九八九～二〇〇三》，再無以爲繼。如果有人奢望編一本從光復開始至當下的「文學大系」，那只不過是美麗的泡沫。對比香港，他們已有兩套「大系」（註五），而臺灣的「新文學大系」，大陸學者從九十年代開始就策劃過，可未能成功。希望這「大系」的整理權、編輯權、出版權不會被大陸「搶奪」過去。

從八十年代開始，臺灣的文學出版隨著大環境的變化有所改觀。如新聞局開放出版社負責人組團參加香港書展，但必須團進團出。據「國家圖書館」編纂王岫的觀察，這時的重大變化有如下幾項：「國際標準書號」的實施、著作權法的修正、出版業受到電腦科技的影響、參與國際書展等。」（註六）

未來的臺灣文學出版事業，公辦出版社不再風光，民營出版社不斷壯大；以華語出版社爲主，臺語出版社爲次；實體書店萎縮，網上書店火紅；雅文學出版社艱難度日，俗文學出版社飛黃騰達；本土出版社在邊緣，臺北仍爲出版中心；電子出版物繁榮，紙媒出版社堅守陣地。

爲了使臺灣文學出版更上層樓，不妨效法當年的成文出版社多編印幾種《出版與研究》，或像南華管理學院那樣多辦幾家出版學研究所，以培養出版方面的高級人才，讓出版實踐上升到學術層面，擺脫以往的小家子氣派，邁向國際化、企業化、電腦化的新時代。與此相配合，還應組織人力編纂《臺灣文學出版年鑑》，創辦《臺灣文學書評雜誌》，組織人力撰寫《臺灣文學出版讀本》或《臺灣文學出版概論》、《臺灣文學出版史》乃至《臺灣文學出版大事紀要》等。

注釋

一　鄧維楨：〈政府在出版事業上能做什麼？〉，載游靜淑等著：《出版社傳奇》（臺北市：爾雅出版社，一九八一年七月），頁一八四。

二　孟　樊：《臺灣出版文化讀本》（臺北市：唐山出版社，一九九七年一月），頁一三五。

三　鄧維楨：〈政府在出版事業上能做什麼？〉，載游靜淑等著：《出版社傳奇》（臺北市：爾雅出版社，一九八一年七月），頁一八四。

四　隱　地：〈出版事業在臺灣〉，游淑靜等著：《出版社傳奇》（臺北市：爾雅出版社，一九八一年七月），頁十一。

五　陳國球總主編：《香港文學大系一九一九～一九四九》（香港：商務印書館，二〇一六年二月）。陳國球總主編：《香港文學大系一九五〇～一九六九》（香港：商務印書館，二〇二〇年六月）。

六　王岫：〈近十多年來出版事業的觀察〉，臺北市：《文訊》一九九七年四月號，頁二十六～二十八。

第一章　日據時期的臺灣文學出版

第一節　在〈臺灣出版法則〉宰制下

日據期間，臺灣新聞界、出版界受到官方一九〇〇年二月頒布的〈臺灣出版法則〉和一九〇七年十二月十八日頒布的〈臺灣新聞紙令〉宰制。具體來說，審查出版評定相關事務人員是總督府警務局保安課。其審查極爲嚴格，涉及範圍無所不在：審查對象不僅止於報紙、雜誌、書籍，更遍及說明書冊、明信片、照片、曆書、神社寺廟的神符、火柴盒標籤紙、電影底片、唱片等類別。這可從保安課編的《臺灣出版警察報》看出端倪。這份報紙在一九三〇年十月出版的第十五號有篇文章題爲〈近來無產階級文藝雜誌的傾向〉，一九三一年九月出版的第二十六號另有一篇文章題爲〈普羅文藝作品的近來傾向〉，一九三一年十一月出版的第二十八號又有一篇爲〈關於出版品中的口號取締〉。這裏取締的不只是口號，還有口號所用的語言。日本總督府對中國臺灣實行的是撲滅漢文，也就是清除中華文化的政策。

一九三七年三月一日，《臺灣日日新報》突然刊登題爲〈島內四家日報關於廢止漢文欄的協議〉。這個「協議」其實言不由衷，是迫於日本軍國主義的淫威。作爲出版品的報紙是不可能自廢武功的。

臺灣本地媒體很不情願由漢文改爲用日文，這可從一九三七年二月二十五日的眾議院預算委員會總會中，松田竹千代議員對於臺灣報紙廢止漢文欄的質詢可看出，下面是〈會議記錄〉：

對於臺灣所發生的這起事件，乃是以臺灣的軍參謀長爲中心，透過強行勸說，使日報與週刊雜誌廢止漢文欄，結束自四月一日起《臺灣日日》（按：原文誤植）、《臺灣新聞》、《臺灣新報》等全面廢止漢文欄；《臺灣新民報》則縮減爲一頁，此事被認爲是順應軍方之要求。關於其中內情，有請拓務省政府委員予以說明。（註一）

這位書生氣十足的松田議員，認爲「漢民族有五百萬人居住於臺灣，內地人則有二十多萬人在此居住，即使貫徹國民精神有其必要，但是突然廢止臺灣報刊上之漢文欄，何以能夠謀求國民精神之貫徹？關於此點在下著實不解。」這裏說的「內地人」即日本人。松田又說：「對於異族——而且是生性執拗的漢民族，在其爲絕對多數的前提下，決定在臺灣廢止漢文欄，我認爲此事不合常理。」（註二）日本總督府做事從來都違背常理，故松田的質疑不管用。隨著「漢文欄」的廢除，一九三七年四月一日，公辦學校的「漢文科」也受牽連，總督府於當天由總務長官向全島各地方官員發出廢止「漢文科」的最後通牒。從來沒有過像這次從上到下發指令強制公務人員剔除漢文。所謂「徹底常用國語」，這「國語」也就是日語。

對廢止「漢文欄」，民間有反抗的聲音，如一九三七年四月二十日出版的《日本學藝新聞》所刊登的〈廢止報紙漢文欄〉。名曰新聞報導，其實滲入不少評論。這篇報導據河原功的說法，作者很可能是楊逵。該文認爲「對於只能夠透過漢文瞭解社會情勢的臺灣人而言，毋寧是遮蔽其雙眼，卻有報導指出在臺南市有令人讚賞的六、七十歲老人們開始學習國語，並嘲諷道：『六、七十歲才開始說啊咿嗚欸哦，大概是打算在兩腳踏入棺材後讀報紙吧，盡是報導扭曲事實的當今新聞，結果說不定是適合讓踏入棺材的人來讀。』」（註三）這種尖刻的嘲諷，日本人是看不懂的，但對臺灣人而言，無不心領神會。

此外，蔡培火由岩波書店一九三七年七月出版的《東亞之子如斯想》，亦認爲廢止漢文欄決不可能是報社的自發性行動，後面肯定有黑手在操縱。這「黑手」，便是總督府。這個總督府根據出版物內容，將禁止刊登的手段分爲三種：

（一）示達：刊登該報導，極可能被處以禁刊處分。

（二）警告：刊登該報導，現社會情勢與報導內容，可能處以禁刊處分。

（三）懇談：刊登該報導，既是不予禁刊，也期待新聞社秉持道德倫理，自主不予刊登。

這是軟硬兩手並用。所謂「懇談」，並沒有誠懇之意，而是強制執行的一種柔性手段。手段分爲製作成書後的刪除處分或用墨水塗黑，或用刀片切割，或在刪削部分貼上「此處刪除」的紙片。（註四）按照〈臺灣出版法則〉，遭到查禁的報紙雜誌非常多。據河原功的統計，從一九三一年元月至六月，因爲妨礙安寧、破壞風俗習慣而遭查禁的報紙雜誌二三九件，總計九五二六三份的報刊。其中雜誌方面，時可見在次號標記前禁刊，如《臺灣文學》第二卷第三號（一九三二年六月）封面就印有「前號發禁」，《南方》第一六三號（一九四二年十一月）在〈緊要啓事〉欄位中亦有說明「前號發禁」。（註五）

臺灣所實行的出版物審查制度，來源於日本，但在執行上比日本嚴厲，加入了層層把關的體制，使臺灣的出版自由在「出版法規」宰制下蕩然無存。

報紙的「漢文欄」廢止了，可還有用漢文書寫的出版物雜誌，總督府保安課乘勢追擊，將文藝雜誌上用中國白話文創作的作品盡其可能將其查禁。

第二節　被查禁的臺灣新文學出版物

當時不太可能有用純粹漢文發表作品的雜誌，多半是中日文混合使用的文學期刊。總督府保安課矛頭所向直指左翼文人楊逵主辦的《臺灣新文學》。此刊堅持漢民族立場，不甘心被日本人同化，在一九三六年十二月出版的第一卷第十號，提及「感嘆漢文凋落之秋，睽違已久的執筆諸位以嶄新氣象以熱忱打破沉默，捲土重來，展現力量」，因而精心策劃了「漢文創作特輯」。此「特輯」在送審時便已經明令禁止發行，認爲「專輯」不利於「內臺一如」與「皇民化運動」。

早在一九三六年七月，「民風作興協議會」已決定「報紙雜誌應採用國語」發行。這「國語」，就是強制臺灣人認同的所謂國家語言日語。但魔鬼的手掌也有漏光之處，如由臺灣文藝協會發行、臺灣新文學社總經銷、一九三六年四月出版的《臺灣民間文學集》，沒有用「國語」卻在市面上離奇地出現。這本書爲具有民族精神的李獻璋所編，文壇都爲李氏敢於闖關而拍手叫好。之所以能過關，可能是該作品集許多民間傳說並非用純正的白話文寫成，其中夾雜著臺灣鄉土語言，更重要的是書中的歌謠反映了「一九三〇年代高雄西子灣壽山洞、打鼓山、港口燈塔、屏東車站等南臺灣景觀，以及火車、火船等現代生活的時代感」（註六），其中並無明顯的反日傾向。

在這種惡劣環境下，楊逵無法直接表達對廢止漢文欄的抗議，只能用曲筆書寫自己的感慨：「漢文欄至本號爲止已面臨無法不廢止的困境，這不僅僅是只能以漢文創作的人們，以及只能閱讀漢文的人們之悲哀，我們亦感慨甚深。」（註七）

不僅辦刊物遭查禁，楊逵於一九四四年出版中、日文短篇小說《萌芽》，在成書途中也遭封殺。該書收入〈不笑的小夥計〉、〈無醫村〉、〈鵝媽媽出嫁〉、〈犬猴鄰居〉等日文小說。這些小說表現了對處於底層的老百姓的關懷和同情。當然，爲了能發表，作品也做過表面文章，如贊同國語運動，使用增產、滅私奉公、志願兵等當時流行用語和宣傳口號。楊逵就這樣打著日旗反日旗，暗中傳達了對資產階級尤其是日本政權的不滿，如〈萌芽〉便是不滿按照皇民運動旨意編的劇本，將其判爲「粗製濫造」。〈無醫村〉不滿寫作者處境的艱難，以致認爲寫作不如追打蚊蟲對得起社會，這裏包含有對日本所推行的國策文學的不認同。

作爲編輯家的李獻璋，他主編的另一本中文短篇小說集《臺灣小說選》，不再像《臺灣民間文學集》那樣幸運，而是被徹底消音。該書共收十五篇小說，原定於一九四〇年十二月出版，發行前由審查單位所實施的「預審制度」所卡住。這本書除序言外，收錄有賴和〈惹事〉、〈前進〉、〈棋盤邊〉、〈辱〉、〈赴了春宴回來〉，楊雲萍〈光臨〉、〈弟兄〉、〈黃昏的蔗園〉，張我軍〈誘惑〉，陳虛谷〈榮歸〉，楊守愚〈戽魚〉，郭秋生〈鬼〉，王詩琅〈沒落〉、〈十字路〉，朱點人〈蟬〉等八家十五篇小說。

臺灣的審查出版制度通常是在圖書上市前，由審查單位實施「預審制度」，發現內容不妥時，除了要求製作者剔除有關部分外，也會注意避免它以後變相刊出。不過，爲拉攏漢文讀者，執法者有時也會做出某種讓步。

臺灣地方不大，但漢文世界浩大無邊，要想在中國人生活的地方一網打盡所有的漢文出版物，談何容易。據葉石濤統計，「在日據時代臺灣新文學運動中從事文藝工作的作家，大約有一百七十人之多，其中用中文發表作品的作家有五十三人，以日文書寫的作家有七十三人。」（註八）也許是審查官的疏忽，也許是臺灣人在暗中作梗，一九三七年七月二十日創辦的以白話文爲書寫工具的文藝雜誌《風月報》，沒有被禁。這是一份通俗性的小報，設有漢詩欄。此外，拒用日文而用白話文的《臺灣藝術》，也出現在市面。一九四三年七月，吳漫沙的白話小說《莎秧的鐘》，大搖大擺地走向書市，這很可能與總督府禁止漢文不是以法律形式公布有關。如果用強硬手段，用法律的方式迫文人就範，必然招來新聞界、出版界的反對。正因爲「禁令」有可解釋的空間，故才導致「禁止」與禁而不止矛盾現象的出現。

到了一九四九年，在嚴酷的政治氛圍下，這年的出版物幾乎等於零。之所以說是「幾乎」，是還有個別的文學出版物，如梁實秋的《雅舍小品》，由正中書局一九四九年十一月出版。

第三節　書店兼做出版的不多

臺灣文學的出版，除出版社自辦發行外，也會通過書店進行銷售。書店靠出版社賺錢，出版社靠書店盈利。

一九二三年，日本的「書籍雜誌商組合」即同業工會，共有三十五家，到一九二七年漲爲六十三家，後來又增爲一萬一千多家。鑒於臺灣是日本的殖民地，故臺灣的書店也被統計在內。僅一九二七年，臺灣島內就有六十三家書店，其數量等於日本的一個縣。

如果沒有文學書的出版，臺灣文化就會失色。臺灣文學出版的繁榮，必須打破出版社之間互不往來的局面，要競爭也是良性而不是惡性競爭。此外，臺灣作家必須透過出版社培養廣泛的讀者群。作家的成果與出版社本有密切的關聯。據觀察，在「七七事變」發生以前，臺灣的文學讀書人口並不多。「在四年之間每年書籍的消費額從二百萬元左右攀升至三百萬元；但這與東京的八千萬元相較之下仍然無法望其項背。也就是說在東京每人每年平均在閱讀上的花費十五元，但相對的本島則僅有五十錢，其相距之大由此可見。如果說本來就無法與東京在同一基準上衡量，則即使福岡縣一地，一年間的書籍消費額也是本島的三倍，亦即一千萬元；臺灣要成爲南方基地的文化重鎮，至少要能達到福岡縣水準的閱讀普及率吧。」（註九）出現這種偏頗，是與審查制度所造成的傷害有關。僅就文學讀物爲例，像臺灣的一般讀者，是無法讀到楊逵的〈送報夫〉全文的。

臺灣的出版市場離不開日本書籍的輸入。在臺灣進口日本文學書，書商會以奇貨可居的做法提高一成的定價，向讀者推廣。這表面上，「書商盈利了，但也因爲無法退貨的買斷制度而伴隨著風險。因此對於書店而言，會盡量迴避能遭到禁刊的書籍，而以獨占、學校契約、壓低進價的方式訂購銷路有保障的書籍。故在臺灣書籍無法自由流通的雜誌出版品，呈現出偏頗的現象。」（註一〇）

臺灣的書店兼營文具紙張、帳簿、雜貨、化妝品，有時甚至以這些商品爲主，販售圖書只不過是副業。名副其實的出版社是如此稀少，由臺灣人自己辦的書店或出版社，也很罕見。一九二〇年，臺灣新文學運動發生後，臺灣人經營的書店開始增加。這些書店扮演了傳承中華文化的角色，其中有的書局不滿足於店內出售，還通過登廣告的方式向外擴張地盤。如此開放式辦店，使其具有現代色彩。

在四十年代前期，從資金雄厚——有十萬元墊底的「東都」，到資金沒有這麼雄厚的「清水」出版社，所出的高雅圖書，受知識人士的歡迎。不過，這種書很難印上五千本，而通俗書，均超過五千冊。哪怕是市場內的小書店，每月都能賣幾千本書。這種書內容沒有水準，語言也粗俗，但很受底層人民的歡迎，每當楊逵看到「用拿鋤頭的手拿書，把沾滿油漬的書夾在腋下的工人，還有等待客人的車夫那副專心的讀書姿態，我一直都懷著虔誠的心情看待。」（註一一）

下面是日本學者河原功統計的尚未分類的臺灣零售書店與出版社，多達十八間：臺北新高堂書店、文明堂書店、杉田書店、日光堂書店、新竹榮文堂書店、犬冢書店、臺中中央書局、棚邊書店、育英堂書店、彰化金子商店、嘉義振文堂書局、蘭記書局、浩然堂書店、小出書店、崇文堂書店、振文書店、南里書店、鳳山小民書局。

上述書店多半只賣雜誌和書籍。由於臺灣文盲多，有文化的少，所以書店同時也是出版社只有新高堂書店、杉田書店等少數幾家。

第四節　主要的中文出版機構

日據時期最著名的書局兼出版社是蘭記書局、中央書局、文化書局。

蘭記書局是一個以振興漢文化爲宗旨的出版社。一九二二年，由黃茂盛在嘉義市創立，一九九一年停辦，前後支撐了七十年。

鑒於創辦之初臺灣作家成書的著作不多，因而蘭記書局的貨源主要來自大陸的中文書。除經史子集、卜易、書譜、法帖外，還有詩文筆記、章回小說、連環圖畫。由於高雅圖書讀者少，故該書局走大眾化路線。行銷的方法有預約、郵購，還自己印製目錄，在有影響的報紙刊登廣告。由此一來，生意越做越大，以致全臺灣都有他們的分銷點。讀者學習漢文，無不靠該書局出版的通俗圖書取得，以致在南部出版社中居龍頭地位。

以宣揚中華文化爲己任的蘭記書局，其出版和銷售不可能一帆風順。日本人統治臺灣時期，傳播漢文化的私塾教育受到壓制。爲改變這種局面，蘭記書局從大陸引進漢文教材，其中最大型的是商務印書館的《國語教科書》，共八冊。動作如此之大，引發日本人的關注，他們說爲什麼不是「日文教科書？」因而將其沒收。

「你有政策，我有對策」黃茂盛便將書名改爲《初級漢文讀本》，這一改果然過關，一九二七年出版後，成了暢銷書。一九三〇年再版時，爲給讀者新的印象，又出版了《高級漢文讀本》，仍然是八大冊。這裏說的「高級」，不是指大學而是指中學程度。這類「讀本」，成了蘭記書局的招牌出版物。

日本投降後，不再存在宣傳漢文有罪的問題，可那時臺灣的文化人很難適應由用日文改爲用中文，有水準的國語教材像沙漠裏的清泉那樣難找，這時蘭記書局出版品成了搶手貨，不少學校相繼訂購。蘭記書局再接再厲，又將原來的教材修訂改爲《初級國語讀本》、《高級國文讀本》，引發搶購熱潮，數十萬冊銷售一空。有些書商眼紅，將其盜版。蘭記書局認爲他們出書起到了宣傳中華文化的目的，也就未加追究。當時的臺灣人對中國話學不進，蘭記書局又與時俱進，出版臺灣話文與大陸國語對照的詞典、手冊，同樣熱銷。

一九四九年，大陸一些老字號的出版社遷入臺灣，搶了蘭記書局的生意，使其銷路大受影響。儘管它仍然是南部的文化重鎮，但昔日風光不再，直到一九九一年，蘭記書局完成了自己的使命，便自動落下帷幕。

除蘭記手局外，另一出版重鎮是中央書局。

一九二五年十月，全島性的臺灣文化協會在臺中召開會議，與會者一致認爲有設立「中央俱樂部」作爲文化啓蒙根據地的需要。一九二六年二月，財力雄厚有四萬元做支撐的株式會社，在林獻堂、陳滿盈等二十位著名文化人，以及張煥珪、賴和、楊肇嘉、林幼春等五十五位贊助人的聯名之下，正式成立「中央俱樂部」。這個俱樂部開辦有旅館，還供應中小學生用的文具，經營圖書更是不可少的業務。除此之外，還舉行學藝及其他社交集會，承辦各種業務所需要的附加事業。在這個俱樂部的基礎上，由鹿三巷人莊重勝倡議，獲得豐原大雅張睿哲、張煌珪兄弟的支持，於一九二七年元月三日創辦了中央書局，其業務範圍有漢和書籍雜誌、文具學習用品、西洋繪畫材料裝裱、運動用品服裝，還有留聲機以及西洋樂器。這是全臺中最具規模的書店，也是臺灣文化活動的一個重要場所，如中文半月刊《南音》雜誌，就由中央書局總經銷，然後派發全臺灣書店，如豐原的彬彬書局、臺南的崇文堂、高雄的振文書局、屏東的黎明書店。至於蘭記書局，也是重要的代銷據點。（註一二）《臺灣文藝》雜誌亦在該書局印刷發行。張星建於一九二七年～一九四九年擔任該書局營業部主任期間，爲臺灣文藝聯盟發行書刊做了許多工作。

由於中央書局自立「中央」，不與官方合作，故「書局」從創辦開始就進入總督府保安課的視線。《臺灣總督府警察沿革志》便明文記載中央書局「這些設施的目的顯然是透過書籍、報紙、雜誌進行啓蒙運動，而其販賣、代訂的書籍，又以在支那出版的有關思想、政治及社會問題的占多數。」（註一三）

不怕打壓的中央書局，邀請陳澄波、廖繼春等著名畫家擔任洋畫講習會主講嘉賓。這種講習會每年舉辦一次，同時免費舉辦繪畫展覽會，支持美術家郭雪湖舉辦個人畫展。正如葉榮鐘所說：「在日本帝國主義統治下，中央書局輸入漢文書籍對於保存中國傳統文化與用中國人的眼光去接受新思潮、新文化的意義上，有其不可磨滅的功績。此外，對於一九三〇年代臺灣文學與美術發展所起的推動作用，亦不容忽視。」（註一四）

堅持多年的中央書局，終於在一九九八年因虧損嚴重而結束。

另一出版重鎭文化書局，由時任臺灣文化協會理事的蔣渭水，於一九二六年六月在臺北創辦。鑒於全臺北市均沒有一家由臺灣本地人辦的書店，而讀者又十分渴求中國大陸新出版的刊物和著作，蔣渭水便在自己經營的大安醫院隔壁辦起了這個書局。這裏既賣書，同時也是出版介紹新文化讀物的機構。「書局」在《臺灣民報》臺灣分局所在地辦公，使用的也是原先的電話號碼。

一九二六年七月十一日，《臺灣民報》刊登了蔣渭水親自執筆的廣告詞：

同人爲應時勢之要求，創設書局，漢文則專以介紹中國名著兼普及平民教育，和文則專辦勞働問題農民問題諸書，以資同胞之需，萬望諸君特別愛顧擁護，俾本局得盡新文化介紹機關之使命。

（註一五）

文化書局經營的書目有三民主義、建國方略、孫逸仙著作及傳略等政治讀物，文化方面有中國語字典、中文教科書，還有梁啓超、胡適、梁漱溟、章太炎、吳稚輝等人著作及中國古典經學詩詞。另還有社會學、政黨史、經濟學和馬克思、列寧的社會科學著作。雜誌方面有《社會思想》和《海外》等。不少著作配有許多照片，做到了圖文並茂。

文化書局經營的不全是嚴肅的讀物，也有像《最新結婚學》、《夫妻間的性知識》、《同性之戀愛》，不少讀者一看書名就被吸引住了。文藝方面有小說《福爾摩斯偵探案》。作為左翼文化人的蔣渭水，原擬在蘇州出版《殖民政策下的臺灣》，由於內容冒犯了執政者，所以很快被禁止發行，庫存八百多冊，全部被警察一掃而空。

一九三一年八月，蔣渭水病逝後，作為本島人漢文第一家新式書店的文化書局，也隨之關門。

除上述介紹的「蘭記」、「中央」、「文化」三大書局外，還有廣文堂書局。此書局係彭木發於一九二七年五月創辦於臺北，營業項目包括和漢新書、書籍雜誌、圖書出版、報紙訂閱、文具等。在書籍雜誌方面，有大陸特別是從上海進口的新書乃至舊書，從國外主要是指從日本輸入芥川龍之介、谷崎潤一郎的小說，及新村出的《南蠻廣記》、泉哲的《殖民地統治論》、大鹽龜雄的《世界殖民史》。書局用廣告的形式幫大陸推銷《殖民》、《馬克思研究》、《社會思想》等雜誌。

注釋

一　河原功著，張文薰、林蔚儒、鄒易儒譯：《被擺布的臺灣文學——審查與抵抗的譜系》（新北市：聯經出版事業公司，二〇一七年十一月），頁二五三。

二　河原功著，張文薰、林蔚儒、鄒易儒譯：《被擺布的臺灣文學——審查與抵抗的譜系》（新北市：聯經出版事業公司，二〇一七年十一月），頁二三七。本節吸收了此書的研究成果。

三　《日本學藝新聞》第八十二號（一九二七年四月二十日）。

四　河原功著，張文薰、林蔚儒、鄒易儒譯：《被擺布的臺灣文學——審查與抵抗的譜系》（新北市：聯經出版事業公司，二〇一七年十一月），頁二九七。

五　河原功著，張文薰、林蔚儒、鄒易儒譯：《被擺布的臺灣文學——審查與抵抗的譜系》（新北市：聯經出版事業公司，二〇一七年十一月），頁二九八。

六　柳書琴主編：《日治時期臺灣現代文學辭典》（新北市：聯經出版事業公司，二〇一九年六月），頁三一九。

七　〈編輯後記〉，《臺灣新文學》第二卷第五號。

八　葉石濤：〈悼王詩琅先生〉，轉引自梁明雄著：《日據時期臺灣新文學運動研究》（臺北市：文史哲出版社，一九九六年二月），頁六。

九　張星建：〈書籍與文化〉，《臺灣文學》第一卷第二期（一九四一年九月一日）。

一〇　河原功：《被擺布的臺灣文學——審查與抵抗的系譜》（新北市：聯經出版事業公司，二〇一七年十一月），頁三〇八。

一一　楊逵：〈臺灣出版界雜感——談通俗小說〉，《臺灣時報》，一九四三年七月十日。

一二　河原功：《被擺布的臺灣文學——審查與抵抗的系譜》（新北市：聯經出版事業公司，二〇一七年十一月），頁三四七。

一三　參看總督府警務局編：《臺灣總督府警察沿革志》（臺北市：臺灣總督府警務局，一九三九年七月），第二篇中卷。

一四　轉引自柳書琴主編：《日治時期臺灣現代文學辭典》（新北市：聯經出版事業公司，二〇一九年六月），頁四六三。

一五　《臺灣民報》（一九二六年七月十一日）。另見柳書琴主編：《日治時期臺灣現代文學辭典》（新北市：聯經出版事業公司，二〇一九年六月），頁四六二。本文吸收了該書的研究成果。

第二章　光復初期的臺灣文學出版

第一節　重建文化與國族認同

光復初期是指一九四五年八月至一九四九年。這時臺北市成了「戰時首都」，不少大陸資歷甚老的出版社，都在臺北選擇在重慶南路一帶建立自己的根據地。商務印書館、世界書局、中華書局、正中書局、啓明書局，這些老牌出版社，由臺北分站升級爲「臺灣本店」。這種情況既不同於日據時期，亦不同於光復後五十年代的臺灣文學出版，故可作爲一個階段單獨論述。

光復初期的臺灣文學創作和出版，與臺灣由「日本化」到「再中國化」的變遷有極大的關係，具體表現在取締日文圖書雜誌和出版物，日本人經營的出版社由此紛紛關門大吉。這個時段雖然短到只有四年多，但臺灣結束五十年日據時期，回歸祖國懷抱，是劃時代的事件。這時的臺灣文學出版，大陸圖書開始大量引進，除國語讀本外，還有文藝作品。時代在劇烈變化，臺灣人一夜之間由「日本人」變爲「中國人」後產生的，這充分說明臺灣文學的生產和出版離不開國族認同。

日本戰敗後，臺灣省行政長官公署致力於清除日本文化的影響，爲此大力推行國語運動，讓臺灣人重建文化與國族認同。這種「再中國化」一個重要體現是引進大陸有「民族魂」之稱的魯迅及其撰寫宣傳、研究魯迅著作的出版。重要者有從大陸來臺的許壽裳，他擔任「臺灣省編譯館」館長期間，努力普及北京話，使臺灣不再有日語占統治地位所帶來的殖民色彩。許氏還是魯迅的摯友，他在臺灣寫了不少回憶魯迅的文章，其中成書的有《我所認識的魯迅》、《亡友魯迅印象記》。

這時期的出版社大多集中在臺北市，臺中市、臺南市、高雄市的出版規模沒有臺北市大。不管出版社是在政治文化中心的臺北，還是在南部、中部的這些出版社，爲配合肅清皇民化的流毒，出版了不少《三民主義》那樣政治宣傳類圖書。文藝圖書出版得不多，比較著名的有一九四六年九月由國華書局出版的四卷本吳濁流的長篇小說《胡太明》、一九四八年五月由學友書局出版的吳濁流的小說《波茨坦科長》，以及由大同書局出版的龍瑛宗的隨筆集《描繪女性》。

光復後的臺灣文學出版相對於文化出版，確實冷清了許多，但不能因此說這時的文學出版是一片沙漠。據統計，到一九四六年臺灣報紙多達八十多種，最著名的是《中華日報》由龍瑛宗主持的日文版「藝文欄」，前後四十期，連接了臺灣文人用日語寫作的一線香火。重要的還有一九四六年來自大陸的中華書局、商務印書館，他們在總部遷回上海後，又在臺灣設分部。世界書局、兒童書局、啓明書局、正中書局也在臺灣扎根。儘管這些分社不出自己的書，只出總部的書，但總部的書很多是宣揚中原文化的讀物，還有少數大陸名作家的作品，這給奄奄一息的臺灣出版界注入一股活力。

「外來戶」到臺北設分部誠然值得慶賀，更值得慶賀的是一九四五年十二月十日，光復後的首家出版機構「東方出版社」在臺北市出現。該社定位爲語言教育與兒童讀物，其中含有少量的文學作品。還有臺北東華書局於一九四七年出版了「中日文對照中國文藝叢書」，共六輯：魯迅《阿Ｑ正傳》，楊逵譯；茅盾《大鼻子的故事》，楊逵譯；郁達夫《微雪的早晨》，楊逵譯；沈從文的《龍朱、夫婦》，黃燕譯；鄭振鐸的《黃公俊的最後》，楊逵譯；楊逵的《送報夫》，胡風譯。

一九四六年，日本人撤出臺灣時，他們辦的出版社被臺灣人低價收購，如三省堂下屬的出版社，由黃庭富收購後，改名爲東寧書局繼續經營，出版有《初級華語會話》等普及中華文化的圖書。美術家黃榮燦接手一家日本人辦的出版社後，改名爲新創造出版社：除出版《新創造》雜誌外，還經營文藝叢書。後發生「二·二八事件」，臺灣出版業受到巨大衝擊，不少出版社和雜誌社停止營業。

一九四九年三月十二日，原在大陸出版的《中央日報》在寶島發行臺灣版。這年底，國民政府遷到臺灣，隨軍而來的大陸移民有兩百多萬，其中包括像王雲五、蕭孟能那樣的文化人和出版商。他們到新的地方生根後，又辦報刊和出版社，爲四年來不景氣的臺灣文學出版增添了一絲綠色，如一九四九年四月二十五日，何容與胡適、傅斯年等人創辦以普及國語、普及教育爲宗旨的《國語日報》，屬民辦專業性報紙。

一九四九年後，光復初期的兩位重要作家楊逵、歌雷坐牢，這是「四·六事件」的終結，同時也是臺灣文學創作和出版的一個噩耗。日本投降後，臺灣作家曾盼望一個美好的、令人嚮往的文學出版新世界的到來，可因爲「二·二八事件」的影響，臺灣文學出版的春天遲遲不見。

第二節　東方出版社的創立

東方出版社創辦於一九四五年十二月十日，由臺灣人游彌堅聯絡林柏壽、陳逢源、黃得時、陳啓清等人成立。當時的著名文化人，如林獻堂、林呈祿、羅萬俥、黃朝琴、戴炎輝、廖文毅、阮朝日、陳啓川、鄭水源、柯石吟、范壽康、吳克剛，均是該社的堅強後盾。

鑒於長期統治臺灣的日本當局廢除漢文而使用日文，致使日據時期日語的普及率高達百分之七十左右。楊雲萍爲此發表〈奪還我們的語言〉（註一）。爲奪還語言，尤其是讓臺灣人認祖歸宗，東方出版社以培植兒童教育、推廣中文爲宗旨。這家出版社落地生根後，在本地文化基礎上推廣國語教育，這是當時臺灣本地成立最早的出版社，由前臺灣《民報》主筆林呈祿擔任社長，負責掌實權的游彌堅兼任總編輯。

日據時期臺北市重慶南路與衡陽路路口有一家規模最大的新高堂書店和臺灣書籍株式會社，都以印製日文中小學教材著稱。其中新高堂書店和總統府出自同一個設計師日本人辰野金吾。新高堂書店是一棟三層近代文藝復興時期的紅磚建築，開始時東方出版社先買回日本人撤退時拍賣的日文書在門市部出售，同時作爲編輯的參考書。東方出版社於一九五四年元月創辦的《東方少年》（一九六一年停刊）和南部最大的書局即學友書局於一九五三年二月創辦的《學友》，「是五十年代最具影響力的同類型少年雜誌。」（註二）

臺灣出版界最受人尊敬的前輩有臺灣商務印書館的王雲五，另有東方出版社的游彌堅。游氏的出版理念是古典現代化、科學中文化、技術普及化，後者指的就是印製字典。這時東方出版社應臺灣省教育廳編輯教科書工作的要求，於一九四七年出了第一本書《國語字典》。此書係改編自日本人在「滿洲國」出版的同類書，內容略作了充實和調整。鑒於臺灣人對祖國語言很生疏，故此書有關漢字的讀音及用法，用日語做詮釋。

《國語字典》發行量大，東方出版社由此得到第一桶金，一九四八年便正式成立了「臺灣東方出版社股份有限公司」，簡稱東方出版社。歷任董事長有林呈祿、游彌堅、林坤鐘、何德勝、林益謙、林哲彥、陳思明。二〇〇八年七月，選出李榮貴接任第八任董事長。歷任總經理爲林坤鐘、鄭李足、邱各容、劉松偶，擔任總編輯之職有游彌堅和游復熙。「東方」的體制為股東制，二〇〇八年約有股東八十多人，任職較久的編輯有賴惠鳳（一九八五～一九九五年任職），李黨（一九九〇～二〇〇八年任職）。員工最多時，包括門市人員，約有一百多人，後為十餘人。（註三）

東方出版社能有這麼大的規模，得力於該社出版了五大書系：「東方少年古典小說精選系列」（出版時稱為「中國少年通俗小說」）、「世界少年文學精選」（出版時稱為「世界少年文學選集」）、「世界偉人傳記」、「亞森・羅萍全集」、「福爾摩斯探案全集」。

在世紀之交，東方出版社走向翻譯文學，發掘本地兒童寫作人才，開闢了新的書系「跨世紀小說精選」共五十二冊，讀者對象為高年級學生。總之，正如作家阿圖所說：東方出版社象徵著「臺島文化的縮影，尤其是兒童文化的先驅」（註四）。

第三節　胡志明：亞細亞的孤兒

一九四六年九月～十二月，吳濁流地下寫作的長篇小說《胡志明》終於曝光，由國華書局出版。這是光復初期臺灣文學出版的一件大事。這部小說原有五冊，第五冊因負責印刷的《民報》關閉，印刷後亦隨報社封鎖達八個月，等到封鎖完結後，稿件丟了很多，故只出版了四冊。儘管這樣，《胡志明》亦不失為吳濁流日文長篇小說《亞細亞的孤兒》最早的版本：第一冊為「胡志明」，第二冊為「悲戀之卷」，第三冊為「悲戀之卷」（大陸篇），第四冊為「桎梏之卷」。所幸的是，第五冊校對原稿還在。一九五六年，日本「一二三書房」出版了《亞細亞的孤兒》完整本。

「崩，卒，亡故，謝世，逝世，上天堂，見閻王，進棺材是一個情念。」（註五）吳濁流沒有這麼多情念或是詞彙，但他也深諳此中三昧。他無論是將作品主人公叫胡志明，還是叫胡太明或亞細亞的孤兒，說的都是一個意思。不可否認，《胡志明》寫的是極為敏感的題材，當時所有作家都很難觸碰，而吳濁流本著為歷史做書記的雄心壯志，如實地寫了出來。

作品的主人公胡志明，是在被扭曲的年代所產生的畸形兒，同時是戰爭的犧牲品。他希望有精神上的眞正故鄉，便離開生他養他的土地到東洋，可日本並不符合他的理想，轉而渡海到大陸，意想不到的是大陸與他的想像也有很大的落差。他游移不定，覺得前途不是一片光明，不知出路在哪裏。

心情苦悶到極點的胡志明，在追尋理想的道路上不斷碰釘子。戰爭爆發後，「在嚴酷的現實面前，他承受不了打擊，精神一下崩潰了」，作者不禁感嘆：「啊，胡志明終於發瘋了。有心的人，誰能不發瘋呢？」寫到這裏，作者不再想寫了，但畢竟言猶未盡，不甘心就此擱筆。

戰爭行進到一九四三年，國民黨面臨家國存亡之秋。垂死掙扎的日本侵略者，為分化臺灣人，把當地人分為國民與非國民、皇民與非皇民兩大類。吳濁流當然不願意做歌頌大東亞戰爭的順應時局者，冒著被打成「非國民」也就是背叛國家者的危險，在極其惡劣的環境下寫完了《胡志明》。

一九四六年出版的日文書《胡志明》，只因書名巧同越共領袖胡志明的名字，恐怕引起不必要的聯想，才考慮再三將胡志明改為胡太明，書名也易為《亞細亞的孤兒》。新的書名是如此生動地刻畫出臺灣人民無法掌握自我命運的無奈與哀痛，臺灣人在中國大陸與日本之間「兩邊不是人」的「孤兒意識」，由此得到深刻的體現。改後的書名衍生出爭議不休的所謂「孤兒意識」，臺灣人由此引出的認同危機就這樣被定格化、經典化。

作爲臺灣知識分子典型的胡太明，其母語是客家話，他承襲祖輩的文化觀，自幼在私塾讀中文，後來又在師範學校求學，畢業後當小學教師時愛上了日本女同事內藤久子，他想像著對方曼妙的舞姿，可久子內心的優越感和胡太明有著「她是日本人，我是臺灣人」的自卑感，使這場戀愛無法開花結果。這時中國正處在抗戰前夕，官方常將臺灣人視爲日本間諜。在這種氛圍下，臺灣人只好隱瞞自己的出身，改稱是福建人或廣東人，而臺灣同胞之間只能用「番薯仔」作爲暗語。即使這樣，胡太明還是被人識破，被當作日本人的走狗而被捕，後來得到大陸學生的暗中幫助逃回臺灣。即使到了家鄉，胡太明仍無法洗脫間諜嫌疑。以後又到了廣東前線，他親自看到日本人如何殘酷地殺害中國人，這給了他巨大的刺激，以致「神志已完全錯亂了，從此以後，太明便變成一個完完全全的狂人」而失蹤。作者最後用三百字左右交代胡太明下落，可這下落有多種版本和詮釋。

這部日本投降後出版的長篇小說，早在一九四三年就動筆，到一九四五年殺青。《亞細亞的孤兒》是臺灣人精神史上難以見到的「歷史文獻」，同時也是臺灣文學史上第一部深刻地表現臺灣人歷史命運的經典之作，民族悲情和哀痛在作品中表露無遺。

第四節　魯迅在臺灣

按照日本學者中島利郎的研究，魯迅在臺灣的接受分爲三個階段：第一階段爲一九二三～一九三一年，以轉載魯迅作品爲主，由到北京求學的張我軍將《狂人日記》等作品給《臺灣民報》重新刊登。此外，還有像蔡孝乾這樣的理論家加以詮釋。第二階段爲一九三一～一九三六年，這個階段的臺灣文化人或是購買中文版的魯迅作品，或者閱讀日文版的魯迅小說以及日文雜誌上有關魯迅生平和著作的介紹。一九三七～一九四五年爲第三階段。由於日本人禁止中文出版物，所以轉載魯迅作品就不可能，這時候只有通過小說家在其作品中的轉述，曲折地瞭解魯迅的思想和作品眞貌。（註六）這裏還應該加上第四階段，即光復初期以許壽裳爲首的研究家，與島內作家一起掀起了爲時一年多的「魯迅熱」。這「魯迅熱」的形成，其背景是：

光復後的臺灣，面臨著肅清皇民文學的餘毒和再中國化問題，如《民報》在社論中表示：「光復了的臺灣必須中國化，這個題目是明明白白沒有討論的餘地。」（註七）《臺灣新生報》在其社論中也表示：「我們以爲建設臺灣新文化的指導方針，要中國化，也要世界化，二者不可偏枯。」（註八）總之，爲了「中國化」，應從各方面去促進交流。

正是在「臺灣必須中國化」的感召下，中國大陸的新文學作品被大量引進，魯迅的作品在引進中名列前茅，其次是茅盾、郁達夫、沈從文、老舍、周作人、豐子愷、張天翼等人的作品。

許壽裳係應臺灣省主席陳儀之邀，於一九四六年六月二十五日到臺灣。同年七月八日，長官公署正式任命許氏爲臺灣省編譯館館長。此館設有學校教材組、名著編譯組、臺灣研究組等，其任務是促進臺胞的心理建設和清除日本化的教育。在工作之餘，許壽裳沒有言必稱三民主義，而是言必稱魯迅。他也贊同「祖國文化啓蒙」，但他與官方不同的是採用「五．四」新文化精神的啓蒙。他在不同場合，努力借魯迅思想的傳播，企圖掀起新的「五．四運動」。爲此，他寫下了許多有關宣傳魯迅的文章：

一九四六年

九月　二十三日　撰寫《亡友魯迅印象記》八、九兩章，後刊於《民主週刊》第五十一、五十二期（一九四六年十月出版）。

二十六日　撰寫〈亡友魯迅印象記〉第十章。

三十日　撰寫〈魯迅的精神〉，後刊於《臺灣文化》第一卷第二期（一九四六年十一月），收進《魯迅的思想與生活》、《我所認識的魯迅》書中。

十月初　撰寫〈魯迅的德行〉，後刊於上海市：《僑聲報》一九四六年十月十四日，收進《魯迅的思想與生活》。

十四日　撰寫〈魯迅和青年〉，刊於《和平日報》一九四六年十月十九日，收入《魯迅的思想與生活》。

六日　撰寫《亡友魯迅印象記》第十一、十二章。

十五日　撰寫《亡友魯迅印象記》第十三、十四章。

二十九日　撰寫〈魯迅的人格和思想〉，刊於《臺灣文化》第二卷第一期（一九四七年一月），收入《我所認識的魯迅》。

十二月　二十五、二十六日　繼續撰寫〈亡友魯迅印象記〉。

一九四七年

三月　二十六日　爲臺靜農所藏魯迅講演稿手迹——〈娜拉走後怎樣〉題跋。
五月　四日　爲《魯迅的思想與生活》作序。
　　　二十六日　《亡友魯迅印象記》完稿。其中第二十三章，也即全節最生動、最感人的部分〈魯迅和我的交誼〉，刊於《臺灣文化》第二卷第五期（一九四七年八月）。
六月　十九日　《魯迅的思想與生活》由楊雲萍編，臺灣文化協進會一九四七年六月出版。
七月　二十八日　寫〈魯迅的避難生活〉，收進《我所認識的魯迅》。
九月　三十日　寫〈魯迅的遊戲文章〉，收入《我所認識的魯迅》。十九日，《亡友魯迅印象記》由上海峨眉出版社出版。

從以上寫作進程可看出，許壽裳爲臺灣傳播魯迅精神文明的火種作出了巨大的貢獻。其中《亡友魯迅印象記》開始寫於大陸，後完成於臺灣。《魯迅的思想與生活》及遺著《我所認識的魯迅》，半數亦在臺灣完成。

許壽裳除自己撰寫文章外，還協助《臺灣文化》編輯部製作「魯迅逝世十週年」特輯，於一九四六年十一月出版，這是光復後臺灣首次集中介紹魯迅的特輯。執筆者除楊雲萍是臺灣本土作家外，其餘的均爲來臺的大陸作家，如許壽裳、雷石榆、黃榮燦，還有藝術家田漢、陳烟橋等人。

這一專輯不是簡單的紀念魯迅，而是借紀念爲名表示這些左翼作家對現實的不滿。正如楊雲萍在

〈紀念魯迅〉一文中所說：「臺灣的光復，我們相信地下的魯迅先生，一定是在欣慰。只是假使他知道昨今的本省的現狀，不知要作如何感想？我們恐怕他的『欣慰』，將變爲哀痛，將變爲悲憤了。」

除許壽裳外，其他文化人也參與了傳播魯迅精神的行列。據日本學者黃英哲的調查，從一九四五～一九四九年間，在臺灣出版的中日文對照魯迅作品單行本，就一共有下述五冊（按照出版年月先後）。之所以會做中日文對照，當然是爲了對應當時的語言現象：

一九四七年一月，楊　逵譯，《阿Q正傳》

　一月，王禹農譯，《狂人日記》，標準國語通信學會

　八月，藍明谷譯，《故鄉》，現代文學研究會

一九四八年一月，王禹農譯注，《拼音注解中日對應　孔乙己　頭髮的故事》（第二輯）

　一月，王禹農譯注，《拼音注解中日對應　藥》（第三輯），東方出版社

《臺灣新生報》、《和平日報》、《中華日報》的副刊，據黃英哲的統計，關於魯迅的文章也近四十篇之多。（註九）光復後最先介紹魯迅的本省作家是龍瑛宗，他在一九四六年五月二十日《中華日報》「名作巡禮」日文版副刊介紹《阿Q正傳》。在魯迅逝世十週年的一九四六年十月，楊逵在《中華日報》和《和平日報》發表〈紀念魯迅〉的新詩，強調「魯迅是人類精神的清道夫，迎向低劣及反動的東西，吶喊又吶喊，魯迅作獅子之奮迅。」（註一〇）藍明谷雖然沒有楊逵出名，但他於一九四七年八月爲自己用日語所翻譯的〈故鄉〉寫了一篇前言〈魯迅和其《故鄉》〉。

光復後有關省內外作家褒揚魯迅的文章和著作的出版，是臺灣必須中國化的一個重要措施，並對臺灣文化思想界產生了重要影響。當時由省內外作家合作形成的魯迅熱，是臺灣當代文學史上僅存的一次。但也有不同的聲音，如國民黨系統的刊物《正氣》，就登過「游客」的文章，反對許壽裳說「魯迅是中國民族之魂」，而認爲魯迅是「托庇於民族仇敵的爪牙之下」。他的「奮鬥」方法是「敷衍與投機」。（註一一）

注釋

一 《民報》，一九四五年十月二十二日。

二 隱　地：《大人走了，小孩老了》（臺北市：爾雅出版社，二〇一九年），頁一〇五。

三 巫維珍：〈六十年的堅持：東方出版社〉，載封德屏主編：《臺灣人文出版社三十家》（臺北市：《文訊》雜誌社，二〇〇八年十二月）。本節吸收了該文的研究成果。

四 巫維珍：〈六十年的堅持：東方出版社〉，載封德屏主編：《臺灣人民出版社三十家》（臺北市：《文訊》雜誌社，二〇〇八年十二月）。

五 王鼎鈞：《兩岸書聲》（臺北市：爾雅出版社，一九九〇年），頁一〇七。

六 徐秀慧：《戰後初期（一九四五～一九四九）臺灣的文化場域與文學思潮》（臺北市：編譯館主編，稻香出版社印行，二〇〇七年十一月），頁二七五。

七 〈中國化的眞精神〉，載《民報》社論，一九四六年九月十一日。

八 〈建設臺灣新文化〉，載《臺灣新生報》社論，一九四五年十一月六日。

九　黃英哲：《「去日本化」，再中國化——戰後臺灣文化重建一九四五～一九四七》（臺北市：麥田出版社，二〇〇七年十二月）。

十　楊　逵：〈紀念魯迅〉，《中華日報》，一九四六年十月十九日。

一一　游　客：〈中華民族之魂！〉，《正氣》第一卷第二期（一九四六年十一月），頁三～四。

第三章　五十年代的臺灣文學出版

第一節　出版法修正案風波

國民黨吸取丟失大陸的教訓，認爲不重視文化戰線是造成兵敗大陸的重要原因，便著手一系列包括出版方面的改革，在新聞界則強化各種黨指揮輿論的手段，讓新聞自由、出版自由成爲美麗空話。

蔣介石對新聞出版的管制，主要依據戒嚴法、出版法實施的相關措施，另還用內政部、臺灣省政府有關規定去制約文化人。這方面的條例甚多，包括懲治叛亂條例、妨害國家總動員懲罰暫行條例、違警罰法等。

一九四九年是國民黨關鍵的一年。這一年正式實施〈臺灣省新聞雜誌資本限制辦法〉，對各種媒體的管制正式開始。他們將輿論導向統一在反共抗俄的大旗之下。一九五九年十一月，行政院發布報紙限張的訓令。從同年十二月起，不論是公辦還是民辦的報紙，公辦是哪個部門辦的報紙，篇幅一律裁減，不得超過一大張半。一九五一年六月，行政院又作出指示，說臺灣省報社、雜誌社家數已呈飽和狀態，必須節約用紙，並明文規定，「今後新申請登記之報社、雜誌社、通訊社，應從嚴限制登記。」長達近四十年的報禁由此開始。（註一）

五十年代初公布的有關規定多如牛毛，〈臺灣省戒嚴時期新聞紙雜誌圖書管制辦法〉、〈臺灣省政府、保安司令部檢查取締禁書報雜誌影劇歌曲實施辦法〉、〈臺灣省各縣市違禁書刊檢查小組組織及檢查工作補充規定〉、〈臺灣省書報雜誌攤販管理辦法〉、〈新聞紙雜誌及書籍用紙節約辦法〉、〈匪酋匪幹及附匪分子著作查禁標準〉等。

一九五八年四月十五日，有九位新聞界人士代表臺灣全省新聞界說明情況，要求撤回修改〈出版法〉草案，或給立法院發函審議暫緩，以便平息文化界的不滿。四月二十日，臺北市通訊事業協會召開全體會員會議，會後發表嚴正聲明，呼籲行政院從立法院將草案撤回，建議全臺灣所有新聞媒體舉行代表大會，一起商議解決問題的辦法。另有七十五位立委緊緊跟上寫出聯合提案，要求政府不應限制報紙登記。曾任重慶《中央日報》負責人的陶百川及資深文化人胡秋原、程滄波先後抨擊此草案。五月四日青年節，臺北市報業公會亦給立法院上書陳情，詳細列舉出版法在許多地方與憲法精神不符，希望出版法的修改必須停止。

號稱新聞自由的臺灣，除官辦媒體外還有私營報紙。這些報紙更是一起上陣，連續發表社論和社評，批改「草案」的不通之處。《自立晚報》作爲最有影響力的民營報紙，其調子更高，在其題爲〈歷史將制裁你們〉的社論中，嚴正警告官方，並正告那些立委，如果不站在人民一邊，你們將會釘在歷史恥辱柱上。歷史本是公正的、無情的，如果這種輿論逆歷史潮流而動，「你們的名字將以反面形象永志於歷史。」

文化界無不認爲出版自由或新聞自由，有洗滌污濁政治、預防政權腐化的功能，是現代民主政治的必要條件。儘管這種輿論對國民黨不利，但民間反抗官方立場絕不會改。五月一日，國民黨中央常務委員會決定，限立法院在本屆會期內不作任何修改通過。爲了表示此意見的權威性，蔣介石親自出面給《聯合報》、《徵信新聞》、《中國郵報》等臺北五大報社社長下達指令，希望國民黨黨員都站出來關注修法此事，給政府有力的支持而不是做折臺的工作。在強權干預下，立法院三讀順利地通過了出版法修改草案，隨即在六月二十八日公布修改後的〈出版法〉，黨治輿論而非輿論治黨的一言堂局面，終於形成了。

第二節　文學類書籍受歡迎

五十年代的臺北市，只有六十多萬人口，其中作家少得可憐。在光復初期就是有作家，可在日據時代因爲語言轉換不熟悉，致使相當一部分人喪失了創作與出版能力。張我軍在回憶一九五二年見到創作處於低谷狀態的張文環，不禁感慨繫之：

> 我一邊和文環君且走且談，一邊斷斷續續地想著文環君的事。在臺灣光復之前，他是臺灣的中堅作家，做一個文學家正要步入成熟的境地。就在這當兒，臺灣光復了。臺灣的光復在民族情感熾烈的他自是有生以來最大的一件快心事，然而他的作家生涯卻從此擱淺了！一向用日文寫慣了作品的他，驀然如斷臂將軍，英雄無用武之地，不得不將創作之筆束之高閣。光復以來雖認眞學習國文，但是一支創作之筆的煉成談何容易？況且年紀也不輕了，還有數口之家賴他謀生哩。目前他的國文創作之筆已練到什麼程度我不大清楚，但是他這幾年來所受生活的重壓和爲停止創作的內心苦悶我則知之甚詳。我每一想到這裏，便不禁要對文環君以致所有和他情形類似的臺灣作家寄以十二分的同情！

不僅是張文環，其他臺灣作家的處境也好不了多少。這種狀況一直延續到五十年代。在本地作家淡出的情況下，大批隨國民政府來臺灣的文化人利用自己的影響力新辦雜誌和出版社。據統計，一九五〇～一九五二年共有二十一種新的報刊雜誌，一九四九～一九五九年的十年間創辦的文學雜誌則有潘壘主編的《寶島文藝》、程大城主編的《半月文藝》、師範等主編的《野風》、孫陵主編的《火炬》、張道藩任發行人的《文藝創作》、穆中南主編的《文壇》、平鑫濤主編的《皇冠》，另還有《復興文藝》。（註二）此外有一些新成立的出版社，把出文學書放在首位。這種情況的造成，主要是大陸赴臺文人創作力旺盛，他們不存在語言轉換問題，很快就成了文壇的主力軍。另一方面，文學類書籍比政治讀物更受讀者歡迎。如一九五二年，張漱菡的長篇小說《意難忘》由《暢流》半月刊印行，由此她成爲讀者最多的小說家。隨著推廣國語運動的成功，不少青年人也嘗試創作，加入了文學的出版隊伍。最重要的是官方提倡戰鬥文藝，一些新建的出版社迎合官方因而受到扶持。這時期最權威的出版社，是從一九五一年七月～一九五三年十一月共出過十五集《現代小說選》的文藝創作出版社。這是張道藩奉蔣介石之命創辦的「中華文藝獎金委員會」的副產物。其次是立法委員陳紀瀅私人創辦的重光文藝出版社，文壇社主持人是穆中南。他緊跟官方，出版由葛賢寧歌頌蔣介石的《偉大的舵手》。

五十年代文藝生活單調，那時聽收音機是唯一的娛樂。據統計，收音機從五十年代登記的有五萬臺，到六十年代已增至一百萬臺。可當時管制甚嚴：「機必歸戶，戶必有照」，將聲音的收聽和思想的輸入劃等號。人們讀張秀亞於一九五二年出版的散文集《三色堇》，可以不受這種約束。至於讀長篇小說，更不受這種限制。被譽爲十大小說家之一（註三）的彭歌，在臺北連續出版了《落月》和《流星》

兩部長篇小說，深受歡迎，難怪不少出版社出書也以長篇小說爲主，如高雄的大業書店專出這方面的書：從一九五三～一九六九年的十六年中，共出版長篇小說近百種。在這些長篇中，不少是戰鬥文學，如紅藍出版社出版的《藍與黑》。也有自費出版的，如姜貴的長篇小說《今檮杌傳》即《旋風》，還有由《臺灣新生報》社一九五〇年出版、鐵吾著的《女匪幹》，潘人木由文藝創作出版社於一九五三年出版的《蓮漪表妹》。此外，《中華日報》出版蔣夢麟的散文《西潮》，也暢銷一時。

利用國家機器的官方，動員軍政界人士辦出版社以弘揚反共文學作品。這就不難理解，許多出版社負責人與官方均有良好的合作關係。在五十年代，反共文學陣營的主流作家是辦出版社的中堅力量，如創辦「群力出版社」的馮放民（筆名鳳兮），是當時《臺灣新生報》副刊主編兼國大代表，又是寫專欄的作家。曾任「文獎會」《文藝創作》月刊主編的葛賢寧，開辦「中興出版社」。曾創辦《寶島文藝》的潘壘，成立「暴風雨出版社」。他的長篇小說「紅河三部曲」，是備受評論家稱讚的小說。兼寫小說與散文的尹雪曼，在高雄編副刊之餘，於南部成立「新創作出版社」；林適存是《中華日報》副刊主編，他也成立了「中國文學出版社」。他還用「南郭」的筆名，寫過不少長篇小說，其中《第一戀曲》獲得一九五五年「文獎會」長篇小說獎。（註四）

一九五二～一九五六年，官方繼「三七五減租」之後，實行「耕者有其田」，並於一九五三年起制定了第一期四年經濟建設計劃。這計劃雖然沒有把發展文化包括在內，更談不上有扶助出版業一項，但生活有所安定，畢竟有利於文化的發展。這時期出版社辦得不少，其重鎮在臺北，尤其是「文星」網羅了全臺的知名作家和後起之秀，幾乎每年出版六十多種書。此外，高雄的大業書店也不可忽視。臺中、臺南也有一定知名度出文學書的媒體，名聲最大的是臺中的光啓出版社。

香港與臺灣同爲資本主義社會，在反共方面右翼文人不搞內訌而攜手合作，如張國興在香港主辦有美國新聞處做背景的《亞洲畫報》和亞洲出版社，其中《亞洲畫報》舉辦了九屆短篇小說比賽，其影響力決不亞於後來的《中國時報》、《聯合報》舉辦的小說徵文獎。彭歌、墨人、郭嗣汾、梅遜、郭衣洞、桑品載、符兆祥均以得香港舉辦的這個獎而驕傲。「亞洲」出版的作品銷到臺灣，大受青睞。臺灣作者王平陵的《錦上添花》、墨人的長篇小說《黑森林》，都是該社出版的。趙滋蕃的小說《半下流社會》、思果的散文《藝術家肖像》、沙千夢的《長巷》，從香港外銷臺灣後，也有相當多的讀者。香港的另一右翼傳媒友聯出版社，於一九五六年出版的張愛玲小說《赤地之戀》，在臺灣更是長銷不衰。

五十年代的出版事業表面上看來興旺發達，其實無不籠罩在戒嚴令的淫威之下。官方強制推行「國語運動」，不執行將受到懲處，如老師不會講北京話會遭解聘。此外，限制出版自由，不許翻印大陸作家作品，尤其是三十年代的文藝作品。葉石濤認識了一個名叫辛添財的書商，這個書商係進步人士，專門出售來自中國大陸的漢文書籍與報刊雜誌。葉氏在他那裏買到了毛澤東的《論聯合政府》、《新民主主義論》，還有《群眾》、《文萃》等雜誌，後來被人檢舉，於一九五三年坐牢五年。五十年代啓明書局經理應文嬋因出版斯諾的《長征二萬五千里》，被臺灣省警備總司令部於一九五九年二月以「爲匪宣傳」名義逮捕。另有一九五八年官方發動的「拒讀不良書刊運動」，打擊的重點對象是胡適任發行人、雷震實際主持的《自由中國》。在這種氛圍下，流行的言情小說也被指責爲阻礙中華文化復興運動發展的絆腳石，屬腐蝕青年心理健康的毒品。

從以上論述可看到，敗退臺灣的蔣介石，一方面以反共抗俄強化代表「中國」政權的合法性，另一方面又通過支持出版事業維持「自由中國」的社會秩序。「重光」大陸與「復興」中華，成爲五十年代文學出版的兩大政治支柱。一九五二年，「播種者胡適」從美國回臺灣，演講時大力宣揚人的文學、自由的文學。在這種思想薰陶下，也有民營出版社走另外一條路，他們一方面出版一些有政治內容的文學作品敷衍官方，另一方面出版受社會歡迎的純文學書籍，附帶偷運自己的「私貨」，賣些與時局無關的情愛、家庭瑣事、旅遊之類的作品，以維持出版社不致倒閉的局面。

第三節　官辦出版社

官辦出版社分黨辦、軍辦、（救國）團辦、政府辦這幾種。

在五十年代，「官辦」最著名的是由國民黨中央主辦的文藝創作出版社，這是當年極為風光的出版機構，是指導性和權威性的出版社。

一九五一年五月四日，由張道藩任發行人的《文藝創作》創辦。此刊是一九五〇年初，張道藩奉蔣介石之命成立的「中華文藝獎金委員會」的附產品。「文獎會」設立的目標是：「獎助富有時代性的文藝創作，以激勵民心士氣，發揮反共抗俄的精神力量。」該會剛成立之際，曾借用中國廣播公司的地址，經費一年約有六十萬元新臺幣，由國民黨宣傳部第四組支持。

《文藝創作》雜誌由附帶的文藝創作出版社印行。該社出書的標準是「反共抗俄」，著名的反共小說、潘人木所著的《蓮漪表妹》就由該社出版。文藝創作出版社第一批圖書有「文藝創作叢書」，計有上官予等著的詩集《祖國在呼喚》、李光堯的短篇小說《泥娃娃》、潘人木等的短篇小說《一念之差》、段彩華的中篇小說《幕後》、端木方等著的中篇小說《四喜子》。此外還有《現代小說選》多集，以及《現代戲劇選》等。一九五一年七月到十月，該社又出版藝術類圖書：吳若的話劇《人獸之間》、郭嗣汾的話劇《大巴山之戀》、墨深等的獨幕劇《大別山下》、齊如山的平劇《徵衣緣》，另有九十八首反共歌曲。（註五）這個出版社的作者群幾乎都是大陸渡海來臺的外省作家，但也有個別的本省作家。此出版社的發行離不開官方制定的文學制度，使出版品被局限在宣傳三民主義、反共抗俄上。它不同於大眾圈的文學出版，而過分依靠政府做支撐力量；雖說是「文化工業」的一部分，但被排除在本省文人圈外。這種黨辦性質及其在文學出版中所居於的權力地位，顯示出國民黨政府在當代出版體制的發展歷程，這有點類似蘇聯通過布爾什維克領導一切的出版制度，文學出版的獨立性蕩然無存。

與文藝創作出版社緊密呼應的有文壇出版社的一套十冊「戰鬥文藝叢書」。這些書正如該社撰寫的〈出版的話〉所說：「都是向共產主義作戰的，也象徵著我們的文藝有了作戰的路線」。下面是應鳳凰列舉該叢書的作家及其書名：

> 王集叢的文藝理論《戰鬥文藝論》、王藍的長篇小說《咬緊牙根的人》、心蕊的散文集《葡萄園》、朱白水的廣播劇本《熱血忠魂一江山》、王琰如的短篇小說《長相憶》、蕭銅的短篇小說《方虹》、朱嘯秋的木刻《嘯秋木刻集》、杜衡的文藝講座《小說寫作技巧》、徐鍾珮譯的小說《不能徵服的人》、陳紀瀅的理論集《戰鬥文藝與自由文藝》。（註六）

一九五六底「文獎會」因張道藩大權旁落，軍中文藝體系取代了張氏領導的「中國文藝協會」，「文獎會」隨之停辦，緊接著《文藝創作》停刊，文藝創作出版社也就歇業。

五十年代的黨營出版社，還有一九三一年雙十節由黨國要人陳立夫在大陸創辦的正中書局，不久即贈與國民黨，成了國民黨規模最大的出版機構。此書局名曰「正中」，不是暗合蔣中正的名字，而是取「不曲為正，不偏曰中」之意，立志不偏左右。其實不偏是假象，其黨派色彩之濃，路人皆知。如該局為國民黨要人設立了「正中文庫」。六十年代初，還設立貿易部，從事西化代理業務，在日本、泰國均有分公司。香港分公司則名為「集成圖書公司」，於一九四九年十月創辦。正中書局於一九四九年遷到臺灣後，出版過眾多的反共劇本。「文獎會」得獎作品水束文所著的《紫色的愛》，也由正中書局一九五〇年出版。這部長篇小說敘述一九四九年之前一個參加革命工作的大學生，在激烈動盪的上海學潮中，和敵方一個女生相戀的故事。另一本端木方著的《疤勳章》，由正中書局一九五一年推出。這部中篇小說寫熱血青年為國奮戰，反映了動盪的社會變遷。人物有熱情沉著的「健」、忠貞剛烈的表哥、豪邁粗獷的費大個子。「正中」後來不再以出三民主義為龍頭的書，出版了一些有學術價值的好書，如鄭明娳總編的「臺灣當代文學評論大系」，分文藝理論、文學現象、小說批評、散文批評、新詩批評五卷。此外，還有王志健所著《中國新詩淵藪》。此書雖然引發版權糾紛，但史料豐富。正中書局出版的另一學術著作是尹雪曼總纂的《中華民國文藝史》，儘管黨性太強，史料錯誤甚多，但不失為有參考價值的學術著作。八十年代，「中正」有自強愛國叢書出版，一九八五年參與籌劃復興中華文化的《國文天地》的創辦，二〇〇三年股份已轉讓他人。

作為中國國民黨中央機關報的《中央日報》，也成立了中央日報出版部，出版有影響的書不少，如通俗歷史小說、繪畫暢銷書《牛伯伯打游擊》，純文學作品有陳紀瀅的《歐游剪影》、邱言曦的《言曦短論集》、尼洛的小說《近鄉情怯》。

國民黨的黨營出版社另有中央文物供應社。齊如山於一九五六年在該社出版了《齊如山回憶錄》。這是作爲學者、作家、戲劇家、戲曲理論家的齊如山晚年羈旅臺灣的追懷之作，它眞實生動地回顧了自己的一生，同時記錄下了那個兵荒馬亂的大變革時代。內容包羅萬象，文字親切樸實，讓人們同歷史不再隔世隔代。

第四節　官員下海辦出版社

如果說文藝創作出版社這些黨營媒體屬官方性質的話，那曾於一九三四年、一九三五年寫過〈徐志摩論〉、〈郁達夫論〉，後從政而被中共宣布爲「戰犯」之一的葉青，原在大陸就創辦有帕米爾書店，於一九四九年十月在臺灣重新登記，此屬官員下海辦出版社。因爲登記時他不是以官員而是以文化人的面孔出現。該社出版有任卓宣的《文學和語文》，另有梁仁遠的《愛的復活》、吳崇蘭的《愛河逆流》、艾雯的《小樓春遲》、孫陵的《他是誰》、周曉燕的《移植的花朵》等。

一九五〇年十一月二十九日成立的以「國土必可重光，文化必可復興」爲己任的重光文藝出版社，創辦人陳紀瀅係立法委員，在五十年代臺灣文藝界的地位僅次於張道藩。這位二號人物曾擔任臺灣最大文藝組織中國文藝協會的負責人，也是官方發動文化清潔運動的掌舵人。此出版社另一合夥人爲耿修業（筆名茹茵），係《中央日報》副刊主編，陳紀瀅發表於五十年代初的〈出版小言〉，道出了他們其實並不「小」的兩大希望：

爲了……實踐文藝工作理想，我們集合一部分文藝作者，完全靠自己的血汗，組成這個出版社，經過也是富有文藝性的，我們有計劃，有遠景。但現在我們只想做兩件事：

第一、決把這個出版社做到爲讀者服務的目的。爲達到這個目的，我們一定愼重選擇書稿，絕不濫出一本無益於讀者的書籍。將盡量把定價減低，使讀者花少錢讀到有價值的書，並力求印刷精美，便利閱讀。

第二、決把這個出版社做到爲作者服務的目的。文藝作者最可悲的一件事，是出了書，被人剝削，拿不到應得的版稅。我們社不是商人組織，乃是文人集合，我們希望得到作者的通力合作，做到作者自己養自己，出版社靠作者的協助而能發展。我們樂意公開發行情形，把出版社完全貢獻給作者。

我們的力量雖有限，但有充分信心與勇氣，如果再能邀得讀者和作者的愛護與合作，一定可以達成上述兩個志願。

這裏說的「文人集合」，除陳紀瀅、耿修業外，還有一位當時出名的女記者徐鍾珮，出版社的誕生地點就在她家裏。「重光」意即反攻大陸重光祖國山河，出版社的名字很官方，但它畢竟不是官辦的，因爲陳紀瀅是以個人身份辦出版社，國民黨中央並沒有給他資助。相反，該社實行「三自」原則：自寫、自印、自銷。這個出版社出得最多的是陳紀瀅本人作品，如《荻村傳》、《賈雲兒全傳》、《華夏八年》。

「重光」的第一批出版品，遲至第二年才和讀者見面。「重光」的創業書，是女作家徐鍾佩的散文集《我在臺北》。該社爲作家出的第一本書，則有下列各種：

一　鍾梅音的散文集《冷泉心影》（一九五一年七月）

二　鍾雷的詩集《生命的火花》（一九五一年九月）

三　朱西寧的短篇小說集《大火炬的愛》（一九五二年六月）

四　林海音的散文集《冬青樹》（一九五五年十二月）

五　鍾肇政的翻譯《寫作與鑑賞》（一九五六年十月）

六　何欣的文藝理論《海明威創作篇》（一九五七年十二月）（註七）

從這張書單中，可看出題材的多樣，各種文體均包括在內。上述六位作家，後來均成了知名作家。

在這些作品中，政治性最強的是朱西寧的《大火炬的愛》。這不是長篇小說，而是由九個短篇組成。書中燃燒著向他的敵人討還血債的戰鬥火焰：「這股高熾的反共大火，與我們自由民主燈塔裏的聖潔之光，相互輝映。我們一顆顆堅強的心，是一個個閃耀的火炬，勝利的光熱使得每個人勇往直前。」這種帶有火藥味的語言，有悖「詩美」。

和朱西寧的作品相反，鍾梅音的散文作品《冷泉心影》寫家庭主婦鄉居無俚所過的平凡生活。林海音的散文集《冬青樹》也沒有「火焰」，更沒有刀光劍影，其主題是「祝禱人家的愛永不凋謝，像冬夏常青的樹木一樣。」

重光文藝出版社不僅重視本地文人的創作，也引進外國作家的作品，如余光中譯的海明威名著《老人與海》（一九五七年十月）：出版於一九五七年三月的《梵谷傳》，則是一部膾炙人口的藝術家傳記。何欣譯的《佛克納短篇小說集》以及黎烈文譯自法文的短篇小說集《失明鳥》，很受讀者歡迎。

陳紀瀅辦出版社除出版自己寫的書外，同時幫朋友出版有銷路的書，他本人的九本作品中最重要的是在《自由中國》連載長達半年的長篇小說《荻村傳》。陳紀瀅還印了一套共八種十冊的「研究美國文化與生活叢書」，並出版了三本別人對他的小說研究論文集。（註八）

陳紀瀅兼職太多，且年事已高，「重光」終於收起它的光芒，於一九八〇年代不再出書。但由於他的特殊身份，並未注銷登記，仍留存於新聞局檔案裏。

第五節　文星集團的興亡

一九六四年，原爲經濟學教授後棄文從政出任「國防部心戰組長」的侯立朝，從海外回到臺灣，看到《文星》各期刊載的文章，特別是從四十九期之後的文字，感到非常氣憤，便向蔣經國彙報並奉其之命，於一九六四年八月寫了一本個人署名的小冊子自己印刷，名爲《文化界中一株毒草》。「毒草」一詞，跟大陸文化革命時指責某作家的作品是大毒草如出一轍。侯立朝並沒有參加過大陸的文化大革命，但他對大陸的大批判手法非常嫻熟，他從雜誌中嗅出一股毒味，認爲《文星》不是什麼文化雜誌，它實行的是「爲預謀而文化。」這句話較難懂，說明白點就是《文星》的政治面紗是以文化叢草來編織的。侯立朝覺得意猶未盡，又於一九六六年三月寫了一本也是自印而有可能是官方出資的《文星集團想走哪條路》稍厚一點的小冊子。

這裏說的「文星集團」，是指蕭孟能夫婦於一九五二年在臺北開的一家以「文星」命名的書店，另指創刊於一九五七年十一月五日的《文星》雜誌。這本雜誌創刊號以海明威作封面人物，以「不按牌理出牌」著稱，是泛文化刊物，以「生活的、文學的、藝術的爲宗旨」，其內容很像美國新聞處主辦的《今日世界》。

「文星」問世四年，書店也開了十年，反響不大。自《文星》四十九期收到「東風型」人物李敖〈老年人與棒子〉稿件刊發後，引發一系列的論戰，以致後來演變爲中西文化大論戰。進入六十年代，爲《文星》衝鋒陷陣的李敖成了「文星」的焦點人物，他先後擔任《文星》雜誌主編，後又成爲文星書店總監。一九六三年，李敖出版《傳統下的獨白》，成了六十年代文學青年必備和必讀之書。

《文星》因爲李敖而惹禍，被官方罰停刊一年的處分，侯立朝認爲處分過輕了，因爲這本雜誌和書店是披著文化外衣在顚覆政府。據這位蔣經國打手、心戰專家的歸納，「文星」犯了五宗罪：政治變天的運作、文化典押的運作、兩個中國的運作、臺灣獨立的運作、左傾思想的運作。

說「文星」繼承了《自由中國》的自由主義獨立思想，敢於挑戰官方，這沒有錯，但說他是左派「生活書店」的臺灣版，甚至說它有「匪諜」滲透進來，顯然引申過度，未免聳人聽聞。

作爲一個文化刊物，《文星》由「生活的」變成「思想的」，這是爲了適應時代發展的需要。臺灣當時的確需要一個言論較爲開放、自由的刊物，但《文星》畢竟不是政論雜誌，它還登過不少優秀作品。如一九六一年七月，原名嚴停雲的華嚴，其長篇小說《智慧的燈》由文星書店出版。這位作家的作品寫出了青年人的天眞無邪，書中不少地方閃耀著智慧的光芒。

在六十年代，正如隱地所說，臺北市沒有金石堂，只有中山堂，在臺灣買書最著名的地方是重慶南路。一九六三年在衡陽路十五號，文星書店莊重地打出黎東方的《平凡的我》、余光中的《左手的謬思》、林海音的《婚姻的故事》、於梨華的《歸》等書的預約廣告。如果不一次性定購，每本書定價十四元，如預定減掉四元。在那裏賣書的是「文星」老闆的前夫人和他的助理季季。這個季季，後來寫了《屬十七歲的》的小說，成爲著名的小說家，還擔任過《中國時報》副刊主編。

「文星」的招牌書「叢刊」，以歷史、哲學、政論爲主，但仍把文學放在重要地位，如出版過以反戰爲主題的《朱夜小說選》。它還舉辦過徵文比賽，後來成了著名小說家的鄭清文就曾獲獎。當時鄭清文只有二十歲，這個獎對他走上文學道路作用太大了。

「文星」金字第一號爲梁實秋的《秋室雜文》。「叢刊」開創了文化出版的一個新時代。在此之前，出版社最看好的是長篇小說，一般人認爲要出書，除了學術性著作，就是長篇小說最受歡迎。「文星叢刊」的印行，等於是出版業的一次革命。它把歐美、日本流行的四十開小冊子引進圖書市場。上市之後，大家的觀念改變了，原來短篇小說可以出書，散文、雜文可以出書，新詩可以出書，甚至「方塊」、政論亦可出書。（註九）

「文星叢刊」不分年齡與名氣大小，不以情感選稿，純以作品質量而定。這套叢書還有大坐牢家李敖的雜文《傳統下的獨白》，共十種。「《文星》叢刊」於一九六八年劃上句號，不到五年竟出了將近三百本。據隱地統計，平均每年出六十本，這顯然是大手筆。這些作品以一九四九年從大陸來到臺灣的文化人爲讀者對象，反映了海內外知識分子複雜的感受。一九六三年，於梨華從美國回到臺灣，《文星》雜誌和文星書店爲她舉辦歡迎會，對推動留學生文學發展有 定的積極作用。第二批「文叢」著重外國名家的選譯與介紹。

一九六四年三月，文星書店出版了列入「文星叢刊」六十號的王尙義《從異鄉人到失落的一代》，一出版就使失落的一代和未失落的一代拍手稱快。兩年後王氏在水牛出版社出版《野鴿子的黃昏》，引起更大的轟動。一九六七年詩僧周夢蝶第二本詩集《還魂草》在「文星」出版。雖然賣得不理想，但的確是優秀作品。一九六八年八月，文星書店還爲九位文壇新秀出書。

「文星」不僅引發歐美流行的四十開小冊子的出版風氣，而且也造就了四位「深具出版和發行能力的高手，他們分別是星光出版社的林紫耀、世界文物供應社的鄭少春、仙人掌出版社的林秉欽、大林出版社的張平。這四位發行高手，在離開『文星』之後，也都能在他們自立門戶的出版、發行崗位上，創出一片天地，這自然得歸功於『文星』在出版業界所開啓的經營理念。」（註一〇）

一九六五年十二月，號稱在文化沙漠中開闢出一片綠洲的《文星》，出至九十八期因政治壓力停刊。臺北市政府以「文星」爲共匪張目爲由封殺它。蕭孟能不甘心失敗，將具有黨國元老身份的老父蕭同滋推到前臺，讓他擔任發行人。情治部門早就對《文星》恨之入骨，但表達得非常委婉，說什麼「目前狀況下，《文星》不宜復刊。」這不是一般的文件，而是密件，可見問題的嚴重性。說是停刊一段時間，其實停刊時間無限延長。一九六八年一月二十日，「警總」用鐵腕手段掐死「文星」。同年三月三十一日，「文星集團」正式進入歷史。後來「文星叢刊」的版權分售給張平主持的大林書店和劉紹唐創辦的傳記文學出版社。

第六節　重慶南路的光點

由劉振強於一九五三年七月十日創辦於臺北的三民書局，很多人認爲「三民」是三民主義的簡稱。其實，「三民」係三個小民的意思，即此書局由三人各出資五千元創辦，在臺北衡陽路四十六號辦公。不過，這「三民」的確暗合了「三民主義」，其初衷可能是討好官方。該書局開始時只是賣書，其特點是三小：資本小、年紀小、書店小，以致三民書局和虹橋書店共用一個門面。後來另兩位合夥人因有不同看法離職，便由劉振強一人獨撐。三遷之後，一九六五年在重慶南路蓋了三民大樓。

當時出版業呈蕭條景象，臺灣本地書稀少，讀者需求量又大，只好從香港進口，進的書也不是香港出產的，而是來自大陸尤其是上海。這種書幾經周折才到臺灣，這樣成本就高了。至於大陸遷來的出版社，大多靠可以不付「共匪」作者版稅的書籍賺錢，這畢竟不是振興臺灣出版事業的做法，於是劉振強下決心擴充書店業務範圍：自辦出版。開始印高普考必讀的憲法及法政叢書，其後擴大業務，包括出版財政及人文學科方面的書。一九六一年推出二百號讓臺灣整體人文素質提升的「三民文庫」，作者有資深報人陶百川等。一九六九年二月，鍾梅音在三民書局出版了《夢與希望》，八月又出版了《風樓隨筆》，這是她文學道路上所攀登的新高峰。

劉振強在創辦三民書局之初就希望編《大辭典》，這要花很大的力氣，要克服種種困難才能辦到。臺灣大學有一位老師告誡他：「千萬不要編字典，不然，你會跳海的。」劉振強不怕「跳海」，整整花了十四年功夫，投資一億五千萬，請了一百多位專家參與，甚至還動員二、三十人到各圖書館查發霉的資料，最後大功告成。此書從一九七一年動工，竣工於一九八五年，辭典的內容非常豐富，涵蓋人文科學、社會科學、自然科學等領域，詞條超過十二萬條，敘述文字總計一千六百萬字，分三大冊印出。

有些大陸很難出的書，「三民叢刊」也會接納它們。一九七四年，三民書局成立了以出版學術著作為主的「東大圖書公司」，出版了很有價值的「比較文學叢刊」，第一批有下列八種書：葉維廉《比較詩學》、張漢良《比較文學理論與實踐》、周英雄《結構主義與中國文學》、王建元《雄渾的觀念：東西美學立場的比較》、古添洪《記號詩學》、周英雄《樂府新探》、鄭樹森《現象學與文學批評》、張漢良《讀者反應理論》。另有三種論文集：鄭樹森《中美文學因緣》、葉維廉《中國文學比較研究》、陳鵬翔《主題學研究論文集》。

「三民」還創設有「滄海叢刊」，分為國學、哲學、宗教、應用科學、社會科學、史地、語文、藝術類，包括各種領域的重要理論與作者，有「錢穆作品精粹」、「許倬雲作品集」、「逯耀東作品集」以及「李澤厚論著集」。（註一一）周玉山是「三民」的重要作家，他在那裏出版了《大陸文藝新探》、《大陸文藝論衡》、《文學邊緣》、《文學徘徊》、《大陸文學與歷史》。

臺灣早期最重要的出版品為教材，臺灣編譯館負責統一教材的編寫，「而後由臺灣省政府教育廳委託『臺灣書店』統一發包；但由教科書衍生出來的學術叢書，文史類幾乎全由三民書局包辦，理工英數類則歸東華和金橋擁有，五〇至九十年代，臺灣百分之八十以上學子，所讀各類參考書，以及公務人員高普考叢書，亦都出自兩大龍頭——三民和東華系列叢書，殆無疑義。」（註一二）

三民書局一直以建立「圖書館式的書店」為目標，還在一九五三年就將自己定位為服務業。根據「中國圖書分類法」規劃書籍排架的位置，參考大陸圖書館和出版社的做法，哪怕是少見的圖書也盡量陳列銷售，讓圖書去找讀者。它的管理方式獨特，所經銷的出版通路無論在分類還是分級上，都是別的出版社望塵莫及的。

從字典的編輯，專家學者的討論，還有「文學叢刊」的出版，一路收穫了眾多優秀讀物。從創辦時的「三小」，到如今發展為「三大」：資本大、年齡大、樓房大，成了出版界的常青樹。在當今眾多書店因為網絡文學的衝擊，紛紛從重慶南路撤退時，三民書局仍在那裏屹立著。

劉振強一直努力為高等院校的學術研究服務，為讀者服務。不做急功近利的事，這使三民書局在廣大讀者中有很大的信譽。正如巫維珍所說：「五十多年來，三民敢於投資大部頭辭典、研發排版與造字的電腦軟體，目的在於為社會樹立閱讀的風氣，三民書局與劉振強也成為具有影響力的當代出版指標。」（註一三）見證了重慶南路圖書世界輝煌前世的劉振強於二〇一七年去世後，他的接班人也就是他的公子劉仲節繼承了他的宏偉事業：「整體三民團隊仍秉著當年他的追夢精神，繼續為文化教育事業打拼。如今成為整條重慶南路的光點！正如資深作家彭歌所說：『三民出版品的影響已經跨越臺灣海峽，在全球各地華人世界中享有崇高信譽』。」（註一四）

第七節　南部出版重鎮

五十年代有一家臺灣最重要的文藝出版社，社址不在臺北，而在高雄市大勇路七十二號，這就是陳暉創辦的大業書店。

如果說紀弦把現代派的火種帶到臺灣，那陳暉就是把大陸出版社的火種帶到高雄。陳暉原先在上海與巴金同在文化生活出版社工作。來到臺灣後，他運用自己的大陸經驗在新的地方創業，決心幹一番大事業，果然以「大業」爲名的書店，在南臺灣成了事業最大最火紅的出版媒體。他孤軍奮鬥，身兼發行人、編輯、校對、營業員，妻子幫其管賬，送書時只請了一位工友。

臺灣南部眾多的作家、詩人，都喜歡把自己的書送給大業書店出版。「大業」的業績主要靠「長篇小說叢刊」打下基礎。當時《中央日報》、《中華日報》、《臺灣新生報》副刊都連載長篇小說，連載完後作者便找「大業」出版，如七等生的小說，以及一九五六年八月張漱菡在「大業」出版的長篇小說《七孔笛》。此作品以抗戰時的大陸爲背景，寫女主角謝心瓊的愛情故事。尹雪曼一九六〇年在「大業」出版的《遲升的月亮》，表現了青年學生在抗日時期爲國獻身的決心。郭良蕙一九六〇年出版的長篇小說《黑色的愛》，描寫了一出愛情悲劇。郭良蕙的另一本一九六二年九月出版的小說《心鎖》，由於涉及叔嫂戀，被認爲傷風敗俗，遭到內政部查禁，作者本人也被「中國婦女寫作協會」開除會籍。「色情與藝術」本是有很大爭議的話題。描寫了性心理，是不是等於黃色?這一論爭爲《心鎖》作了最大的廣告，原本定價十八元，黑市漲到六十元，盜版本更是屢禁不絕。一九五五年一月，「大業」出版張秀亞散文《凡妮的手冊》，表現了怨婦的苦惱。她另一本在大業書店出版的《懷念》，寫對世界和人生的宗教情懷，另寫個人心境，有較強的抒情色彩。

據項青（應鳳凰）介紹，大業書店最早問世的是「今日文叢」，在一九五三年推出第一輯共十冊，從這份出版書目看得到策劃者的前瞻性與包容性：

一　《橋影蕭聲》（張漱菡小說集）

二《風城畫》（張漱菡散文集）
三《北雁南飛》（王書川散文集）
四《七弦琴》（張秀亞小說集）
五《哀祖國》（墨人詩集）
六《誘惑》（徐斌小說集）
七《花箋憶》（王書川小說集）
八《詩玫瑰的花園》（彭邦楨詩集）
九《拾回的夢》（雪茵散文集）
一〇《愛與恨》（雪茵小說集）（註一五）

「今日文叢」的封面設計，追求高雅、精緻，注意各類不同風格的文體。第二輯於一九五五年再推出十種：

一《漁港書簡》（艾雯散文集）
二《藍燕》（季薇散文集）
三《凡妮的手冊》（張秀亞散文集）
四《陋巷之春》（楊念慈小說集）
五《彩虹》（尹雪曼小說集）

六 《逝水》（劉枋小說集）
七 《侏儒的故事》（張漱菡小說集）
八 《戀歌小唱》（彭邦楨詩集）
九 《遲春花》（馬各散文集）
一〇 《歸夢》（王書川小說集）

大業書店推出的新人，最知名的是司馬中原，他於一九六三年出版了小說《荒原》。另有他主編的「當代中國小說叢刊」，開本很小，可以放在口袋裏面，收有朱西寧、段彩華、楊念慈等人的短篇小說。由「創世紀」詩社洛夫、張默主編的「大業現代文學叢書」，內容豐富，包括翻譯、詩論、詩人研究等，其中李魁賢翻譯的卡夫卡的《審判》，葉笛翻譯的石原慎太郎的《太陽的季節》，葉泥的外國詩人研究《里爾克及其作品》，洛夫的詩論《詩人之鏡》，都是這套叢書的重要著作。（註一六）

大業書店不僅重視小說創作，對新詩年代的發展也非常關注。「創世紀」的鐵三角張默、洛夫、瘂弦三人主編的《六十年代詩選》、《七十年代詩選》及富有很強獨創性的《中國現代詩論選》，都由大業書店出版，並引起很大的爭論，這爭論大大提高大業書店的知名度。許達然深受讀者歡迎的散文集《遠方》及《含淚的微笑》，都是他於東海大學畢業後出國深造前夕，由陳暉主動寫信向他約稿的。

出版西方文學經典的翻譯作品，也是大業書店重要的出版方向之一，以黎烈文的譯作爲重點，他譯有羅逖《冰島漁夫》、莫泊桑《兩兄弟》、喬治桑《鬼池》、梭羅斯特《屋頂間的哲學家》等。《世界小說精選》則由黎烈文、周學普、錢歌川等人合譯莫泊桑、歌德等人的二十七篇短篇小說集。另有李尼

譯的安得列·紀德選集，有：《窄門》、《地糧》、《新糧》、《浪子回家集》等六冊。（註一七）

大業書店存活了十多年，出版了近百種創作及譯作，終於因南部作家紛紛北上，稿源缺乏，尤其是庫存書太多，店租又太貴只好關門大吉。陳暉本人後來轉行任高雄大華僑戲院總經理。

第八節　出版《旋風》的書局

與大業書店陳暉的經歷相似，劉守宜也曾在上海文化生活出版社工作過。他來到臺灣後，於一九五七年創辦了明華書局。開業時「明華」出的不是本地作家的作品，而是採取拿來主義，出版英譯的書。據應鳳凰介紹，這方面的書有中英對照的「世界名著譯叢」，梁實秋、英千里等人譯注的《莎士比亞的戲劇故事》、《浮華世界》、《孤行淚》等，中學生是那時最重要的消費群。

鑒於人們不像現在喜歡輕、短、薄，而喜歡長篇故事，故「明華」在長篇小說出版方面著力甚多，其中最著名的是後面談及的姜貴的《旋風》。創作起步早的姜貴，還在一九二七年就在上海著名的現代書局出版過長篇《迷惘》，過了十年再出版了中篇小說《突圍》。後來因爲戰亂，一切都得從頭開始，但他不灰心。一九五二年寫好的反共小說《旋風》，先自費印行五百本。姜貴大著膽子，送了一本給胡適，胡適讀後給他回了信。這信不是說客套話，而是提出具體的修改意見，這回信等於是拿到了文壇的入場券。

除《旋風》外，「明華」還出有孟瑤的《亂離人》、《黎明前》，彭歌的《煉曲》、《尋父記》，林適存的《巧媳》、《春輝》、《加色的故事》，另有潘壘的長篇小說《紅河戀》、自傳體小說《上等兵》、中篇小說《狹谷》和《歸魂》、長篇小說《金色年代》等。「明華」還出了不少不成系統的書：張嚴的《語文叢話》和《文章邇言》、汪知亭編著的《民族精神故事選》（一）（二）、宋海屏著的語文短論《文思》、田納西威廉斯原著、麥嘉譯的《玫瑰夢》、陳萬里的劇本《天倫夢覺》、葛建時譯述的畫家研究《石濤上人》、朱南度編輯的《愛情小說選》。

明華書局在臺灣文壇傳爲佳話的是劉守宜與大學同窗夏濟安於一九五六年創辦《文學雜誌》，夏濟安負責編輯，劉守宜負責發行，兩人配合默契。一九五八年推出的《短篇小說選》四大本，用的不是「明華」，而是「文學雜誌社印行」。兩年以後，也就是一九五九年，姜貴原先自費印行的《今檮杌傳》得到劉守宜的青睞，劉氏讓他把難懂的書名改爲通俗易懂的《旋風》，在六月出版後《旋風》居然在「明華」發行了七、八千本，姜貴聽了這個消息後，高興地跳了起來。這部小說後來被評爲臺灣文學三十部經典著作之一。

一九六二年明華書局停業後，姜貴將《旋風》版權轉給高雄大眾出版社，四年後又賣斷版權給高雄長城出版社。遠景出版社老闆沈登恩聽說《旋風》有可能得諾貝爾獎，便向高雄買版權，可是人家不肯，這是後話。（註一八）

劉守宜因債務纏身，再加上貧病交加，使得明華書局當年所颳起的旋風早已停息。從一九六一年起，不再光明和繁華的明華書局，終於走進了歷史。

第九節 「團辦」的出版公司

創辦於一九五四年三月二十九日的《幼獅文藝》屬「團辦」，即創辦者是隸屬於國防部總政治部的中國青年反共救國團的中國青年寫作協會。

《幼獅文藝》以大中學生和社會上的文學愛好者爲對象。這份長壽刊物，由於有「救國團」作強大後盾，故發行量很大，有一段時間還發行到中學的班級教室，學生們都喜歡閱讀上面所刊登的周夢蝶、洛夫、張默、黃春明、陳映眞、鍾肇政、鍾鐵民、李喬、七等生、鄭清文、葉石濤、岩上、景翔、張系國、林懷民、蕭蕭、高大鵬等人的作品。

《幼獅文藝》創刊時由中國青年寫作協會常務理監事輪流主編，包括鳳兮、鄧綏寧、劉心皇、楊群奮、宣建人、王集叢等人。在一九五四～一九六四年間，《幼獅文藝》仍由中國青年寫作協會主編，十六開本，單色印刷，刊登文學作品、文藝評論，網羅當時的青壯年作家群，如尹雪曼、郭良蕙、張秀亞、余光中、王尚義、辛鬱等人。《幼獅文藝》第一任主編爲林適存。一九六五年～一九六八年爲三十二開本，雙色印刷。一九六五年一月，朱橋接任主編。在朱橋主編的時代，是眾多作家往「幼獅」發表重要作品的年代。那個年代的作者還有個在美國與臺灣不斷往返的白先勇。

幼獅書店不僅面向外省作家，也服務於本省作家。一九六五年出版過一套鍾肇政主編的「臺灣省青年文學叢書」。由於「幼獅」是官辦出版社，所以書名不能叫「臺灣青年文學叢書」，這是因爲當局認爲單獨使用「臺灣」，有臺獨的嫌疑，故只能以「政治正確」的「臺灣省青年文學叢書」出現。此書收入鄭清文、鍾鐵民、李喬、陳天嵐、黃娟、魏畹枝、劉慕莎、呂梅黛、鄭煥、劉靜娟等人的作品。可惜宣傳沒有跟上去，這套書銷路很一般。一九六八年，後來成了出版界「天王」、可當年還是臺灣大學一年級學生的詹宏志，通過《幼獅文藝》的招聘，進入該雜誌社工作。

一九五八年雙十節，由中國青年反共救國團出資，將《幼獅月刊》、《幼獅文藝》與一九五五年成立的幼獅通訊社、一九五六年成立的幼獅電臺整合為「幼獅文化股份有限公司」。由於後臺硬，一九六二年「幼獅」的系列刊物又增添了新創辦的《幼獅學生》，一九七六年還創辦了《幼獅少年》。以出青少年的教科書為主的幼獅出版公司，其門市部除「幼獅」外，另有以成人閱讀為主的圖書門市部。

「救國團」一向以青年活動為主要對象，「幼獅」的命名係以獅子的朝氣表現此項文化事業的特色。青少年始終都是「幼獅」的主要受眾，這是臺灣本地非常專業以面向青少年著稱的出版社。一九九五年，幼獅改制為適用於勞基法的公司，全名為「幼獅文化事業股份有限公司」，法人股東占大多數股份，設有董事長、總經理等職，並有董事、監事會議，部門分為圖書編輯部、教材編輯部以及行銷部、業務部及財務暨管理部。（註一九）

在開展兩岸文學交流後，「中國青年反共救國團」去掉「反共」二字，一直在淡化政治色彩，這個「團辦」的刊物還刊登了大陸學者古繼堂、古遠清的系列文章。

注釋

一　辛廣偉：《臺灣出版史》（石家莊市：河北教育出版社，二〇〇一年），頁六十四。

二　應鳳凰：《五十年代臺灣文學出版顯影》（臺北縣：臺北縣文化局，二〇〇六年十二月），頁二七。

三 十大小說家除彭歌外，另有潘壘、艾雯、馬各、師範、張秀亞、張漱菡、郭良蕙、郭嗣汾、蕭銅。

四 應鳳凰：〈五十年代臺灣文藝雜誌與文化資本〉，載文訊雜誌編印：《五十年來臺灣文學·臺灣文學出版》（一九九六年），頁八十七。

五 應鳳凰：《五十年代臺灣文學出版顯影》（臺北縣：臺北縣文化局，二〇〇六年十二月），頁二十七。

六 應鳳凰：《五十年代臺灣文學出版顯影》（臺北縣：臺北縣文化局，二〇〇六年十二月），頁八十七。

七 應鳳凰：〈陳紀瀅與重光文藝出版社〉，《五〇年代文學出版顯影》（臺北縣：臺北縣文化局，二〇〇六年十二月）。本節參考了她的研究成果。

八 應鳳凰：〈陳紀瀅與重光文藝出版社〉，《五〇年代文學出版顯影》（臺北縣：臺北縣文化局，二〇〇六年十二月）。

九 隱　地：《回到六十年代》（臺北市：爾雅出版社，二〇一七年二月），頁八十三。

一〇 陳銘磻：〈四十年來臺灣的出版史略（上）〉，《文訊》一九八七年十月號，頁二六一。

一一 巫維珍：〈謙沖無畏的出版勇氣：三民書局〉，《文訊》二〇〇七年二月號。本節參考了此文的研究成果。

一二 隱　地：《大人走了，小孩老了》（臺北市：爾雅出版社，二〇一九年），頁一〇九。

一三　巫維珍：〈謙沖無畏的出版勇氣：三民書局〉，《文訊》二〇〇七年二月號。
一四　隱　地：《大人走了，小孩老了》（臺北市：爾雅出版社，二〇一九年），頁一〇九。
一五　項　青（應鳳凰）：〈陳暉與大業書店〉，《文訊》一九八五年二月號，頁二七四。本節參考了此文的研究成果。
一六　參見彭瑞金主編：《高雄文學小百科》（高雄市：高雄市政府文化局，二〇〇六年七月）。本節吸取了該書的研究成果。
一七　參見彭瑞金主編：《高雄文學小百科》（高雄市：高雄市政府文化局，二〇〇六年七月）。
一八　隱　地：《回到六十年代》（臺北市：爾雅出版社，二〇一七年二月），頁二十。
一九　參看巫維珍：〈以青少年爲核心：幼獅文化事業公司〉，《文訊》二〇〇八年十二月。本節參考了她的研究成果。

第四章　六十年代的臺灣文學出版

第一節　閱讀的年代

五十年代，官方發動以清共、肅共爲名的思想檢肅與克難運動，到六十年代已近尾聲，但這不等於說六十年代的文化環境比五十年代更爲寬鬆，相反有時更加嚴厲。

不同於五十年代臺灣省政府主席主要是由吳國楨那種柔弱的書生型擔任，而是由並非柔弱型的周至柔那樣的軍人執政。爲配合軍人政治，交通單位、政府機構乃至財經部門掌管的均不是文人，而是武士。在這種軍事戒嚴的形勢下，像雷震那樣的自由派知識分子，不是被關押，就是不允許發表文章和出版作品，最典型的是冤沉海島的文星書店。臺灣大學教授殷海光也因爲在胡適主辦的《自由中國》雜誌上長期發表不滿最高領袖蔣介石及其國民黨的文章，而被臺灣大學解聘。「海歸」人士胡品清，一九六二年由法國到臺灣，擬任正在籌備中的中國文化學院法國文化研究所所長。可在中國文藝協會舉辦歡迎晚宴時，突然有人檢舉胡品清在法國巴黎包格爾斯書局出版的法文本《中國現代詩選》，收入過毛澤東的〈沁園春·雪〉，因而取消了這次聚會。胡品清後來被軟禁，不准出國訪問。又如一九六八年三月七日，柏楊因爲「大力水手」漫畫坐牢。

在五、六十年代，學者的著作遭到查禁是常有的事，如連當年得過國民政府獎勵的所謂「附匪文人」馮友蘭的哲學著作都遭封殺，更可笑的與「匪」無關的康有爲的《大同書》因言及「麥克斯」而被

「警總」列入禁書。

正是在這種切斷三十年文學傳統的眞空地帶下，西化潮流乘虛而入，《現代文學》雜誌於一九六〇年三月五日創刊。這時歐陽子出版了爭議很大的短篇小說集《那長頭髮的女孩》，七等生也出版了《黑眼睛與我》。西化潮流所及，到外國留過學的人回到臺灣後，立刻身價百倍。未回國者寫文章在末尾只要注明寄自紐約或舊金山，這篇稿件被選用的可能性就會增大，採用後稿費也會比別人多。

不僅小說界盛行現代主義，詩歌界也勁吹現代風。一九六五年一月，洛夫的超現實主義典範之作《石室之死亡》出版。據張默的統計，一九六〇年代共出版二二四本個人詩集，合集和選集有十一本，詩論集十七本，詩刊四十種。在這眾多的詩作品中，現代詩作占多數，尤其是外省詩人仍居主導地位：一九六一年出版的《六十年代詩選》，共選四十六位詩人。一九六七年出版的《七十年代詩選》，共選四十七位詩人。這兩本詩集，本省詩人只有十六位。一九六九年出版的《中國現代詩論選》，十八篇詩論只有二篇是省籍詩人所寫。當然，省籍的統計只能說明文壇生態，而不能說明詩人的創作方法。但當時不少外省詩人，的確炫耀自己的作品「置於世界詩壇之天平上，我們尙毫無遜色之處」。這裏講的「毫無遜色之處」，其中之一是這些詩人喜歡搬弄沙特式的「Nausea（嘔吐）」，具體說來是賣弄現代詩的詞藻。

和現代主義對立的是，鄉土文學在六十年代開始崛起。一九六九年十月，黃春明極富草根性和泥土味的《兒子的大玩偶》，由仙人掌出版社出版。吳濁流則於一九六四年創辦了《臺灣文藝》。這本以「臺灣」命名的雜誌問世，根本原因是時勢所造成。當年省籍作家十分不滿文壇被外省作家所壟斷，本地文人沒有自己的發表園地。多產的鍾肇政投稿時累投累敗，自嘲成了「退稿專家」，便是一例。這與當局認爲只有中國文學，沒有單獨存在的「臺灣文學」有關。一九六五年十月，鍾肇政大膽衝破禁區創辦內刊《文友通訊》，把本省作家組織起來，打出「臺灣文學」的旗號，和「自由中國文壇」暗中對抗。鍾肇政還於一九六五年十月主編了一套十巨冊、厚達四百頁的《本省籍作家作品選集》，收入作家一四〇多人。編者在每家之前，以娓娓動人的文筆介紹作家其人其文，而且附有作家小傳、照片。這裏雖然用「本省」而沒有用「臺灣」，但效果還是一樣的。一九六六年，尉天驄則主辦了提倡現實主義的《文學季刊》。

六十年代，出版選集形成熱潮。「年度小說選」自一九六八年開始編印，至一九九八年止共支撐了三十一年，其中《五十五年短篇小說選》，入選作家既有像黃春明那樣的鄉土作家，也有像白先勇、歐陽子這樣的現代主義小說家。這三人的作品，代表了六十年代出版品的兩種方向。

在出版自由的臺灣，只要你有興趣，有財力，就可以辦書報社或出版社。一九六四年四月，據隱地的回憶，就有林紫耀於一九六四年四月創辦的「星光書報社」，與當時鄭少春主持的「世界文物供應社」、羅邦達主持的「遠東書報社」、曾兆豐主持的「新亞」、楊震辰主持的「雨辰」、陳福順主持的「黎銘」相輝映。其他縣市，比如基隆「自強書報社」、新竹「大華」和「文化」、臺中「聯合書報社」、嘉義「文化服務社」，臺南「永茂書報社」以及高雄「天恩書報社」，雖然不一定出版書籍，但在銷售出版社的圖書方面，引起很大的作用。（註一）他們當年氣勢如虹，可很快就敗下陣來。

六十年代，雖然受戒嚴令的制約，但不少出版社能衝破阻力，以致這個年代成了包容各路人馬的年代，同時是重視個人創造力的年代。不是出版家而是教授的齊邦媛，在六十年代寫過〈江河匯集成海的六十年代小說〉，列舉了三十二個小說家的名字，這創造力充分表現在一九六八年由由林秉欽創辦的仙人掌出版社。它以兩萬元的資本起家，然後像一匹黑馬衝進出版界。在不到三年中，出版了三百多種書，不足之處是，不講信用經常拖欠作者稿費甚至不給稿酬，以致演變到後來的「強迫出書」，隱地稱之爲臺灣出版史上的一項「傳奇」。（註二）齊邦媛列舉的前十位六十年代作家分別是：

林海音（一九一八～二〇〇一），代表作品《城南往事》。
孟　瑤（一九一九～二〇〇〇），代表作《心園》、《亂離人》。
彭　歌（一九二六～），代表作品《落月》、《惆悵夕陽》。
朱西寧（一九二七～一九九八），代表作品《狼》、《鐵漿》、《華太平家傳》。
司馬中原（一九三三～），代表作品《荒原》、《狂風沙》。
子　于（一九二〇～一九八九），代表作品《摸索》。
邵　僩（一九三四～二〇一六），代表作品《小齒輪》。
白先勇（一九三七～），代表作品《臺北人》、《孽子》、《紐約客》。
歐陽子（一九三九～），代表作品《秋葉》（又名《那長頭髮的女孩》）。
王文興（一九三九～），代表作品《家變》。（註三）

這些作品題材不同，風格各異，眞可謂是百花齊放。

六十年代，「最暢銷的中文雜誌就是《讀者文摘》，而中文版的《讀者文摘》竟然是外國人辦的，張任飛覺得這眞是一件可恥之事，一九六四年他曾被聘爲《讀者文摘》駐臺代表，想到自己的老闆是外國人，明明是中文雜誌，卻由外文翻譯而來，他於是決定自己跳下來試試，先辦了影力大的《婦女雜誌》，接著是《綜合月刊》，後來又辦了《小讀者》，以及另一本辦給商人看的——《現代管理月刊》，這四本雜誌，讓他贏得『雜誌之王』的稱號」（註四），同時使其成爲影響臺灣出版業、特別是雜誌界最深遠的人。

流行作家靠出版社成名、賺錢的不乏其人，如一九六三年七月以前，羅蘭的身份是音樂教師和電臺播音員。從一九五八年開始，她爲警察廣播電臺主持一個很紅的節目「安全島」。這個節目由於貼近生活，主持人由此成了不少聽眾的知心朋友，因而引起因出版金杏枝的言情小說大發利市的「文化圖書公司」負責人徐志業的重視，希望她將節目內容編成一本書，於是羅蘭在一九六三年出版了《羅蘭小語》，小語式的文體由此流行開來。後又於一九六四年出版了《羅蘭答問——愛情篇》、同年出版《生活漫談》和《給青年們》。過了兩年，再出版《羅蘭小語第二輯》和《羅蘭散文》。不局限於散文，羅蘭還開始了小說創作，後結集爲《羅蘭小說》出版。整個六十年代，羅蘭的名字連普通老百姓都知道，大家都讀她的散文和小說。這些作品在大陸改革開放後，還出了簡體字版。

除羅蘭這樣的本地作家外，日本的三浦綾子長篇小說《冰點》於一九六六年七月十二日在《聯合報》門市部出售，引發搶購風潮。自此幾乎以每天一版（一萬冊）的速度發行，創造了華文出版史上的最高紀錄。這裏還要補充的是：「一九六六，這一年之間，瓊瑤、三浦綾子之外——雲菁、徐薏藍、朱秀娟、朱小燕、華嚴、馮馮、司馬中原、高陽、南宮博、章君谷等大批作家活躍於報紙、眾多刊物與出版界，整個文壇熱鬧非凡。」（註五）

六十年代，還是傳記文學興起的年代。一九六二年，「野史館館長」劉紹唐，基於「爲史家找材料、爲文學開生路」的動機，創辦了每月一期的《傳記文學》，後來又成立了傳記文學出版社，出版了不少政治、軍事、文化名人的傳記，如《杜月笙傳》，還有陳紀瀅於一九六七年一月在該社出版的《齊如老與梅蘭芳》，詳細敘述了著名戲劇家齊如山與梅蘭芳關係。此外，一九六二年十月，還有陳香梅的傳記《一千個春天》，由臺灣學生書局出版。

一九六一年，克難年代結束，臺灣正處在從農業社會進入工業社會的轉型期，出版業也在轉型，尤其是爲文化升級起了重要作用。值得一提的是中華商場的落成。這個商場共有八所大樓，其中位於成都路西門圓環天橋下的「中華書城」的出現，引發老百姓參觀和購書的熱潮。除「中華書城」外，又有「今日書城」的創立，使六十年代成爲名副其實的閱讀年代。在這個年代，人們不僅閱讀瓊瑤的小說，還受存在主義哲學的影響。

六十年代的出版社，臺北是中心。除了文星書店、皇冠出版社、志文出版社外，還有白先勇以攜雷帶電之姿闖進出版業的晨鐘出版社，它和傳記文學出版社、新亞出版社合資成立「全臺書城」，這是繼「中國書城」後出版聯營的另一圖書出版單位。至於柏楊的平原出版社、梅遜的大江出版社、楓紅的水晶出版社，他們分別出版過《臺北人》、《異域》、《川端康成小說選》、《從卡夫卡到貝克特》等有影響力的作品。鍾梅音則在三民書局分別出版了《夢與希望》、《風樓隨筆》兩部散文集。她的另一本遊記《海天遊蹤》，受讀者們的歡迎，幾乎達到人手一冊的地步，這是她攀登的寫作最高峰。但臺北以外的地方也不可忽視，如一九六一年，作家王臨泰在臺中創辦刊名很有氣派的《亞洲文學》，每月出一期。從一九六六年起，又創辦亞洲文學出版社。無論是刊名還是出版社的名字，都有點誇大其詞，但出版有長短篇小說二十一部，好書的確不少，如王韋均的《蒼茫之佇立》、《霧淞集》等書。（註六）這個以小說爲主、見證六十年代爲閱讀年代的亞洲出版社，至一九九三年歇業，前後支撐了三十年。

第二節　古味盎然的牯嶺街

臺灣的舊書店，很難生存，一是門面貴，二是讀者不多。即使這樣，臺南、臺中、高雄仍有零星的舊書店。至於臺北城南附近的牯嶺街，自一九四五～一九七三年的三十年中，成爲臺北舊書市場中心，在六十年代達到了全盛期，計有五十八家舊書攤和二十多家舊書店，其中有十多位是山東籍的退役軍人在參與。他們原先從事撿破爛和收廢品，後改行賣舊書。（註七）這些人擺的地攤，沿廈門街、福州街、寧波西街、南昌街而設。那裏離風景區很近，是遊人休閑的好去處。舊書店數十年來始終是早上九點準時開門，晚上十點打烊。最高潮時是接近中午的時間，那時候可用人山人海來形容，以致要警察來疏通交通。那些書痴、書蟲往往逛半天都走不出來，甚至天黑後靠著微弱的燈光，盯大眼睛去淘寶。更值得稱道的是，書店的老闆雖然文化不高，也很有儒商風度，不論你買不買，總是笑臉相迎。到這裏逛街挖寶的熟客，老闆會預留一些好書。所謂好書，就是絕版書，尤其是重要的日文參考書，這是新書店買不到的，而且價格也合理。黃金時代的牯嶺街的舊書店，稱得上是櫛比鱗次。有些海外歸來的學人，穿著西裝放下身段在這裏掏書。

牯嶺街十七號，有兩家老舊逼仄、古味盎然的舊書店「易林」、「松林」，後者還是牯嶺街首家有名號的舊書店，分別由兩兄弟經營。現代文學史料專家秦賢次，是這些舊書店的常客，經常夾著大包小包回家。

這種流動書攤，最怕巡警「光顧」，一聽說警察來了，攤主馬上撤退，與官方進行鼠猫遊戲。由於有市場需求，這種書攤無法杜絕。官方後來讓步，讓書攤進入市場，像賣菜那樣找個攤位，攤主由此不再於牯嶺街日曬雨淋，但讀者卻感到失去了原先悠閑的氣氛，攤主也比過去多了一股銅臭味。

一進門總會聞到一股霉味的舊書店，但讀書人久聞卻不覺其臭，反而樂此不疲到此掏書。自六十年代起，官方都會編一本藍色的禁書目錄發給書商，精明的書商便按圖索驥尋找可賣高價的禁書。顧客需要的禁書，攤主會以奇貨可居的姿態要挾讀者。既能寫禁書又會買禁書，以致有「禁書大王」之稱的李敖，由此學會了殺價技巧。牯嶺街的舊書店老闆都認識這位眼明手快的「文化大保」，也就放他一馬。

舊書店的書源，除來自民間廢紙場、酒館小販以及黨國大佬遺物外，多來自文化人搬家，他們將搬不動的書以論斤賣廢品的方式給資源再生公司。（註八）書攤店主買回去再加以分類整理，然後以市價三分之一或四分之一的價格出售。但有價值的著作不多，因爲收到的舊書多半是教科書，而這些教科書，差不多一年便要修訂一次。過去兄傳弟、姐傳妹合用教科書的時代已經一去不復返。舊書店偶然也賣新書，這是有些作者自費出書賣不掉後，只好論斤賣給舊書店。至於珍本、善本、絕版本、名人簽名本，皆很少。（註九）

舊書店是文化的縮影，有的左派人士在這不到十米長的牯嶺街買到禁書，在那裏他們又再一次進行了思想洗禮。

那是在一九六〇年代，正在上大學的陳映眞，就像饑餓人找麵包一樣，到臺北市牯嶺街的舊書攤去找只能寫成「鄒述仁」（周樹人）的魯迅，找同時代的茅盾，找巴金，找老舍，找沈從文，找曹禺，找張天翼這些左翼作家的作品。這些禁書不能輕意買到，陳映眞卻意外地買到了《政治經濟學教程》、

《聯共黨史》及艾思奇的《大眾哲學》這些馬克思哲學入門書籍。有一天，他在淘書時還看到一本破損嚴重的英文書，作爲淡水英專學生的他，一眼認出封面上寫的是《馬克思、列寧選集》第一冊，出版者竟是「莫斯科外語出版社」，書的頭一篇則是陳映眞仰慕已久卻永遠無法讀到的《共產黨宣言》，這使他心頭一亮，猶如在沙漠中遇到了清泉，他連忙掏出所有的零花錢將其買下，然後懷著又害怕又興奮的心情，在窄小的住所通宵達旦地讀了起來。

正是通過這些禁書，陳映眞更靠近了魯迅，更瞭解到老舍和巴金們，瞭解到他們作品中所發出的最深沉的吶喊。這時他才恍然感悟，在孩童時代，長輩們用耳語講述過的在白色恐怖的年代失蹤或在刑場上慷慨就義的勇士們，燃燒在他們心中的燈火正是魯迅，飄揚在他們心靈的旗幟正是《吶喊》這些左翼作家的作品。尤其是當他看到這些舊書上原主人公的簽名、眉批，看書時用的各種不同記號，扉頁上寫的購書日期乃至印章，他都無法控制自己內心的激動。這些人雖然一個都不認識，但他猜測讀這些禁書的一定是在保密防諜運動中被捕、被拷問，甚至被處極刑的先鋒戰士。

牯嶺街舊書店消失後，當今最有名的是臺灣師大附近的「舊香居」和「茉莉二手書店」，其中後者在高雄等地還有分店。在高雄，則有復興二手書店和等閑書房。

第三節　於梨華引發留學生文學熱

隱地在《回到六十年代》中云：「一九六三年，是於梨華年。這一年，她在皇冠出版社出版長篇小說《夢回青河》，在文星書店出版短篇小說集《歸》。當年颳起一股『留學生文學風』，就是因她而起。」（註一〇）又說：「一九六七年七月，於梨華成為臺灣最風光的作家，《又見棕櫚，又見棕櫚》榮獲第三屆嘉新文藝創作獎。在酒會筵席上，當時四大報社長排隊向她敬酒，並紛紛希望能得到下一個長篇連載。」（註一一）

於梨華（一九二九～二〇二〇年），生於上海。一九四九年赴臺灣，畢業於臺灣大學外文系，後進入美國加州大學新聞系，一九六五年起在紐約州立大學奧爾巴爾分校講授中國文學課程，出版有《於梨華作品集》十四卷。

在二十世紀五、六十年代，臺灣出現了一股留學熱潮，前往的地方是西方，主要是美國。這些人移民的動機或由於父母的「壓迫」，或出於深造的欲望，或為了改變自己的命運，或出於對西式生活的嚮往，他們不惜離鄉背井，到一個完全陌生的地方學習或工作。這種像蒲公英到處撒播的人生經歷，催生了一種特殊的文學品種「留學生文學」。

儘管移民的作家出發點有異，遭遇也不甚相同，在建立家庭問題上所受「甜蜜的痛苦」亦不一樣，但其作品無不呈現出一種強烈的離散情緒或是漂泊感。對他們來說，原先所抱的淘金的理想或過高人一等的生活欲望，並不盡如人意，內中充滿了辛酸和曲折。在心靈中，他們瀰漫的不是滿足和幸福而是孤獨與迷惘。這種無根的漂泊，正和二十世紀以來西方的存在主義思潮相印證。西方哲學所揭示的是現代人被社會所拋棄，人的存在不是天然合理而是荒誕不經，倖存的這種現代人不再有傳統意義上的家庭，他們的存在本身不再是固定於一地而是一個到處流浪的過程。對那些留學生來說，不停地移居，不停地尋找生活和工作的不同途徑，是一種新的存在方式。尋覓家鄉，希望能衣錦還鄉回到有井水的地方，這差不多成了泡影。難怪描寫留學生的小說逃不掉「離散」這種生活形態，這本來也是一種人生體驗，於梨華就是這方面的代表。《又見棕櫚，又見棕櫚》寫留洋者的生存困境、異族交往、故園回望，都表現了一種對他鄉若即若離的心態。白先勇曾說，直到這部小說的出版，「於氏才眞正成了『沒有根的一代』的代言人。這說法正是該小說中新創的，一語道破了年輕一代的處境。」（註一二）

「十年的留學生涯，從一個把夢捧在頭上的少女，變成一個把夢拿在手上的少婦，最後變成一個把夢踩在腳下的婦女。」夏志清對此評論道，「這一則不太溫馨而充滿象徵時代苦悶的戀愛故事，是於梨華已臻新階段的明證。」

成爲當代留學生文學之濫觴的《又見棕桐，又見棕桐》，之所以不同於傳統小說，在於運用了打破按時序次第展開的西方意識流手法。這種將現實和回憶連在一起的新表現方法，有助於多層次披露海外遊子的複雜內心世界。

於梨華（還有吉錚等人）作品的深刻之處，還在於時空上不局限於中國臺灣和美國，在題材上也不囿於寫留美學人的遭遇，而是由此及彼、由表及裡，進一步寫到文化差異和文化認同，並延伸到民族主義和祖國意識，使其題旨不再是臺灣五十年代出現過的懷鄉文學的延伸，而是成爲以張揚現代手法著稱的海外華文文學的一個重要組成部分。

第四節　作家辦的出版社（一）

「五・四」以來，作家辦出版社者甚多（如巴金在上海辦過文化生活出版社）。一九四九年以後，大陸出版社幾乎都改爲公營，作家辦出版社的傳統由此中斷。這一傳統在臺、港地區得到了恢復，如徐訂的夜窗書屋和張漱菡的海洋出版社。（註一三）此外，另有本章敘述的平原出版社、大江出版社、林白出版社。

平原出版社由柏楊創辦於一九六一年三月，這是以文學爲主的綜合性出版社。在「平原」成立以前，臺灣出版界比較寂寞，除了皇冠出版社、光啓出版社外，新的出版社很少，老的出版社其經營路線用的也是傳統式。當時柏楊寫了不少作品，可出版社以各種理由拒絕他。柏楊受不了這種刺激，便決心自己辦出版社。

「柏楊」的筆名來自家鄉公路上挺拔的白楊樹。作爲河南人，他更愛那寬廣無際的平原，這個名稱，含有這位並不醜陋的中國人的思鄉之情。平原出版社設計有一個簡單扼要且別具深意的商標——一個塗滿黑色的正圓形，中間橫著兩片白色的扁平的對稱梯形，既像一本正好翻開的書頁，又像一雙正在天空飛著的海鷗翅膀。這個標誌，放在每本平原叢書的封底。出版社主持人對「天地一沙鷗」的意象，似乎特別有好感，有幾種平原叢書的扉頁，也是用一雙正在飛翔的海鷗畫面作文字的襯底。（註一四）

柏楊另有一個筆名叫「郭衣洞」，起此名屬自嘲生活不富裕。作爲穿不起新衣的窮酸文人辦出版社，自然請不起職員。無論是寫稿、改稿、編排、校對、送印刷廠、記賬、打包、跑郵局，統統由柏楊一人擔任。

柏楊辦出版社，主要是爲自己出書，這就難怪「平原」的第一本書是「柏楊選集第一輯」即《玉雕集》。作者有高度的自信，別的出版社一般只印一千本，可這本書竟印了二千冊。他拿了三百本給一家書報社代售，過了一個月泥牛入海無消息，後換了一家書店，卻成了搶手貨。

「平原」的主線是柏楊的雜文，計《倚夢閒話》十本、《西窗隨筆》十種，「柏楊選集第八輯」則為《聖人集》，也是託原來的書報公司賣，卻一分錢都收不回來，這時他進一步體會到自印自銷才是出路。「平原」共出了他的七本小說：《曠野》、《莎羅冷》、《掙扎》、《怒航》、《秘密》、《魔鬼的網》、《天疆》，另還有兩本諷刺性的小說《雲遊記》第一集及第二集。柏楊小說影響最大的是《異域》，在《自立晚報》連載時，用的是「鄧克保」的筆名。平原出版社也有系列作品，如「平原叢刊」、「七海遊俠叢書」、「冒險恐怖神秘小說精選」，都銷得不錯。

柏楊本身是懂藝術的作家，故他對每一本書都精心設計，書上都有作者簡介，同時有編號、第幾版以及出版日期，還附上出版社書目。他所出版的「金邊文學叢書」，「內容百分之九十是小說，只有小部分散文。除了郭衣洞自己的小說之外，有三本楊小雲的長篇小說。楊小雲此時尚是郭衣洞在『自立副刊』上剛發現的新人；另有張雪茵兩本散文，一本電視劇選集。」（註一五）作者有艾玫、邱麗華、姜龍昭、李雯等。「方塊文叢」出版的是著名雜文家的作品，作者有黛郎、寒爵、薇薇夫人等。

在隱地的記憶中：柏楊是文人中第一位開著汽車到朋友家聊天，到印刷廠送稿取稿的有車階級。正因為資金雄厚，故「平原」不惜工本另編有書評集《金評彙集》，不出售而贈送作者和同行，其功能有如早期的書評雜誌。

平原出版社在臺灣文學史上留下痕跡的是《中國文藝年鑑一九六六》、《中國文藝年鑑一九六七》和《一九八〇中華民國文學年鑑》。這三本工具書保留了珍貴的文學史料，功不可沒。它雖由柏楊一人主編或主筆，但內容和專欄設計上都有所不同。第一本的編例說明：「本年間以記錄中國近十六年來文藝事業發展、文藝工作成果、重大文藝活動、文藝社團組織等為宗旨，」這裏說的「中國」，也就是當年流行的說法「自由中國」。可「總綱」中收錄的黨國文人彭歌的文章〈新文學運動的回顧〉與呼嘯〈最近階段文藝發展概述〉，政治說教太多，失卻了工具書的客觀性。第二本〈序〉中說：「年鑑也者，是一種斷代史，一種以『年』爲單位的記錄；除了錯誤，不能修訂；除了缺少，不能增加；只有延續，沒有重複；不因任何非文藝的因素，而更改變動它的內容。它是流傳千古的原始資料，必須逐年編纂，逐年出版，才能成爲有價值的參考書。」後來柏楊因「大力水手漫畫」事件被判刑（一九六八～一九七七），使得一九八〇年年鑑遲至一九八二年十一月，才由時報文化出版公司出版。那時柏楊已釋放，釋放前的柏楊也不可能辦出版社。就這樣，存活了不到十年的平原出版社，終於因政治因素在一九六八年進入歷史。

第五節　作家辦的出版社（二）

一九六二年一月，曾任《自由青年》主編的梅遜創辦了大江出版社。

梅遜（一九二五～二〇二一年），原名楊品純，江蘇省興化縣人。高中畢業，一九四九年二月到臺灣。歷任《文藝創作》月刊、《自由青年》雜誌編輯，並創辦「大江出版社」。出版有《野葡萄記》、《串場河傳》等小說集及《梅遜談文學》。

大江出版社只有名字缺乏實體，如沒有編輯室，也沒有負責發行和跑腿的員工，甚至連出納和會計都沒有。這個無編輯部、無發行人、無會計的「三無」出版社，卻創造了奇蹟：當臺灣五十年前舉行首次書展時，「大江」的第一號叢書《歷史的教訓》，原作者爲威爾·杜蘭夫婦，由當時還是政治大學的學生鄭緯民翻譯，這本書在中華路的國軍文藝活動中心賣得十分火紅。

楊品純成立出版社的目的，一是出版他耗時六年發明的《梅遜事典》以及《故鄉與童年》、《進城以後》、《若有所悟集》、《自我的存在》等系列散文集，和《散文欣賞》兩冊。二是幫朋友出書。當然，這幫不是由出版者掏錢。當時出書，只有用出版社的名義才能發行。

「大江」最初爲文友出版的書，計有江流的《寒花淚》、《碎玉恨》、《劫火》、《小鳳》，劉璨的《霧色的夢》、《密湖恨》、《孤島忠魂》，石應東的《萬年青》。一九六八年，陳克環的小說集和散文集也由「大江」推出。此外，還有鍾鐵民的《煙田》、丘秀芷的《江水西流》、王家誠《在那風沙的嶺上》、鍾靈的《歸來》等，另有評論集隱地的《這一代的小說》及《隱地看小說》，後者於一九六七年出版，印數兩千冊，係《自由青年》專欄結集。當時梅遜忙得不可開交，不可能有系統的出書設計。直到一九六九年六月，才有「大江叢書」問世。這套叢書的出版，除耗費了梅遜的多年積蓄外，還有負責經理部門的熊嶺，以及在美術界有相當知名度的何恭上、何政廣兄弟鼎力相助。（註一六）

鑒於何氏兄弟的加盟，大江出版社增加了「美術叢書」，計有現代繪畫叢談、世界名畫欣賞、版畫選粹、神話藝術欣賞、中國明清繪畫、中國宋元繪畫、大畫家小故事、歐美現代藝術、現代繪畫之父塞尚、抽象畫先驅康丁斯基、二十世紀的美術家、世界近代畫家、中西名畫欣賞、畫家與名畫等二、三十本。「大江叢書」另外陸續推出的書有《西洋哲學史話》、《哲學的趣味》以及作者杜蘭夫婦的新著《歷史的教訓》。後者只有七萬字，卻旁徵博引，內容不單薄。《存在主義與心理分析》，係雷登貝克等人的論文組成。《悲劇的超越》，係亞斯培所著，由葉頌芝翻譯，前兩本的譯者爲鄭緯民、葉玄。

作爲散文家，梅遜當然不會忘記散文作品的出版，如曾燕萍的散文《人生散記》、碧竹的散文《山中歸路》均在「大江」出版。陳錦芳的《巴黎畫志》，則介紹了將近一百位藝術家。何政廣的《世界藝術新潮》，以豐富的資料詳細介紹了世界雕刻、繪畫及建築的發展近貌。

在文學評論方面，有王鼎鈞的《短篇小說透視》和崔文瑜《歐西文壇新風貌》。前者分析了現代派作家歐陽子、鄉土文學作家尉天驄及旅美作家叢甦的作品的藝術技巧。後者引介了西方文藝思潮和報導了歐西文壇動態。吳泳九的《西洋古代哲學導讀》，專業性強，適合大學師生做參考書。王家誠的《中國文人畫家傳》，介紹了十位藝術大師的成就。

在年度小說選方面，「大江」出版有《五十八年短篇小說選》、《五十九年短篇小說選》、《六十年短篇小說選》，另有簡苑的散文《葉歸何處》、陳芳明的詩集《含憂草》、彭歌等著的《三島由紀夫之死》、蘇玄玄的小說《愛的變貌》和趙雲的小說《把生命放在手中》。趙雲的小說，思想性突出，藝術性也不低。蘇玄玄則是剛邁入文壇的新人。最使人感動的是梅遜不論資排輩，當許多人都還未聽過鍾鐵民的名字時，梅遜動用自己的積蓄爲其出了一冊四十開、多達二三一頁作爲「大江叢書」之一的《鍾理和短篇小說選》。更使人難忘的是，梅遜於一九六八年獨具匠心出版了一本五五七頁厚重的書《作家群像》。此係多人合作，史料價值突出。

俗云：沒有永遠的朋友，只有永遠的利益。何氏兄弟覺得「大江」把譯著和創作放在重要位置，自己的才能施展不開，便從一九七二年四月起，另起爐灶創辦與文學切割的藝術出版社。一九七三年二月，熊嶺另創「巨流出版公司」。

大江出版社的名字，來源於梅遜的家鄉江蘇，他對長江有深厚的感情。一九七三年後，由於視力和聽力退化，梅遜便果斷地結束了「大江」的業務。據隱地說，一九八三年梅遜自費印了兩本書，交爾雅出版社出版。他捨不得「大江」，仍用此名字出書，但這只有紀念意義。

第六節　作家辦的出版社（三）

在六十年代作家辦出版社除外省人柏楊、梅遜外，還有臺南人林佛兒，他的筆名有林白、鬱人等。他十四歲從國民學校畢業後，曾在印刷廠當學徒，做機關工友。業餘補習英、法文，學過建築、繪畫與攝影。一九六一年入新儒學院，一年後自感無意義而退學，後任記者、編輯。他以這種豐富經歷於一九六八年創辦了林白出版社。當年靠翻譯暢銷書、大眾小說打開局面。還有走租書店通路的「羅曼史書系」，也幫其賺到第一桶金。

「林白」第一套叢書爲「河馬文庫」。此「文庫」第一號有七等生的處女作《僵局》，由著名畫家雷驤插圖。「文庫」壓軸之作爲吳濁流當年遭查禁的自傳體小說《無花果》。此書因闖了禁區，出版後林佛兒遭到臺灣警備總司令部約談，隨後此書被禁止發行。

「河馬文庫」與蕭孟能出版的「文星叢刊」的口袋型小書近似，封面圖案簡樸，作者均有知名度。正如應鳳凰所說，「林白的書單可看見林佛兒的理想與企圖；林佛兒的散文《腳印》，司馬中原的小說集《十音鑼》，鍾肇政的長篇小說《江山萬里》，葉石濤的小說集《羅桑榮和四個女人》，鍾肇政的報導文學《世界文壇新作家》，傅敏（李敏勇）的新詩、散文《雲的語言》，王集叢的理論．書評《文藝評論》，吳濁流的傳記小說《無花果》。」（註一七）

這套叢書雖有外省作家參與，但上面提及的司馬中原、王集叢的作品只是聊備一格而已。也就是說外省作家是配角，本省作家才是主角。這就是「林白」的立場，也是林佛兒出版作品集極重視本土的

「佛」心所致。據應鳳凰說，當年最暢銷，買到十萬乃至上百萬冊的是柏楊的《醜陋的中國人》。此書銷入大陸後遭查禁便轉入地下狂銷，後來又遭解禁。在日本，同樣被日本人搶購一空。二〇二一年，爲了抵制「去中化」，柏楊的遺孀張香華鄭重宣布此書不再版。不管怎麼說，這種暢銷現象得力於林佛兒的膽識。他不怕官方壓制，越壓制越加強了他出版的信心，這就造成了林白出版社的傳奇。

「林白」風光的年代是一九八四～一九九四年出版的「島嶼文庫」，打頭陣的是旅美散文家許達然的《吐》。此書名平平，當年並不靠聳人聽聞的書名取勝，而靠內容吸引讀者。「文庫」的作者有林清玄、李南衡、阿盛、司馬中原、苦苓、聶華苓、陳芳明、方娥眞、蔣勳、林文義等。

「林白」不似皇冠出版社專出暢銷書，不似臺灣學生書局有健全的海外發行網，更不似「三三書坊」有年輕人的朝氣，但它也有自己的優勢：和電影界關係密切，從《畢業生》、《午夜牛郎》、《大法師》到《象人》，每本都銷得很好，使得林白出版社的營業額一直保持在中上游狀態。（註一八）總觀林白出版社創辦以來，其全盛時期是一九六〇年年底和八十年代末期出版的兩套「文庫」。此外，還有一百多種的「林白叢書」，其中也有些屬文學類的，儘管開本不同，裏面也有滯銷書，但每本書額頭上印有「綠色島嶼」的標竿，這就是走本土化路線的「林白」所交出的成績單。

文人辦的出版社，還有辛鬱、丁文智、羅行和姚慶章等四人創辦的十月出版社，可惜一場颱風把他們的理想化爲肥皂泡。

第七節 「臺灣的王雲五」

一九六三年，張清吉在臺北市臨沂街信義路口，創立了專售舊書的長榮書店。貨源來自於日本人從臺灣撤退時留下的日文圖書，另還有中國大陸三十年代作家著作，如出現在教科書裏的朱自清、郁達夫、胡適、林語堂的作品，而有關魯迅、巴金、郭沫若的出版品，均屬不准傳播的左翼文藝。當臺灣的一些文化名人得知「長榮」有這些好書後，作家李敖還有文史資料專家秦賢次、本地文化人林衡哲，均成了這家書店的常客。書店裏的禁書幾乎都被反國民黨的李敖買走。長榮書店搬遷過多次，但都在臺灣大學、臺灣師範大學附近，臺北的大學生也常常喜歡到這裏看書、買書。

據高永謀介紹，張清吉同時開過三家分店，後來書店也辦成了出版社，出版的書大都暢銷，包括《西洋幽默小品》、《二次大戰秘錄》和林語堂的散文集，之後又編了一套《英語欣賞文庫》。所謂欣賞，就是分析作品的特色和說明英文的趣味，有很多讀者購買。在這個書店的基礎上，志文出版社於一九六七年正式掛牌營業。創辦人張清吉不似爾雅出版社的隱地是作家，也不像三民書局劉振強原來就是編輯，更不似遠流出版社王榮文有驕人的經歷，張清吉只不過是小學畢業生而已。他做過漁夫、農夫，處在最底層，在李志銘《半世紀舊書回味》這樣寫到張清吉的曲折經歷：光復初期甫從新竹到臺北謀生的張清吉，最初從事踩三輪車的苦力工作，並經常利用在路邊等生意的空檔時間看書，後來其他收酒矸小販見張清吉那麼愛看書，就慫恿他開舊書店。於是，六十年代初期張清吉便在信義路東門市場租了店面，自己去盤貨、載貨，並以「長榮書店」爲名，開起了舊書店兼出租武俠小說的行業。」他來自底層的經歷，難怪有人把張清吉比作「臺灣的王雲五」，而同行則尊稱他爲「出版界的唐詰訶德。」這位「唐吉訶德」辦的出版社，得到由臺赴美深造的林衡哲的幫助，他常從國外開書單，讓張清吉進一步明確自己的出版方向，並展開「新潮文庫」的印行，以翻譯國外的學術作品深得學術界的關注，出版社便逐漸以走哲學、思想爲主線。後來它也大量出版電影理論的書籍，但並沒有改變它的出書方向。

志文出版社靠「新潮世界推理」等系列約六、七百本書積累成本，這些書對臺灣思想潮流的引導起到了重要作用。這套叢書除了翻譯介紹西方文哲經典外，也引進了不僅是西方還有東亞的日本新思潮。舉凡自由主義、存在主義、女性主義、精神分析、意識流、魔幻現實、禪學、電影評論、推理小說，「都是志文鳴起新趨勢的號角」。（註一九）

志文出版社翻譯古代與近代西方思想家、文學家的經典作品，「爲臺灣拉開了西方思想史的天際線，爲想涉獵吸收人類知識精華的購書者開啓了一扇廣闊的門，文學如荷馬、伊索、米爾頓、但丁、薄伽丘、歌德、喬叟、拉伯雷、拉封登、狄更斯、惠特曼、大仲馬、包斯威爾等人之作品。哲學如柏拉圖、蒙田、笛卡兒、培根、托馬斯．摩爾、巴斯卡等人之著作，每一位都是西方思想史、文學史上的『萬世巨星』，欲窺西方知識堂奧之所必精讀。」（註二〇）

在出版界紛紛追逐暢銷書的時候，志文出版社不跟這個潮流。他們一直把持著堅定、坐實的原則，不去出大套書之類。一九六六年，「志文」推出「羅素回憶錄」等三本書，很受讀書界的歡迎，尤其是本地作家的《夏濟安選集》和《陳世驤文存》，都是很有學術價值的著作。《鄭愁予詩集》則是叫好又叫座的新詩集。在「新潮大學叢書」中，《西洋文學批評史》、《世界戲劇藝術欣賞》和《文學論》，堪稱是西洋文學的經典。（註二一）

志文出版社很注重書的包裝，尤其是封面設計有一貫的風格。從《沙特自傳》，經《非理性的人》，到《沙特文學論》，所傳達的是存在主義的訊息。從《佛洛伊德傳》以至《圖騰與禁忌》、《夢的解析》，無不是有關心理分析的經典之作。再如享譽國際文壇可臺灣沒有引進來的《美麗的新世界》和《黑暗的心》，是有知識性又有學術性的著作。據吳維介紹，「不論是赫曼赫塞、芥川龍之介的小說作品，廚川白村、叔本華的哲學論著，史懷哲、索忍尼辛的人道主義，或鈴木大拙等的禪學思想，志文出版社的成績都相當突出。」（註二二）

張清吉和純文學出版社的林海音、文星書店的蕭孟能、傳記文學出版社的劉紹唐、《綜合月刊》的張任飛，一起把提高全民文化素質當作自己責無旁貸的重任。截至一九八一年止，出身底層的「臺灣的王雲五」出版了三百多種書，這難免有些難懂不賣座的圖書，如托馬斯曼、波赫士或格林的著作，開始只出一、二本，賣不動時就不出了。不管是暢銷書還是滯銷書，都可以看出志文出版社都在向王雲五看齊，都在為傳承人文理想而努力。

第八節　不曾衰敗的出版王國

一本高調自稱「皇冠」的雜誌，於一九五四年二月二十二日在臺北誕生。最初刊登集郵信息和熱門歌曲，是一份綜合性的雜誌。創辦時以介紹西方文化思潮和西方文學為主，其中五分之二翻譯自歐美各種雜誌，另一部分是特稿和本地文人的創作。一九六二年七月出滿一百期後，《皇冠》不再以譯介為主，改成創作為主打。為此，吸引了眾多作家在《皇冠》發表作品，如一九六〇～一九六四年二月，計有雲菁、畢珍、孟瑤、潘人木、張系國、康芸薇、於梨華、陳平（三毛）、郭良蕙、喻麗清、丹扉等。此外，加入該刊陣容的還有茅及銓、司馬中原、朱西寧、郭嗣汾、鄧文來、高陽、瓊瑤、馮馮、桑品載、楊念慈、聶華苓、段彩華、魏子雲、施翠峰等人。一九六四年，別出心裁的平鑫濤，成立了「皇冠基本作家制」，以預支稿酬的方法吸引作家。

平鑫濤是一個傳奇式的人物。他於一九四九年從上海來臺灣，屬外省人，但他辦刊不分省籍，只要是優秀作品，均來者不拒。在《皇冠》發表作品的有本省作家七等生，李喬則參加徵文比賽後得獎。「一九六四年之後，吸引了許家石、林鍾隆與鄭喚等參加徵文比賽，而鍾鐵民、黃娟、鄭清文也偶見作品發表，至於許達然與葉珊，則在一九六五、一九六六年間陸續發表了許多的散文。」（註二三）

作爲六十年代最具影響力的雜誌，《皇冠》發表的作品影響最大者莫過於張愛玲的小說。香港林以亮（宋琪）於一九六六年十月號的《皇冠》中，發表〈談張愛玲的新作《怨女》〉，其中云：「這次皇冠雜誌邀張愛玲寫稿，前後有三年之久。毫無疑問，張愛玲的《怨女》終於使小說走入了一個新的階段。至於她的寫作技巧是成功是失敗，對目前寫作的影響是好是壞，還有待時間來證明。如果以普通小說的方法來讀張愛玲的《怨女》，恐怕讀者會覺得不耐煩和不習慣。希望讀者用一點耐性來接受它，由此證明皇冠雜誌和張愛玲的嘗試是有價值的。」

一九六五年，引領文學風潮的皇冠出版社正式成立。由於寫少男少女愛情的瓊瑤的崛起，其作品深入到學校、家庭，再加上整合過去的出版機構，使這個出版社成爲名副其實的出版王國。除瓊瑤外，張愛玲、馮馮、司馬中原、聶華苓、蘇雲菁的作品也是與「系列」方式與讀者見面。皇冠出版社另一張王牌是品味不俗且具有廣告效應的同名雜誌。這兩個單位相互作用，一九九七年後爲強化書系特色，便成立了「皇冠文化集團」。這集團，成爲當代小說改編成電影最多的龐大出版機構，同時爲後來成立皇冠藝術中心與皇冠電影公司打下基礎。該集團出版的文學書不少。遠在一九六三年，「皇冠」就出版了於梨華的長篇小說《夢回青河》，開留學生文學之先河。一九六三年九月，瓊瑤的長篇小說《窗外》亦由「皇冠」出版，在暢銷的同時引發爭議。爭議其實也是一種促銷手段，是出版家求之不得的好事。一九六六年四月，王令嫻在皇冠出版社出版短篇小說集《好一個秋》。同年林佛兒第一本散文集《南方的果園樹》也是由「皇冠」推出。一九九四年，皇冠開始舉辦「皇冠大眾小說獎」，獎金高達一百萬，強調文學作品要走進尋常百姓家，提倡一種既好讀又高品位的大眾文學。入圍作品先在《皇冠》雜誌刊登，這種先發表後評選的做法，是別的出版社沒有做過的。評選時，不走專家路線，而舉辦票選活動。評選的文體以小說、散文爲主。編者特別重視愛情、婚姻、家庭的題材，旅遊、美食等富於生活情趣的小品，也不排斥。

據葉雅玲介紹，《皇冠》還負載著臺灣社會歷史中某些生活的記憶。「五十年代美援文化下的西化、綜藝色彩濃，翻譯歐、美、日、亞洲文學提供社會接觸機會；呈現六十年代海外留學生現象，以及港臺作家懷想中原情感，七十年代三毛的流浪遠方等，都是在綜藝休閒性之外，爲讀者提供相當豐富的內容。在圖像方面有漫畫、中西畫、攝影，電影介紹等等，非常多元。《皇冠》與臺灣文壇關係密切，至今亦一直呈現臺灣社會政治經濟變化，與藝術文學生活變化之間的關係。」（註二四）

儘管平鑫濤於二〇一九年去世，瓊瑤也已步入耄耋之年，但不曾衰敗的皇冠出版集團，仍存在著、發展著。

第九節　以「純文學」的名義

「純文學」、「大地」、「九歌」、「爾雅」、「洪範」統稱爲「五小」出版社。「五小」的「小」，係相對「聯經」、「時報」等資金雄厚的大出版公司而言。當時文壇流行這種說法：「發表文章上『兩大』（《聯合報》、《中國時報》），出書到『五小』。」

純文學出版社是「五小」中最早成立的，由林海音創辦於一九六八年十二月。誠如社名所顯示，這是一個不跟政治潮流走的出版社，它在突出文學性的同時兼顧知識性。

不管創辦者對「純文學」的社名作如何解釋，「純文學」一詞正是對政治強加於文學的一種反彈，其潛臺詞是認爲反共文學受政治支配，常常有「戰鬥」而無「文學」，這當然不算純正的文學。以這樣的文學觀念編出來的書，自然與主流文學呈現出不同風貌，這就爲官方所難容，以致有人造謠說純文學出版社曾得到美國新聞處的資助。

林海音定出如下出版規則：

一　每本書都經過精心選擇。

二　絕不破壞讀者對「純文學的書就是好書」的信心。

《純文學》雜誌從第二期起開設「近代中國作家與作品」專欄，衝破禁區介紹現代大陸作家作品，介紹時還請一位名家寫有關文章，這種行爲屬「盜火」性質。爲了對付「警總」，林海音不用「現代」而用「近代」，這可避人耳目，最後結集成書由純文學出版社出版。

純文學出版社創辦十多年，維持每年只出十幾本書的原則，以文學的純正性著稱，其中有很多是排在暢銷書及長銷書之列的，例如《小太陽》、《藍與黑》、《和諧人生》、《純文學散文選》、《包可華專欄》等。屬長篇小說的暢銷書，有《滾滾遼河》。其中《改變歷史的書》不是原創的文學作品，而是一本譯自美國唐斯博士的書，譯者爲彭歌。當時出版時擔心虧本，可出版後，深受大學師生的喜歡。在校園內，幾乎達到人手一冊的地步，這得力於林海音的眼光和魄力。

《改變歷史的書》爲純文學出版社贏得了很高的聲譽，後來彭歌再接再厲，又譯了《改變歷史的書》的姐妹篇《改變美國的書》，還有《人生的光明面》、《熱心人》等。這些書可幫助讀者提高文化素質，同時進一步增強了純文學出版社「聲譽甚高，招牌甚硬，規矩甚嚴」（註二五）的知名度。作爲一位資深編輯，林海音曾編過《聯合報》副刊十年，後又編了她自己創辦的《純文學》月刊。不論是編報紙還是編圖書，林海音均發現和培養了不少新人，以致有「文壇保姆」之稱。

詩本是大地的彩虹，作爲日月之光的詩卻被不少出版社認爲是票房毒藥，可是林海音不這樣認爲，她在臺灣出版界較早出版彩色詩集，如余光中以他著名的剛勁、清晰的手書出版了《在冷戰的年代》，楚戈自寫自畫的《散步的山巒》，羅青同樣有自寫自畫的《不明飛行物來了》，莊因自寫自畫的《莊因詩畫》。出版這些書，都爲詩歌界做出了良好的範例。古代就有「詩中有畫，畫中有詩」的說法。純文學出版社將這一古訓發揚光大，截至一九八一年，「純文學」出版了幾百本書，不可能每本均盈利。爲了把損失補回來，該社也出一些非文學類的書。

林海音最重要的特點是做事認眞，對編排和校對特別注意。早年純文學叢書與眾不同的封面就是老闆自己設計的。每出一本書，林海音差不多都要親自校對一遍，另外還要給作者本人核對一次，再加上初校、二校，每本書要經過四遍校對才定稿付印。這也是「純文學」的書在錯字方面極少的原因。

坊間選出了許多兒童讀物和供成人看的圖書，與眾不同的林海音想出一套家庭讀物，後來便創辦了「純美家庭書庫」，其中有張心漪譯的小說《妙爸爸》、《媽媽的銀行存款》；季光容譯的有關自然保護的《艾莎的一生》；營養專家章樂綺寫的《美食堂前談營養》等書，直到今天仍常被人提及。

對剛升起的文壇新星余光中，純文學出版社也向其傾斜，先後爲其出版了散文集《焚鶴人》、《聽聽那冷雨》、《望鄉的牧神》、《青青邊愁》，另外還有評論集《分水嶺上》。

純文學出版社不忘記中國人驅逐日寇的艱苦抗戰，先後出版了「三大抗戰小說」：紀剛的《滾滾遼河》、王藍的《藍與黑》、徐鍾珮的《餘音》。如果潘人木的《蓮漪表妹》也算上，那就成了「四大抗戰小說」了。

以純文學名義辦的出版社，其特色是知識性書籍通俗普世化，重視推廣少兒圖書，中國選題傳承傳統文化，文學性書籍歷久彌新。（註二六）林海音樂於助人。當她聽說一九五〇年代初以寫〈高山青〉這首歌詞而出名的詩人鄧禹平貧病住在老人院，他最大的心願是能把過去的詩作結集出版，已有畫家楚戈、席慕蓉願意爲他插圖，卻找不到人願意出版。最後，這本有詩有畫的《我存在，因爲歌，因爲愛》，由林海音在其出版社順利出版了。（註二七）

七十至八十年代，是「五小」最火紅的年代，這與「五小」相濡以沫有關。他們每月在林海音的帶領下一起開神仙會，一邊品茗，一邊商議繁榮臺灣文學出版的大事，整整延續了十五年。（註二八）

純文學出版社於一九九五年十二月結束營業，林海音則於二〇〇一年過世。

注釋

一　隱　地：《回到六十年代》（臺北市：爾雅出版社，二〇一七年二月），頁九十四。

二　隱　地：《出版事業在臺灣》，載游淑靜等著《出版社傳奇》（臺北市：爾雅出版社，一九八一年七月），頁六。

三　隱　地：《回到六十年代》（臺北市：爾雅出版社，二〇一七年二月）。

四　隱　地：《大人走了，小孩老了》（臺北市：爾雅出版社，二〇一九年），頁一一五。

五　隱　地：《回到六十年代》（臺北市：爾雅出版社，二〇一七年二月），頁一一四。

六　隱　地：《回到六十年代》（臺北市：爾雅出版社，二〇一七年二月），頁三十八。

七　李志銘：《半世紀舊書回味》（新北市：群學出版公司，二〇〇五年）。

八　李志銘：《半世紀舊書回味》（新北市：群學出版公司，二〇〇五年）。

九　周嘯虹：〈沒落的舊書店〉，《臺灣新生報》，一九八一年六月三十日。

一〇　隱　地：《回到六十年代》（臺北市：爾雅出版社，二〇一七年二月），頁八十五。

一一　隱　地：《回到六十年代》（臺北市：爾雅出版社，二〇一七年二月），頁一二四。

一二　白先勇：〈流浪的中國人——臺灣小說的放逐主題〉，載《白先勇自選集》（廣州市：花城出版社，一九九六年），頁四一〇。

一三　隱　地：《大人走了，小孩老了》（臺北市：爾雅出版社，二〇一九年），頁一二三。

一四　應鳳凰：〈平原出版社〉，《文訊》（一九八六年十二月），頁二四九。

一五　應鳳凰：〈平原出版社〉，《文訊》（一九八六年十二月），頁二五〇。

一六　項　青（應鳳凰）：〈梅遜與大江出版社〉，《文訊》（一九八四年十二月），頁三三一。

一七　應鳳凰：〈林佛兒的文學腳印〉，《文訊》（二〇一七年五月）。

一八　隱　地：〈出版事業在臺灣〉，載游淑靜等著：《出版社傳奇》（臺北市：爾雅出版社，一九八一年七月），頁九。

一九　高永謀：〈出版界最後的本格派：志文出版社〉，《文訊》二〇〇五年四月號。

二〇　高永謀：〈出版界最後的本格派：志文出版社〉，《文訊》二〇〇五年四月號。

二一　吳　維：〈出版「新潮文庫」：志文出版社〉，載游淑靜等著：《出版社傳奇》（臺北市：爾雅出版社，一九八一年七月），頁二十八。

二二　吳　維：〈出版「新潮文庫」：志文出版社〉，載游淑靜等著：《出版社傳奇》（臺北市：爾雅出版社，一九八一年七月），頁二十八。

二三　葉雅玲：〈繆思殿堂裏的文學活動：皇冠文化集團〉，《文訊》二〇〇六年一月號。本文吸收了她的研究成果。

二四　葉雅玲：〈繆思殿堂裏的文學活動：皇冠文化集團〉，《文訊》二〇〇六年一月號。

二五　夏祖麗：《從城南走來：林海音傳》（臺北市：天下遠見出版公司，二〇〇〇年），頁二八八。

二六　汪淑珍：〈文學出版的啓航者：純文學出版社〉，《文訊》二〇〇六年五月號。

二七　夏祖麗：《從城南走來：林海音傳》（臺北市：天下遠見出版公司，二〇〇〇年），頁三〇二。

二八　隱　地：《深夜的人》（臺北市：爾雅出版社，二〇一五年），頁七十四。

第五章　七十年代的臺灣文學出版

第一節　繼續飄揚文藝風

在沒有文化部的臺灣，出版業歸內政部管。還在一九六二年，就成立了內政部出版事業管理處。一九七三年，這個管理處從內政部轉至新聞局，更名爲「出版事業處」。這「管理處」與「事業處」名稱不同，角色亦有異。以前官方著重名曰「管理」實則查禁，如今改爲對出版行業以補助和獎勵爲主，如設立金鼎獎，方便書香社會的建立。但這個獎暗中有意識形態操控，對文壇發生的文學論戰更是「管理」不了，更不可能獎勵論戰結束後的出版物。典型的是一九七七至一九七八年發生的鄉土文學論戰，表面上是一場有關文學問題的論爭，其實它是由文學涉及政治、經濟、思想各種層面的反主流文化與主流文化的對決，是左與右、中華民族主義與臺灣民族主義的意識形態大混戰，是政黨對決的前世，同時也是現代詩論戰的延續。可謂是臺灣當代文學史上規模最大、影響最爲深遠的一場論戰。

這場對決結束後，編印了兩本代表完全不同傾向的書。一本是「中華民國青溪新文藝學會」編印、由彭品光主編的《當前文學問題總批判》，一本是尉天驄自費出版主編的《鄉土文學討論集》。前者由尹雪曼作〈消除文壇「旋風」〉序。這裏說的「旋風」，主要是指「鄉土文學」，由此可見此書的總傾向；「討論集」則旗幟鮮明地選了許多反駁「總批判」的文章，同時附錄了不少論戰的原文。更值得重視的是這兩本書的作者名單，所反映的不同意識形態的媒體所集聚的不同思想傾向的作者群。

意識形態和文學流派之爭不斷，這正好給報紙副刊提供了有用武之地，由此副刊在文壇的地位越來越引發人們的重視，尤其是兩大報設立的文學獎：一九七六年，「《聯合報》小說獎」問世；一九七八年，《中國時報》設立了「時報文學獎」。這兩個獎項，推出不少新人，作家競相到那裏亮相，以致「兩大報獎」成了臺灣文壇的最美景觀。有「紙上風雲第一人」之稱的高信疆主持的《中國時報》海外專欄，則傳達了海外知識分子的心聲，爲島內讀者帶來許多新的資訊。那眞是一個文學創作和文學出版物繁盛的時代。借助於兩大報副刊和文學獎，炒紅了林懷民、洪通、陳若曦、三毛、袁瓊瓊、張大春、林清玄、洪醒夫、吳念眞、宋澤萊、古蒙仁、蕭颯、廖輝英、東年、黃凡等眾多作家。

這兩大報，還派生出以報系爲主體、出版過眾多文學書籍的報社出版公司，如以「中國歷代經典寶庫」著稱的時報出版公司，以「聯副三十年文學大系」著稱的聯經出版公司。由於有報系財團支持，推銷圖書用自己的報紙作大幅廣告，以致使這兩家公司以出書量大著稱，導致官方的青睞，如定期的全省書展以及香港、新加坡、日本等地的境外書展，新聞局和省屬新聞機構除委託「皇冠」、「幼獅」外，還委託「時報」、「聯經」公司舉辦。這些書展在推銷島內圖書的同時，讓這些出版物走向世界。「時報」出版的不少叢書開始時缺乏整體規劃，周浩正出任該公司總編輯後，面貌有所改觀。「聯經」的發行網不僅遍及大小書店，而且還掌握了不少圖書館、文化中心的購書作業。在對外發行方面，「聯經」以美國、加拿大最爲得心應手。至於協助臺灣省政府舉辦全省圖書巡迴展覽，更是成效卓著。（註一）

一九七二年，對齊邦媛來說，是奇妙的一年。這一年，齊氏開始爲「國立編譯館」編譯臺灣文學選集的英文本。同時這一年，臺灣大學外文系朱立民、顏元叔、胡耀恆等創辦了《中外文學》月刊。也是這一年，林語堂主持、殷張蘭熙主編的《中華民國筆會英文季刊》創辦，同年洪建全基金會創辦《書

評書目》雙月刊，另有吳美雲等聯手創辦的大型的彩色藝術英文雜誌《漢聲》，爲臺灣走向世界發聲。（註二）

臺灣在經過湯因比式的「挑戰與回應」、「退出與復回」後，七十年代的臺灣不再窮困，文學出版亦趨向繁榮，文學雜誌雨後春筍般出現，如《文季》、《現代文學》、《純文學》三足鼎立，另還有《中華文藝》、《文壇》、《新文藝》、《文藝月刊》以及以文學爲主的文藝刊物都在這時創刊。創刊後，將不少好作品結集出版，其中楊青矗〈在室男〉、〈工等五等〉、〈低等人〉和〈昭玉的青春〉，全被「年度小說選」收入。

七十年代是臺灣經濟躍升，從政治運動不斷走向多元社會發展的年代。在這一年代，發生了許多重大事件，如一九七一年十月，臺灣退出聯合國。一九七五年四月五日，蔣介石去了天國。同年十一月，美國最高領導人訪問中國大陸。在這一年代，還出現了保衛釣魚臺的運動。之後日本斷航，又與菲律賓斷交，許多大國紛紛與大陸建交。這導致外國書商經常向臺灣抗議，並對翻版書限制出口。再加上美軍陸續撤出臺灣，使得臺灣外文書業者受到巨大的打擊，眾多書局只好關門。在政治上，臺灣走得艱辛坎坷，險象叢生。臺灣的經濟正是在這種惡劣環境中，在「莊敬自強」聲中得到飛速發展，臺灣的GDP每人突破了一千美元。一九七八年，這種政治挫敗經濟反而上升的現象，不少中、小企業主拎著皮箱到海外尋求發展，打開了面向世界的窗口，從而激發知識分子從沉睡中蘇醒過來，有人甚至棄臺認中，像先是有陳若曦到南京任教，後有於梨華分別出版《新中國女性》、《誰在西雙版納》，以致引起情治部門的高度警惕。後來，由七個單位組成「書刊審查小組」，審查的結果是封殺於梨華，以致連她的名字都不許在臺灣報刊中出現。

七十年代的民營出版社，經營不易，出書大都得精打細算，正如鄧維楨所說：「封面很少是彩色的，加一點圖案套色已經算講究了；大部分的書都是釘裝的，線裝雖然閱讀方便，但是價錢要貴三倍左右；紙張的品質差；登《中央日報》一次二百元的小廣告，出版社需要再三思量。市面上可以看到的新書不多；正常的出版社可能隔過兩、三個月出版一本到兩本書；文星書店的表現算是例外。考慮到讀者的購買力，一般讀物的定價很少超過十五元。這種定價的書，現在大概定價七十元。換句話說，超過二十萬字的書很難找到出版社出版。出版的書種類有限，出了工具書、升學參考書之外，大都是文學作品。從事出版事業的人，當面被認為有理想，實際的意義是傻瓜。」（註三）這裏說的文學作品包括不同於六十年代的鄉土小說。如《青蕃公的故事》、《溺死一隻老猫》，有明顯的批判資本主義、改革社會的意識。一九七七年，王禎和發表了《小林來臺北》。黃春明的《我愛瑪莉》，則寫在一九七二年日本與中華民國斷交的關鍵時刻。作品中對美國、日本帝國主義所進行的經濟乃至文化方面的殖民，均作出有力的抨擊。

七等生的創作路線與黃春明不同。他的作品有時使人「丈二和尚摸不著頭腦」，情節怪異，表面上是超現實，其實骨子裏對現實有諸多不滿。他這種「自我型」的書寫，異於王禎和同情底層人民是因為農業型社會轉向工商社會，致使農民失去土地。七等生徹底化的私人語言，沒有陳映眞那樣既浪漫又溫情，他的出版物寫出了人與人之間關係的冷酷。

七十年代有另一位紅透半邊天、一年之內出了六本書的司馬中原，其中「鄉野傳說系列」膾炙人口。一九七三年，高陽則出了五部長篇。此外，還有作品全集的編纂，如一九七七年九月，張良澤編了六卷本《吳濁流作品集》，同年十一月又編了十一卷本《王詩琅全集》。不限於個別作家的有一九七七年出版、由李南衡主編的《日據下臺灣新文學》五卷，張恆豪、林梵、羊子喬編輯的《光復前臺灣文學全集》小說八卷，亦在一九七七年出版，使臺灣文學的批判精神重新被挖掘、所繼承。

七十年代同時是女性作家大放異彩的年代。還在五十年代中期，張漱菡由暢流出版社出版了《意難忘》，榮獲了「讀者最喜歡的小說家」稱號。六十年代，她又出了八部長篇小說。到了七十年代，張漱菡的長篇《碧雲秋夢》在報刊連載完後，由負責發表的媒體《徵信新聞報》出版。男作家都沒有女作家幸運，一九七一年三月十九日，李敖步柏楊的後塵進監獄，至此，「東北有三寶——人參、貂皮、烏拉草；臺灣有三寶——柏楊、李敖、瓊瑤」。這三寶中，只有不碰政治問題的瓊瑤還在隨心所欲地寫。張漱菡也不例外，她的另一部長篇《歸雁》，由不太知名的立志出版社出版。一九七六年，由香港徐速主辦的高原出版社，出版了她的短篇小說集《相思樹下》。這位多產的女作家於一九七七年幾乎是同時完成了《翡翠龍》和《師恩》兩部短篇小說集，分別由皇冠出版社和世界文物供應社出版。另一女作家艾雯在五十年代以《青春篇》享譽文壇，到了七十年代出版了《浮生散記》、《不沉的小舟》。有「俠女」之稱的劉枋，在七十年代出版了長篇小說《誰斟苦酒》，另有短篇小說集《慧昭大院的春天》以及散文《我及其他》、《吃的藝術》問世。（註四）

又譯又寫的張秀亞，在七十年代出版了十八本書，平均每年兩種，堪稱勞動模範。羅蘭到了七十年代開始寫小說，出版有《飄雪的春天》、《西風古道斜陽》。至於多產的孟瑤僅在一九七九年，就出版有《孟瑤自選集》和長篇小說《浮生一記》。七十年代另一批新生力量，如歐陽子、陳若曦、曉風、陳少聰、席慕蓉、愛亞、喻麗清正旭日東升，「一個個躍上文壇，像接龍一般，作品源源而出，七十年代的文藝風，繼續飄揚。」（註五）

評論家鄭樹森在七十年代登上文壇。那時他只不過是研究所的學生，二十多歲，卻以其世界文學的深厚功底爲文壇所驚艷。詩比評論更幸運，從一九七五年起葉維廉、羅青、陳黎、羅智成、張默、古丁、涂靜怡、王祿松都有詩集問世。此外，黎明文化出版公司同時出版了洛夫和羅門的自選集。

七十年代不再是廣播的天下，廣播小說不再一枝獨秀。電視時代的到來，使得連續劇取代了廣播劇，言情小說以及長篇作品從主流走向邊緣。即使這樣，在這個年代仍成立了眾多的以文學出版爲主的出版社，如一九七二年創立的水芙蓉出版社，其出版品像水芙蓉一樣亮麗，「一頁一小品」更是一大亮點。該社用低價買斷版權的做法，不令人贊同，但仍吸引了羊子喬、李男、王祿松、林文義等後起之秀。該社負責人莊牧心亦商亦文，但好景不長，「水芙蓉最後確因莊牧心深謀遠慮的蓄意倒賬，在一夕間捲款潛至美國，反讓這朵盛開多時、且自喻生於出版水池中的『蓮花座』，竟成夏日最陰晦的一支梗。」（註六）此外，一九七三年成立的最有個性的遠景出版社以及希代出版社、一九七五年成立的遠流出版社和武陵出版社、號角出版社，一九七八年成立的書林出版社均「盛開多時」。除「五小」出版社外，還有仙人掌出版社、水牛出版社、晨鐘出版社、言心出版社、四季出版社、故鄉出版社、萬象出版社、國家出版社、雄獅圖書公司、楓城出版社以及以報系爲主、一九七五年創辦的「時報」，還有「聯經」、「中央」、「中華」、「新生」等等，這些出版社無不爲自己的出版風格和形象在努力找定位。當時流行「開放」一詞，如「開放的心靈」、「開放的婚姻」、「開放的人生」（註七）。這三個「開放」中，第二個「開放」有些人接受不了。儘管如此，在這個「開放」的年代，凡事都有創新。如重視出版的企劃人才，出書朝專業性叢書發展。這時期的出版社，其出書目標可謂爭奇鬥艷，如「遠流以大部頭書爲著眼點；爾雅、九歌、洪範執著以文學類書籍；武陵偏重卜卦命算叢書；錦繡著重大開本彩色中國叢書；桂冠著手心理學彙編；號角側重小開本夢回中國套書；戶外生活集中力量創作戶外運動、旅遊叢書；故鄉改弦科學新知等等，其定位的摸索與探求，使出版業的專精企劃和行銷，形成一個更新的局面。」（註八）

一九七一年三月二十八日，臺北重慶南路書店街出現「道藩文藝圖書館」，隱地路過時，見這個館在安安靜靜的晚上，一屋子愛書人在讀小說，在欣賞散文，在品賞詩歌。那些令人難忘的畫面，讓隱地久久不能忘懷。這說明這時期人們的精神食糧是充實的。有了富足的精神食糧後，不少人都想開書店、辦出版社，辦不了出版社就借他人的出版社出書，如蕭蕭、張漢良一九七九年聯手在故鄉出版社出版了五大冊《現代詩導讀》。在這套書出版後一個月，並不美麗的美麗島事件發生，使臺灣社會也使整個文學出版步入一個新時代。

陳銘磻在總結這時期的出版特色時，有如下概括：

六十年到七十年間，整整十個年頭，臺灣的出版界儼然從一個少數出版人獨霸天下、大小通吃的局面，開展到「戰國時代，群雄割據」的場面；書價也由八元、十元、十二元提高到六十元、七十元；而原本保守、中規中矩的出書觀念，更進一步的走入所謂「出奇招」的時代，策劃、編書、想點子、打廣告牌、炒新聞，如遠景與九五、名家之間「諾貝爾文學獎全集」，拼得你死我活，結果白花花的銀子全叫報社給賺去了；再如聯亞出版社爲了一本《錯誤的第一步》，不惜製造作者馬沙義勇救人、改過向上的社會新聞，結果，書是轟轟烈烈的大賣其錢，反倒是記者吳祥輝指控他被聯亞出版社負責人出賣，而聯亞負責人又大聲疾呼他也是受害者，因爲馬沙的故事全是編造的。電影拍了，紅了馬沙，聯亞也賺進不少鈔票。這種濫用傳播力量，欺瞞讀者的事件是七十年左右，出版界怪異的現象，由是，一向樸實的出版圈，在短時間內變得光怪陸離，花招百出，令人目不暇給。（註九）

第二節　戰後第一代出版家的崛起

在七十年代，林海音辦出版社時早已名滿天下，受其所倡導的「純文學」及其出版圖書注重藝術的影響，不少作家辦出版社也紛紛效仿林海音所開創的道路，這後起之秀成了臺灣文學出版界的新生力量，如沈登恩、王榮文、詹宏志、黃永松、許鍾榮、陳遠建、楊榮川，被稱為「戰後第一代出版人」（註一〇），他們的出現為臺灣出版界輸送了新鮮的血液。

這裏說的王榮文，原是沈登恩遠景出版社合作夥伴。他投資四十五萬元，頭一年「遠景」編出了暢銷書《開放的婚姻》，當時臺灣社會比較保守，提倡開放的婚姻給年輕人帶來興奮，出版社賺了一大筆。接著又出了後來成為臺灣文學經典的黃春明的小說《鑼》、《莎喲哪啦，再見》，輕而易舉就賺了十八萬元，其中王榮文獲利最大。不恥下問的王榮文向鄧維楨學習編排技術，向沈登恩學習營銷術，但與他們共事時發現自己喜歡社會科學，與沈登恩嗜好文學南轅北轍。為了更好地施展自己的才華，他於一九七五年和吳靜吉、鄧維楨、薇薇夫人一起以四十五萬元的資金另創遠流出版社。「遠流」取其「流水不腐，源遠流長」之意。創業的第一本書是吳祥輝的《拒絕聯考的小子》，共銷十萬本。此書對講求學歷保守封閉的臺灣社會，是一次巨大的衝擊。

據蘇惠昭的研究，一九七五年到一九七九年是遠流出版社的「傳統出版奠基期」，在這一期間炒熱了三毛翻譯的西班牙經典漫畫《娃娃看天下》、《我們的動物園》，所使用的是企畫編輯作業模式，而《遠流活用英漢辭典》，在李傳理與蘇宗顯聯手的產銷包裝規劃下，上市四個月就賣出六萬本。此書的暢銷意義在於一是開啓了「遠流」交叉使用多元通路——店銷、郵購、特販的經驗，二是證明報紙廣告有良好的效果，三是建立起在面對競爭時的大無畏的自信。（註一一）在這之前，王榮文曾經是「遠流」三駕馬車的舵手：他是發行人，另有後勁十足的詹宏志擔任總經理，周浩正任總編輯，這種黃金組合，再加上冒著風險給作者預付稿酬的措施，讓遠流出版社長流不斷：走過四十多年，僅二〇〇九年，它擁有近二百名員工，王榮文光榮地成爲臺灣出版界的大亨。

在《聯合報》、《中國時報》主宰媒體的年代，眞正讓「遠流」賺得滿盆滿鉢的是由文化狂人李敖主編的《中國歷史演義全集》。當時的臺灣人都理所當然認爲自己是中國人，所以這套共三十一冊的「全集」，一年之內便賣出好幾萬套，從而使王榮文一夕之間成爲出版新貴，並讓臺灣出版界進入大套書時代。該社出版的《中國名著精華全集》、《中國傳統音樂全集》、《柏楊版資治通鑑》、《大眾心理學全集》、《胡適作品集》、《金庸作品集》等套書，都讓遠流出版公司成爲八十年代出版界的焦點。（註一二）後來，「遠流」遇到了危機，而《柏楊版資治通鑑》七十二本細水長流幫其度過難關，十年中賣了近兩萬套，創造了臺灣史上第一波的「全民讀史運動」。（註一三）後來遠流出版公司在李瑞騰的協助下，又出版了《柏楊全集》二十八本，在臺灣出版史上寫下了壯麗的一頁。

於一九七二年成立五南出版社的王榮川，出身於教師，故他初期的出版方向以高普特考用書爲主，其經營準則是「平實出發，穩健經營，昂首邁進」。一九七五年出版方向調整爲以出大專教材爲主，包括人文、社會科學，其中教育界權威學者賈馥茗、黃昆輝等人的著作以及曾任教育部長林清江的《教育社會學新論——我國社會與教育關係之研究》、郭爲藩的《人文主義的教育信念》，都很受讀者歡迎。教育圖書本是「五南」的重要支柱，後來走向大眾圖書，屬性不相同的書則放到一九七八年新成立的「書泉出版社」。

「五南」在文學方面先後出過古遠清和孫光萱合著的《詩歌修辭學》、游喚的《文學批評精讀》、張雙英的《二十世紀臺灣新詩史》。更重要的是「臺灣文學系列」，計有龔顯宗的《臺灣文學研究》和《臺灣文學家列傳》、《臺灣小說精選——神話　傳奇　鄉野　歷史》，潘麗珠的《臺灣現代詩歌教學研究》，許琇禎的《臺灣當代小說縱論》，陳建忠的《日據時期臺灣作家論：現代性、本土性、殖民性》，田啓文等的《臺灣文學讀本》，田啓文另編著的《臺灣古典散文選讀》，蔡振念編著的《臺灣現代短篇小說精讀》，阿盛主編的《臺灣現代散文精選》，陳國偉著的《想像臺灣：當代小說中的族群書寫》，邱各容的《臺灣兒童文學史》等。

由於上述成績，一九八七年王榮文榮獲金石堂票選出的出版界「年度風雲人物」。沈登恩也是戰後第一代出版家的傑出代表，另有專節論述。

第三節　「文學大系」的問世

「文學大系」一詞源於日本，是指系統地將特定時代的作品彙集成冊，以供讀者瞭解某一時期文學發展的概況。「大」，是指規模宏偉，史料豐富；「系」，是指各種文體之間的組織關聯。

發行人爲黃根連的巨人出版社，於一九七二年元月出版了名爲「中國」實爲「臺灣」、由余光中擔任總編輯的《中國現代文學大系》。該書收錄一九五〇年代至一九七〇年間臺灣作家的小說、散文和新詩作品，共有八冊。編輯委員及成員有：余光中、朱西寧、白萩、瘂弦、梅新、洛夫、聶華苓、曉風、葉維廉。

發行人爲曾季隆的天視出版公司，於一九八〇年出版了《當代中國新文學大系》，這「中國」不包括「大陸」。該書收錄一九五〇年代到一九七〇年代末時期的作品，分文學論評集、文學論爭集、詩集、戲劇集、史料與索引集，小說計三集，散文計二集。

巨人出版社《中國現代文學大系》問世後，散文的銷路最好，爭議最多的則是詩歌部分。此大系負責小說集的是朱西寧，負責散文集的是張曉風，負責詩集的是洛夫，梅新則爲各卷的聯絡人，余光中負責寫大系「總序」：〈向歷史交卷——寫在《中國現代文學大系》前面〉，《聯合報》爲此不惜篇幅連載了三天。

余光中很認眞寫這篇「總序」，對光復後二十年間的臺灣文學的總體發展，發表了富於獨創性的見解。他從社會背景來分析作家的成分，認爲戰後現代文學發展中，軍中作家、女作家、本省作家、學府作家的成就最引人矚目。他所說的「本省作家」包括葉珊、黃春明、鍾肇政、林懷民等人：「本省作家的題材，相對之下，比較屬鄉土，呈地域性，而風格比較傾向樸拙。」這裏用「鄉土」和「地域性」這兩個概念，正面肯定省籍作家的藝術特色。

對余光中的描述尤其是「總序」中的某些觀點，一些作家並不以爲然。香港著名作家董橋認爲余光中誇言「向歷史交卷」。不過是「美麗的空談」。與其說他在「向歷史交卷」，不如說是「向自己交卷」，「大家說他們偏見不公」，是預料中的事。批評得最多則是《中國現代文學大系》的編輯宗旨和構想。一九七二年底，有位「天問」的讀者在《書評書目》上說：「所謂『中國現代文學大系』於年初出版面世以來，我們的讀書界和文壇迴響連綿不絕：大體說來是掌聲錯落可數，低嘆和怒斥如濤，這眞是咱們作家多於作品，開會多於寫稿——文壇的第一大怪現象。」他一針見血地指出：這套書名不副實，它不應該稱「大系」，而只能算是「選集」。此外，「現代」一詞的定義也過於寬泛和模糊。香港文學史家司馬長風在〈臺版《中國現代文學大系》〉中，批評詩選部分西化色彩太濃，入選地區和作家均欠公允。

「巨人版」、「天視版」的「文學大系」，係受趙家璧主編、一九三五年由上海良友圖書公司發行的十卷本《中國新文學大系》的影響，因而批評者常常將這兩個「大系」進行對比，劉紹銘認爲「巨人版」的「大系」不但沒有「良友」的規模和氣派，而且選文也缺乏經典性，充其量只能叫「文選」。尤其是洛夫故意以選至一九四五年出生的詩人爲理由，取消原已票選入圍一九四九年出生的李敏勇、一九四八年出生的鄭烱明和羅青，以至釀成「詩壇的『慕尼黑事件』」。（註一四）

這場對「文學大系」的爭論，那時唐文標還未出場，關傑明旋風也還未掀起，但這次批判引發了關傑明寫作《中國現代詩的幻境》的欲望，而另一位大將正如蔡明諺所說「顏元叔已經蓄勢待發，揮戈向前了。」（註一五）

「巨人」、「天視」的「大系」問世停頓多年後，九歌出版社於一九八九年出版了《中華現代文學大系．臺灣一九七〇～一九八九》。該書接續《中國現代文學大系》、《當代中國新文學大系》，收錄臺灣地區一九七〇～一九八九年間出版的作品。其中小說四卷、散文三卷、新詩兩卷、戲劇兩卷、文學評論兩卷。編選對象除臺灣地區的作家外，還包括旅外作家在臺灣發表的作品。

二〇〇三年，九歌出版社又接續《中華現代文學大系・臺灣一九七〇～一九八九》，出版《中華現代文學大系・臺灣一九八九～二〇〇三》。該大系區分爲詩卷兩冊、散文四冊、小說三冊、戲劇一冊、評論兩冊。仍由余光中作總序，對臺灣近十五年來文學發展的走向作了宏觀論述；各卷另有分序，介紹各創作門類演變近況及所選作品之概要。

研究臺灣當代文學，這幾套「大系」是不可多得的參考文獻。如果把各卷〈導言〉匯合起來，也就成了臺灣文學最佳的斷代史。此外，還有陳信元主持的「蘭亭」的「當代文學大系」。不過，這「大系」爲單個作家的作品系列，與通常說的「文學大系」不同。

第四節　盜版大陸書的各種奇招

臺灣於一九四九年五月二十日開始戒嚴，並頒布〈臺灣地區戒嚴時期出版物管制辦法〉，嚴禁大陸作家、學者的書在臺灣出版和流通。可是，有不少大陸學術著作，對臺灣地區的學者、研究人員、學生，有著十分重要的參考價值，他們都想閱讀。懾於臺灣當局的壓力，他們不能光明正大地讀。出版商爲了適應讀者這一需求，只好採取盜版的方式。盜版可免付作者稿費，對講究經濟效益的書商來說，是一本萬利的事。爲避免查禁，臺灣書商只能將大陸學者的著作加以「整容」。有時「整容」得越離譜，檢查時反而越容易蒙混過關，從而導致某些大陸書被盜版後面目全非。

一九七六年，臺灣出版界出現了一樁怪事：已於一九四八年八月十二日去世的著名散文家朱自清，在一九七六年十月竟出版了由臺北華聯出版社印行的《語文通論》新著。此書共收論文十一篇。臺灣古典文學專家黃永武和現代文學專家周錦均認爲它是僞書，此書應爲當時還健在的復旦大學教授郭紹虞所著，但來不及考證明白。另一專家林慶彰在一九七八年克服許多障礙，終於讀到了郭紹虞的《語文通論》和《語文通論續編》，考證出華聯出版社取郭氏《語文通論》的前三篇和《語文通論續編》的前八篇拼湊而成，並將郭紹虞的名字改爲朱自清。所謂朱自清著《語文通論》的眞相，《書評書目》一九八〇年四月號曾加以詳細披露。

林慶彰通過對近千種盜版書的研究，歸納出書商盜版大陸書的手段有以下幾種：

（一）刪改書名和作者

魯迅等合著的《創作的經驗》（上海市：天馬書店，一九三三年六月），被臺灣書商改爲「魯迅著」，書名亦被改爲《〈阿Q正傳〉的成因》。

臺灣開明書店翻印朱東潤的《張居正大傳》時，版權頁上的作者變爲「臺灣開明書店」。

臺灣商務印書館翻印賀昌群的《元曲概論》時，作者被改爲「賀應群」。

中華書局在翻印劉大杰的《中國文學發展史》時，將著者的名字改爲「本局編輯部」。這種改法，顯然是出於無奈，如劉大杰是留在大陸的學者，按規定其名字不能出現，但這樣改畢竟有剽竊他人成果之嫌，一九五七年六月第二版問世後，被人檢舉，後來幾經交涉，才將書名改爲《中國文學發達史》。

五洲出版社在一九六七年十一月翻印茅盾的《世界文學名著講話》時，將作者改爲「曹開元」，書名易作《世界文學名著評話》。華貿出版社於一九七六年翻印時，則將作者茅盾改爲林語堂，書名改爲

《世界文學名著史話》。

大漢出版社於一九七七年二月翻印朱光潛的《我與文學》，書前的序言將葉紹鈞改爲朱自清。

元山書店翻印李澤厚的《美的歷程》時，故意漏掉作者的「澤」字，成了「李厚著」。

華聯出版社翻印高亨的《周易古經今注》時，作者被改爲「張世祿」。

華貿出版社翻印茅盾的《世界文學名著講話》時，將作者改爲「林語堂」。

長歌出版社翻印魯迅的《古小說鈎沉》時，書名改爲《古小說搜殘》，作者用杜撰的假名「孟之微」。

臺灣商務印書館翻印葉紹鈞（葉聖陶）點校的《傳習錄》時，將作者改爲「葉鈞」。

宏業書局翻印胡雲翼的《唐詩研究》時，將作者改爲「胡雲」。

牧童出版社翻印北京大學馮友蘭的《中國哲學史史料學初稿》時，書名改爲《中國思想史資料導引》，作者用假名「馬岡」。

某出版社翻印郭沫若的《十批判書》時，用「換頭術」的辦法，改爲另一歷史學者楊寬所著，這也是爲了逃避檢查。

（二）刪除序跋

刪除序跋，使僞書難於考證，有利於盜版的順利進行。

例如，周予同注釋的《經學歷史》，藝文印書社影印時，刪去前面的《序言》等十八頁。

河洛圖書出版社翻印周氏注釋的另一本《漢學師承記》時，刪去周氏的《序言》五十四頁。仁愛書局在翻印余嘉錫的《世說新語箋疏》時，刪去周祖謨的「前言」四頁。

（三）刪去部分篇章

木鐸出版社在翻印張舜徽的《中國文獻學》時，刪去第十二編第三章《我們今天編述中華人民通史的必要與可能》部分。臺灣商務印書館在翻印朱自清與葉紹鈞合著的《精讀指導》、《略讀指導》時，將葉氏所作的部分刪去。

（四）合數書為一書

見前文郭紹虞的《語文通論》的例子。（註一六）

（五）依照原稿翻印

也有依照原稿，什麼都不改，照原稿用，可在扉頁上無大陸作者授權的簽字或說明，版權頁倒印上「版權所有，不准翻印」。

在以上幾種手段中，最常見的是刪改作者的名字。因這些作者大都列入國民黨警方編印的禁書名單，尤其是像魯迅、郭沫若這樣敏感的人物，更不能亮相。這就難怪李何林所著的《近二十年中國文藝思潮論》，不但書名篡改為《中國新文學研究參考資料》，而且書中凡提及魯迅、茅盾、瞿秋白、周作人、鄭振鐸、郭沫若的名字，均被簡化為魯、茅、瞿白、周、鄭、郭。對此內行人自然猜得出來，但對青年學生，無疑要誤人子弟。

至於其他篡改方法，如前所說：有的是爲了瞞天過海，掩人耳目，更多的是出於盈利目的。因當時兩岸未溝通，大陸作者均不可能知道他們的著作被盜版。現在兩岸實行民間文化交流，盜版的事再也掩蓋不住了，有不少大陸作者通過親友去討版稅乃至上法院控告。也有一些出版商一旦查到被盜版者的地址，登門道歉，補送樣書和稿費。可見，「海盜」不是沒有，但畢竟不能代表臺灣出版界的主流。

第五節　「孿生公司」

一位讀者買到秀威科技資訊公司出版的《古遠清文藝爭鳴集》，後又買了一本同一作者在「獵海人」出版公司出的《耕耘在華文文學田野》。一位文友告訴他：這是同一家公司出的書，只不過用不同的社名罷了。

出版社這樣做是否在忽悠讀者？當然不是。早在一九七四年，三民書局成立了以出學術著作爲主的東大圖書公司。一九七八年，五南文化事業機構成立了下屬的書泉出版社。此外，還有「皇冠」的「平氏」、「圓神」的「方智」、「揚智」的「生智」，以及希代出版集團下屬的精美出版公司、龍吟出版公司、好鄰居書坊公司，《小說族》雜誌社，晨星出版社成立的大雅生活館出版社。

爲什麼會出現這種「孿生公司」現象？孟樊認爲有四點理由：

一是爲了分散風險。這和造艦原理類似，船艦觸礁進水，爲了避免立時沉沒，須有分隔船艙的設施；同理，一家公司經營不善倒閉，爲免「整船」沉沒，分社另外的公司免被波及連累，所謂「狡兔三窟」，即是出於這種考慮。

二是基於不同的出版策略。有些書礙於形象問題，爲了維持公司原有的風貌，在不能改弦易轍之下，唯有另外成立一家不同招牌的出版公司以資因應，例如「九歌」走純文學路線，「健行」則經營生活保健並非文學書籍，在現今文學書市易走下坡之際，後者的出版策略，毋寧有「務眞」的傾向；此外，像「三民」專出大學教科書，其分號「東大」則走綜合類書籍路線，和教科書區隔。

三則爲了分散公司的營業額。講白一點，就是要避免稅率累進太高，可以想見，臺灣幾家大型綜合出版公司，如「光復」、「遠流」、「聯經」、「時報」……年營業額驚人（不與其他行業比），交出的所得稅也就可觀；然而，出版業獲率甚低，又不像雜誌可以免稅，致使一些經營有成的公司不另起爐灶不行。但這也有失敗的例子，如「遠流」原先成立的第二品牌公司「大眾讀物」，由於成立股份公司未成，在獨資下稅金反而更高，迫使「遠流」只好將「大眾讀物」改爲旗下的書系之一，公司招牌也就未再掛出來。

四則是爲了擺平人事問題。臺灣出版公司一般規模都不大，主管職位極有限，升遷管道自然狹窄，爲了安置元老重臣，穩定軍心，免得將才被挖角跳槽，遂由老闆籌資鼓勵他們創業，第二、第三家公司就在這種情形下成立了。類似的原因，如合夥關係結構的改變（經營「躍升」的林蔚穎原先和別人合夥成立「漢藝色研」即是一例），也是另創品牌的因素之一。（註一七）

一家公司兩個招牌、甚至三個招牌，公司相同，老闆相同，但出版的書題材不同、內容不同、風格不同、讀者對象不同。這種孿生公司現象，有利也有弊，其一表現在精力分散，廣告促銷就不可能專業，對出版社形象塑造不利。比如後來成立的「秀威」自費出版的書給「釀」、「獵海人」別的牌號出版，這根本不像出版社的名字，有的作者認爲這會降低自己的身份，因而將稿件撤走。其實，自費出版的書也不少是精品，甚至有暢銷書會暗藏在裏面，出版社何必將自己的資源分散呢？而這也是「類如『聯經』、『時報』這種大報系旗下的出版公司，不另創品牌的原因之一。力多必分，這是有道理的。」（註一八）

第六節　軍辦的出版公司

五、六十年代，臺灣有軍中文藝運動，其中軍中發行和出版的系統有隸屬國防部總政作戰部創辦於一九五二年雙十節的《青年戰士報》，一九八四年十月更名爲《青年日報》，在「青副」開闢過「文藝新村」專欄，出版社則有「新中國出版社」。

國防部安排的出書機構、由王璞任總編輯的「新中國出版社」，今天的讀者聽起來會感到奇怪：大陸叫「中華人民共和國」爲新中國，臺灣的「新中國」顯然不是這個意思，可能是指不同於大陸時期的中華民國，即是到臺灣後重建的「自由中國」，簡稱「新中國」。這種與大陸雷同的政治性很強的名字，用了一段時間也就作廢了。這個出版社早期編印過國軍文藝金像獎得獎作品，並主辦過軍中文藝函授作家班。

國防部爲加速國軍新文藝運動的進行，並出於海外作戰的需要，於一九七一年十月十日由時任國防部總政作戰部主任王昇親自策劃成立了黎明文化出版公司，其愛將田原擔任總經理。他很受王昇的信任，長期不換崗，任此職長達十六年。

從一九七三年開始，黎明文化出版公司就在美國舊金山辦了海外第一家黎明書局。該公司在臺灣文學出版史上留下印痕的是田原主編的「中國新文學叢刊」，這是自「五·四」以來至當下知名作家的作品選集，計一六〇多種，最先出版的有大陸作家梁實秋、徐志摩、朱自清的選集，後來有從大陸到臺灣的《朱西寧自選集》、《司馬中原自選集》、《上官予自選集》、《無名氏自選集》，另有海外的《紀弦自選集》、《張系國自選集》、《葉維廉自選集》。鄉土作家如《葉石濤自選集》不過是陪襯，這是臺式統戰的產物。這套叢書投資大，很難銷售，但它是兩岸新文學史上難得的重要資料。比起大陸出版的同類書，有不少境外和海外作家的作品。另一特點是每本書前面有作家小傳、照片和作品年表。

據巫維珍介紹，黎明文化出版公司於一九八二年由查顯琳即公孫嬿主編的「海內外青年女作家選集」，收錄了蘇偉貞、陳幸蕙、袁瓊瓊等六十多位作家的中短篇小說，總計十八冊。軍中作家姜穆曾擔任黎明文化出版公司編輯部副主任，於一九八七年在該社出過他的雜文集《解析文學》，其中批判了最能「興風作浪的『小說家』（陳若曦），在幾個大報炒熟了以後，就同方晴一樣，一夜『成名』，而且以她那加拿大籍、或是『中華人民共和國』籍、或是『中華民國』籍的多面人方式出現，『公正』人士似的，扮演起海峽兩岸的評人來。」（註一九）姜穆還對余光中「剝皮刮骨」，指責他不該到香港中文大學參加中國四十年代文學研討會，認為這樣做是被中共所統戰。

至於黎明文化公司出版的《新文藝》月刊，純粹為軍中服務，不對外發行。這個刊物前身為《軍中文摘》、《軍中文藝》、《革命文藝》。這「革命文藝」，與大陸稱工農兵文藝為革命文藝，也非常相似。可見，蔣介石在五十年代主張一個中國，還有主張「革命」，與大陸的共同語言不少。

最能體現黎明文化出版公司軍方色彩的是出版了一套七冊、厚達三三六八頁的《原始資料彙編》。這套書共分五類：中共怎樣對待知識分子、中共對待工人農民婦女的真相、中共的特務活動、中共武裝鬥爭、大齡青年的怒吼，「其中中共怎樣對待知識分子分上、中、下三冊，資料最爲豐富。」該公司後來不再出這類匪情研究的政治書，而把復興中華文化當成重要任務。高明就曾主編總計十五冊的「中華文化百科全書」，還有重新排印的總計四十冊的「百子全書」，另有「新編國劇劇本叢書」。

黎明文化出版公司的出版品也有開在槍桿上的花朵：軟性的藝文讀物，如從一九六六年起承辦了國防部的「連隊信箱」，另有「國軍官兵文庫」，屬勵志類的有王鼎鈞的《人生金丹》，文學類的有《新世紀的晨光》。（註二〇）

黎明文化出版公司除翻譯軍事書籍外，還出版有「甜心女孩」系列，又於一九七二年出版了顏元叔主譯的「西洋文學」術語叢刊上、下兩冊，另還有蔡源煌譯的《美學主義》。在開展兩岸文學交流方面，曾引進湖南作家唐浩明寫的歷史小說四巨冊《曾國藩》。

黎明文化出版公司出書最初以中國文史哲爲主，後注意扎根臺灣，早期出有連橫的《臺灣通史》，後來又開辦了「臺灣行腳」書系。所有這些，均弱化了黎明文化出版公司的軍方色彩。

第七節　香飄七里的出版社

大地出版社成立於一九七二年十月，創辦人張姚宜瑛，一九二七年生，江蘇宜興人，上海法學院新聞系畢業，著有短篇小說集《煙》、長篇小說《明天的陽光》，散文集《春來》。她曾在《掃蕩報》和《經濟日報》擔任記者，後又和孫如陵合資創辦《中國文選》月刊，此月刊編輯工作主要由她負責。

一九七一年春暖花開的季節，張姚宜瑛赴港旅遊時，《讀者文摘》香港分公司的散文家蔡思果鼓勵她辦出版社，蔡思果的一席話打動了她的心。於是，她退出缺乏個性的《中國文選》，在家人的支持下獨資創辦「大地」。這個出版社的命名係取「大地生萬物，包羅萬象，欣欣向榮，生生不息」之意。

「大地」是最早出版親子教育類圖書的出版社，其創業書是譯著《父母怎樣跟孩子說話》。此書曾被三家出版社退稿，可張姚宜瑛慧眼識英雄，出版後竟成了暢銷書。「大地」的創辦，還得到不少學者和作家的支持，如臺灣師範大學有位教授就曾經將自己翻譯的名作《嘉德橋市長》交由大地出版社出版，此書後來獲首屆國家文學翻譯大獎。

七十年代，女子獨立創業並不多見，可一旦辦起出版社，就可看到這位外表溫和的家庭婦女張姚宜瑛的幹勁和魄力。「大地」也曾試圖爭取張愛玲的作品，這位能幹的宜興女子張姚宜瑛與她通信數十年。張愛玲生前雖然沒有把自己的作品給「大地」，但張愛玲過世後，夏志清向張姚宜瑛推薦出版《張愛玲與賴雅》，這本書讓讀者對張愛玲有更多的瞭解，也藉以紀念這位「筆友」。（註二一）

很多出版社都把詩集當成票房毒藥，可張姚宜瑛認爲詩集「是我寧靜、安逸的田園，我用歲月去殷殷灌溉……」。她出版余光中的《白玉苦瓜》，一上市就成了搶手貨。席慕蓉的抒情短詩《七里香》（一九八一年）以及甜中帶澀的《無怨的青春》（一九八三年）的出版，也在書市出現轟動效應，並出現了盜版本。這兩本暢銷書，使「大地」插上了翅膀高飛，由此陸續推出向陽、羅青、張錯等人的詩集，帶動了臺灣出詩集的熱潮。

張姚宜瑛不僅開發新書，還出版「回頭書」，如余光中的《梵谷傳》，早先由重光文藝出版社推出，後來這個出版社不營業，此書也就消失了，可張姚宜瑛竟三顧茅廬，向「重光」買回版權，以至《梵谷傳》起死回生，長銷不斷。據徐開塵介紹：其他重要出版品包括風靡一時的沉櫻譯作褚威格的

《一位陌生女子的來信》、王爾德的《不可兒戲》、《理想丈夫》、赫曼赫塞的《悠游之歌》、三島由紀夫的《金閣寺》，以及《莎岡小說選》、《毛姆小說選集》等。藝術類有吳冠中的《畫外音》上、下冊、何懷碩的《苦澀的美感》及《藝術．文學．人生》。還有雲門舞集創辦人林懷民的小說集《蟬》，劉枋、小民、張曉風、季季、劉靜娟等當代女作家著作，以及專寫歷史掌故和美食的《唐魯孫全集》十二冊，一起照亮了「大地」光譜。

作為「五小」出版社之一的「大地」，和「純文學」、「爾雅」、「洪範」、「九歌」一樣，以香飄七里的業績共同締造了臺灣文學出版最風光的時代。後來臺灣出版再難層樓更上。走過二十七年的大地出版社，張姚宜瑛隱隱看到了黃昏的光影。她終於在一九九九年宣布退休，將出版社轉讓給專做發行、將舊書用書系的概念重新推出、每年仍能出書二、三十種的吳錫清。張姚宜瑛則在家裏悠閑地種花，於二〇〇三年出版有江南水鄉風情的《十六棵玫瑰》。這位福慧雙修的記者、出版家、散文家，在臺灣居住了六十五年，終生和花與書為伴，和其敬佩的林海音一樣享年八十七歲，於二〇一四年辭世。

第八節　兩大報系所屬的出版機構

《中國時報》和《聯合報》是臺灣兩大民辦報紙。由於財力雄厚，他們各自辦了自己的出版公司。作為臺灣最具影響力、日銷一百五十萬份的《中國時報》，在一九七五年所創立的關係機構時報出版公司，不管是文學或非文學領域，都提供了當代臺灣閱讀大眾豐富的選擇及求知的樂趣。

時報出版公司在九十年代初每年至少出版一百二十種以上的新書，分為「大師名作坊」、「人間叢書」、「文化叢書」、「社會叢書」、「歷史與現場」、「近代思想圖書館」、「NEXT」、「時代文教基金會」、「生活事典」、「生活臺灣」、「人生顧問」、「命理與人生」、「親子叢書」、「紅小說」、「橘色頁」、「趣味休閒廣場」、「藝術」、「新聞書」、「套書」等書系，廣獲各階層及不同年齡層讀者的喜愛。

「時報」的出版信念是：出版是燃動著生命與熱情的。這是一項尊重智慧與創意的事業，因為不論任何時間與空間的智慧，正是出版所以存在的理由。

「時報」書系的特色「大師名作坊」很受歡迎。全世界值得一讀的作品多如恆河沙數，「時報」在精挑細選下，請名家翻譯，再加上考究的編印，讓讀者充分享受發現和閱讀的樂趣。

「歷史與現場」書系為讀者重現時間長流裏浮浮沉沉的人、事、物，捕捉觸目驚心的事件和令人浩嘆的巨變，也為讀者勾起記憶裏的沉痛與歡樂，突顯被人忽視、遺忘的歷史側面。

「近代思想圖書館」則以十一個思想領域為架構，將十九世紀中葉以來，對人類歷史與文明發生關鍵性影響的思想著作，以圖書館的幅度與深度予以呈現。希望通過對過去一百五十年間深沉思想與經典著作的認識，幫助讀者澄清過去的混沌，也更能掌握未來的脈動。（註二二）

時報出版公司出版的文學評論著作有《一九八〇中華民國文學年鑑》、《世紀末偏航——八十年代臺灣文學論》、《當代臺灣政治文學論》、《當代臺灣女性文學論》、《當代臺灣都市文學論》、《蕾絲與鞭子的交歡——當代臺灣情色文學論》等。

下面仍是《出版界》總第三十四期對聯經出版公司的介紹：作為聯合報關係企業，創立於一九七四年五月四日。通過出版有長遠價值的學術著作，期為文化扎根，進而推動學術界為社會服務。推動海外學者專家將其研究成果貢獻於臺灣，促進學術交流。有系統譯介新觀念、新技術書籍，開拓讀者知識領域，促進臺灣現代化。整理有價值的文化遺產，包括珍本古籍、書畫及器物等，加以精印發行，宣揚歷史文化。

聯經出版公司多次榮獲「行政院」新聞局致贈「優良圖書金鼎獎」，至一九九二年累計十八座，爲臺灣出版界之冠。除了事業和學術性書籍的出版外，「聯經」也致力於社會大眾的服務，諸如家庭生活、保健、兒童、體育、文學、藝術與勵志叢書。教育系統、圖書館及出版業，本是傳布知識的三大主要管道，而以出版業最能求得立竿見影的功效：出版業傳布知識的功能，又賴有效且普遍的銷售發行。聯經出版公司於一九八一年，獨立完成臺灣圖書發行網之建立，又於一九八四年擴大發行業務，代理全臺出版同業的圖書和雜誌，並將此項業務的發行網拓展至美加及東南亞地區。爲配合此項業務，聯合報系《世界日報》社在美國及加拿大共設立二十一家「世界書局」，在法國巴黎則有《歐洲日報》社附設書局展示中文圖書。

聯經出版公司一向對於海內外各類書展活動的舉辦不遺餘力，歷年來數次與新聞局、臺灣省新聞處及文建會、文復會等單位合作。譬如一九九一年七月在美加地區舉辦華文書展，八月份在全省二十一個縣市舉辦巡迴書展，並推動捐贈好書給山地小學及偏遠鄉鎮圖書館的盛大活動。一九九一年的五月份，「聯經」曾率領臺灣四百餘家出版單位，前往廣州市舉辦首次書展，這是兩岸文化交流活動的第一步。

「聯經」設有三家各具特色的門市部。位於臺灣大學正對面的新生南路門市，歷史較久，對文史哲類叢書的收集相當完備。位於《聯合報》第四大廈是基隆路門市占地三百餘坪，二樓設有「人文社會科學類圖書展示中心」。除了搜羅完備的文史哲類圖書外，同時陳列「全集」的事業型人文雜誌期刊。地下樓占地一六〇坪的親子書城，規模堪稱全臺最大。臺中門市部，位於臺中市《聯合報》大樓地下樓，是溫馨、寬敞的選書、購書場所。（註二三）

聯經出版公司出版的文學理論著作有《臺灣現代小說史綜論》、《臺灣文學經典研討會論文集》、《永遠的搜索——臺灣散文跨世紀觀省錄》、《臺灣新文學史》、《臺灣現代詩史》、《根著我城——戰後至二〇〇〇年代的香港文學》等。

第九節　他是「小巨人」

正當以白先勇爲靈魂人物的晨鐘出版社縮小業務，不再出新書的時候，一九七四年曾在嘉義明山書局工作、只有二十四歲的沈登恩，與鄧維楨和王榮文合夥創立遠景出版社。該社陸續推出臺灣作家作品的同時，還推出傑克·倫敦的《生命之愛》、歐尼爾的關於婚姻問題的著作以及鹿橋的《人子》、白先勇的《寂寞的十七歲》、王禎和的《嫁妝一牛車》及《玫瑰玫瑰我愛你》、藝術理論家姚一葦的《戲劇與文學》、無名氏四十年代的名作《塔裏的女人》。這些書都賣得非常好。這是「遠景」火紅的年代，據說那時全臺灣的書店差不多都等沈登恩送新書前來寄賣。

「遠景」善於發掘優秀人才，以出版作者的第一本書著稱。黃春明的《鑼》、陳若曦的傷痕文學《尹縣長》，讓「遠景」達到頂峰。不久王榮文和鄧維楨分別退出，各組「遠流」與「長橋」，另加上周浩正的「長鯨」，以及沈登恩自己另一家「遠行」，這五家出版社聯手組成一個關係企業，浩浩盪盪，有點出版業的托辣斯味道。（註二四）「遠景」出版社出的第一本書還有左翼作家陳映眞的《將軍族》——這裏的「將軍」不是戰場上的將軍，而是儀仗隊穿的制服很像將軍，題目帶有喜劇色彩。海外作家劉大任的《浮游群落》，則是作者在臺灣出的第一本書。

沈登恩成功的秘訣是勤奮和努力。他不斷收集作家散發在報刊上的文章，剪貼起來。他驕傲地聲稱，自己收集的資料比作家本人還要全。一發現有價值的書，他連夜「追擊」。他約稿過勤過猛，有的作家感到吃不消。沈登恩也有失手的時候，當他約來了一些大部頭書賣不動時，他不僅向文友借錢，還到地下錢莊借債，形成一個永遠填不完的大坑，由此遭世人白眼，以至他去世後出版他的紀念文集時，不少作者均拒絕寫文章，有一位詩人因沈氏不歸還他提供的珍貴圖片，還揚言要「砍他」。

作爲臺灣人，沈登恩熱愛本土，熱愛臺灣文學，他的出版業績是出版了當時還未進入大學課堂的「臺灣文學」領域裏的作品。據巫維珍介紹，一九七五年，張良澤在臺南的大行出版社推出了楊逵的《鵝媽媽要出嫁》、吳濁流的《泥沼中的金鯉魚》、鍾理和的《故鄉》。當時，出版這樣的書是很緊張的，張良澤總擔心警備總部找上門來，但沒想到「警備總部沒來找我，反而是出版家沈登恩找上門來。」沈登恩、王榮文到臺南找他，不到半年張良澤主編的《鍾理和全集》八卷就由「遠景」出版。一九七七年遠景又邀張良澤編了六卷的《吳濁流全集》，一九八一年仍是張良澤主編了八卷本的《吳新榮全集》。（註二五）另外「遠景」還出版了小說與新詩部分的《光復前臺灣文學全集》。一九七八年九月，「遠景」又出版了宋澤萊的力作《打牛湳村》，引發文藝界探討的興趣。

沈登恩是一位有獨到眼光的出版家，有過「小巨人」之美譽，（註二六）是他把臺灣出版業引入彩色時代，書的封面不再是圖案相同、只是換換顏色那麼單調。封面設計本是一種藝術作品，不少出版社也效仿這種做法。（註二七）在一九七五年初，當他得到金大俠的作品時，時任新聞局局長的宋楚瑜曾私下找他借閱《射雕英雄傳》，可當時金庸的作品在臺灣被禁。禁的理由非常可笑：毛澤東的詩詞中有「只識彎弓射大雕」之句，因而金庸的書名有影射毛澤東之嫌，這是替毛澤東作宣傳的作品。大約在一九七七年，沈登恩向國民黨當局提出：查禁金庸的作品理由不能成立，要解禁金大俠的作品。一旦時局好轉，他便以第一時間把金庸的作品引進臺灣，還主編了一套「金學研究叢書」。

沈登恩是一位嗜書如命的人，難怪他的出版社出了這多有價值的書。像他率先出版的白先勇《孽子》，爲臺灣的「同志小說」開了先河。另有《七等生全集》以及陳映眞、柏楊、高陽、陳若曦的作品。沈登恩另一貢獻是把出版視野擴展到香港和海外，香港劉以鬯、金庸、胡金銓、倪匡、董橋、彥火、林行止等人的作品，都是研究臺港文化必讀之書。胡蘭成的作品也是他最先出版的。

作爲「小巨人」的沈登恩，一九八〇年七月受邀爲「國家建設委員會」文化組一員，當時他提出了四項建議：一、設立一個強有力的文化專營機構，成立文化部，以加強文化建設。二、立即修定著作權法，確定保障著作權，抑止盜印。三、建造出版大樓，作爲出版界、文藝界舉辦書展、書城活動場地，以及供出版界新書出版展示會之用。四、訂定出版融資，以積極有效輔導出版界。（註二八）

沈登恩出書不怕爭議，不怕圍攻，當然也更不怕風險，如李敖在上世紀七十年代中期坐完五年大牢後，一般人都不敢出他的書，可這時候，沈登恩以出版人的智慧看到了李敖的價值後，曾三顧茅廬找李敖，李氏深受感動，便把新書《獨白下的傳統》交「遠景」出版。李敖事後稱沈登恩是「一位最有眼光的出版家」，他「是在出版界反應一流的人。」

兩岸開展文化交流後，沈登恩又風塵僕僕穿梭於臺北與京滬之間，出版了大陸作家張賢亮、陸文夫、高曉聲等人的作品，由此和一些大陸文人結下了深厚的情誼。在財力和精力比過去有所遜色的情況下，當他在獄書過程中看到上海《咬文嚼字》資深編委金文明在山西出版的《石破天驚逗秋雨——余秋雨散文文史差錯百例考辨》，仍以出版人的敏銳嗅覺買下繁體字版權。他不但未刪作者尖銳的文字，而且在增訂本中還附錄了許多金、余二人的論爭文章，並邀請金文明到香港簽名售書。古遠清的書《我與余秋雨打官司》，他也曾緊追不放，可還沒有拿到全稿他就去世了。他這種敢向權威挑戰以及為出好書四處奔波的敬業精神，眞令人感動。

沈登恩於二〇〇四年去世後，由其夫人葉麗晴接班，雖然沒有當年風采，但畢竟說明松柏未凋。

第十節　討胡戰役

還在六十年代，就有人向余光中推薦曾任汪僞宣傳部部長胡蘭成的《今生今世》，讚揚那是一部慧美雙修的奇書。當時余光中看後，覺得文筆輕靈，用字遣詞別具韻味，形容詞下得頗爲脫俗，但是對於文字背後的情操與思想，則嫌其遊戲人生，名士習氣太重，與現代知識分子相去甚遠。（註二九）

由於臺灣有不少張迷，故愛屋及烏，許多讀者對張愛玲的先生胡蘭成在《今生今世》中回憶與張氏相愛的過程津津樂道，認爲很有看頭。余光中是稱讚張愛玲《秧歌》的，但遠不算張愛玲的崇拜者，對胡蘭成更是保持一定的距離。

余光中並不一筆抹殺胡蘭成的文字才能。對胡的另一本舊書《山河歲月》，余光中讀後總的感受仍是「憎喜參半」。不過，比《今生今世》少了「喜」的成分，多了「憎」的內容。在《山河歲月話漁樵》一文中，他「先說喜的一面。《山河歲月》的佳妙仍然是文筆，胡蘭成於中國文字，鍛鍊頗見功夫，句法開闔，吞吐轉折回旋，都輕鬆自如。遣詞用字，每每別出心裁，與眾不同。

一個人的長處在一定的條件下，往往會變成短處。就以胡蘭成對中國傳統文化的態度來說，他只見其精華，未見其糟粕。胡蘭成還當過漢奸，後受到法律的制裁。可他在《山河歲月》中仍不改對日本的讚揚態度。以有過抗戰這一強烈而慘重經驗的余光中來說，不會對日本軍國主義有任何好感，胡蘭成在書中如此避重就輕並用模稜兩可的口氣敘述抗戰，余光中無論如何不能認同下面這段文字：

抗戰的偉大乃是中國文明的偉大。彼時許多地方淪陷了，中國人卻不當它是失去了，雖在淪陷區的亦沒有覺得是被征服了。中國人是能有天下，而從來亦沒有過亡天下的，對其國家的信是這樣的入世的貞信。彼時總覺得戰爭是在遼遠的地方進行似的，因為中國人有一個境界非戰爭所能到……彼時是淪陷區的中國人與日本人照樣往來，明明是仇敵，亦恩仇之外還有人與人的相見，對方但凡有一分禮，這邊亦必還他一分禮……而戰區與大後方的人亦並不克定日子要勝利，悲壯的話只管說，但說的人亦明知自己是假的。中國人是勝敗也不認真，和戰也不認真，淪陷區的和不像和，戰區與大後方的戰不像戰。（註三〇）

余光中對此評論道：這段話豈但是風涼話，簡直是天大的謊言！這番話只能代表胡蘭成自己，因為在水深火熱的抗戰之中，他人都在流汗流血，唯獨胡蘭成還在演「對方但凡有一分禮，這邊亦必還他一分禮」的怪劇。也許胡蘭成和敵有方，「有一個境界非戰爭所能到」，可是在南京大屠殺、重慶大轟炸中，無辜的中國人卻沒有那麼飄逸的「境界」。只因為胡蘭成個人與敵人保持了特殊友善的關係，他就可以污蔑整個民族的神聖抗戰說的是假話，打的是假仗嗎？這麼看來，胡蘭成的超越與仁慈豈非自欺欺人？看來胡蘭成一直到今天還不甘忘情於日本，認爲美國援助我們要經過日本，而我們未來的方針，還要與「日本印度朝鮮攜手」。胡蘭成以前做錯了一件事，現在非但不深自歉咎，反圖將錯就錯，妄發議論，歪曲歷史，爲自己文過飾非，一錯再錯，豈能望人一恕再恕？

評《山河歲月》一文是在臺灣極具影響力的雜誌《書評書目》上發表的。余光中在《青青邊愁》後記中，稱這是自己「『討胡』的首次戰役」。（註三二）當時余光中對才高於德的垂暮老人惻惻然心存不忍，未將書評投給大報副刊，不料竟觸怒了出此書的老闆，事後不但國恨移作私嫌，且在該社的宣傳刊物上刪掉余光中的大貶，突出他文中的小褒，斷章取義運用這篇書評。

這裏講的「那家出版社」，是指前面提及的頗負盛名的遠景出版社，該社有眾多的第一：第一個把金庸的武俠小說引進寶島，第一個把倪匡的科幻小說引入臺灣，第一個給出獄後的李敖出書，第一個在臺灣推出《諾貝爾文學獎全集》，還有第一個出胡蘭成的書。「遠景」出了胡書後，不但引發出余光中上述批評，還引起張愛玲的不快，這是原來未料到的。因而有濃厚「張愛玲情結」的沈登恩，永遠失去了與張愛玲合作的機會。沈登恩與張愛玲通過幾次信，曾談及出書一事，終於功虧一簣，這是沈登恩終生遺憾之一。

第十一節　「智燕」：新文學史料庫

在臺灣出版界，很少有人知道七十年代前期有一個智燕出版社，但這並不影響其對臺灣學術界、出版界的巨大貢獻。

智燕出版社的創始人爲周錦。他寫了許多現代文學研究著作，被眾多出版社退稿，於是他在一九七二年成立智燕出版社，專出自己的冷門書，該社出版他的著作計有：

《詩經的文學成就》，一九七三年九月。
《屈原作品的研究》，一九七三年十月。
《司馬遷的散文成就》，一九七五年。
《曹操父子的文學成就》，一九七五年。
《朱自清研究》，一九七六年。
《朱自清作品評述》，一九七八年。
《中國現代文學書名大辭典》，一九八六年九月。
《中國現代文學鄉土語彙大辭典》，一九八六年九月。
《中國現代文學史史料術語大辭典》，一九八八年十月。
《中國現代文學史重要作家大辭典》，一九八八年。
《兩岸文學互論第一集》（主編），一九九〇年。

小說家張放曾這樣形容周錦：

過去三十多年來，周錦兄像一個苦行僧，蟄伏在內湖一座狹小的書房裏，默默地從事中國現代文學的研究整理工作。他宛如兩千多年前魯國青年顏回，一簞食，一瓢飲，過著清苦而恬適的讀書生活。他從來沒有穿過一次西裝，臺灣風光如畫，但是周錦兄卻從來未游過阿里山或日月潭。他的知識生活是非常豐富的，因爲他擁有數萬冊書刊。……他每天堅持要看兩冊新文學作品。有一次，一位文友問我：「你將周錦比喻成什麼樣的人？」我毫不猶豫地回答說：「他是臺灣文藝界的王永慶！」（註三二）

周錦是臺灣地區中國現代文學研究的開拓者，他除獨著一系列新文學著作外，還主編三十冊「中國現代文學叢刊」以及《抗戰文學作品選集》，並促成了首屆「現代文學研究班」的成立。「很少有人知道，周錦是一個天主教徒，自然更少有人瞭解他怎樣以一種宗教精神，來從事現代文學研究。」（註三三）關於中國現代文學的資料搜集、整理、發表與出版，本是非常困難的事。可周錦憑著自己製作的一萬一千餘張手工卡片的笨功夫，編纂了一部兩千多頁的《中國現代文學書名大辭典》，時間維度爲新文學產生以來至一九八五年。由於是個人編寫，行家看起來就會發現不少遺漏和失誤，至少現代文學作品被他遺漏了五分之二，所收作品目錄只見作者名、文類名、出版時間、出版者，不見開本和頁數，還有出版資料的錯誤等等。即使這樣，大家都不能不佩服他「獨木撐大廈」的精神。

周錦不願做純粹的資料索引工作，對收入「辭典」的三分之二作品均有畫龍點睛的評述，如對張放的小說《夢斷青山》的評述：

單就故事的內容材料而言，如果能悉心的加以處理、經營，將是一部不錯的小說；然而就作者的寫作技巧，故事中的人物塑造、情節安排、表現的意境而言，卻給人一種粗製濫造、草率敷衍的感覺。

這對一片評功擺好的做法，無疑是一個反撥，難怪被評者看了後心服口服。

周錦撰寫這些書時，適逢一九八七年臺灣當局開放民眾到大陸探親，於是他抱病來往大陸十多次，獲得數萬冊的資料，有些資料連大陸學者都會自嘆不如，比如他在舊書攤搜羅到蓋有「巴金捐贈」章的《人民文學》月刊。（註三四）

在威權時代，研究「共匪作家」和「附匪作家」的作品，是一種冒險的工作。周錦偷吃禁果，在還未解除戒嚴的七十年代初期就開始《中國新文學史》的寫作。他不光靠圖書館死的資料，還四處尋找活資料。在這方面，三十年代作家孫陵將私人收藏的資料送給他，孟十還也向他「口述」現代文學史。爲此，周錦過著一年多晨昏顛倒的生活，半年裏像從事地下工作似的讀完了一九四九年前大部分報紙副刊和文學動態。這與他在一九四七年在上海讀過的新文學作品相結合，便使他的研究工作有了規模，也有了信心。

不遊玩，不交際的周錦，自費在「智燕」出這種名副其實的「磚」著，必然吃力不討好，尤其是他的文學史對魯迅、對左聯的評價，受「匪情研究」的影響太深，顯得不客觀，但這不影響人們對作爲新文學資料庫的智燕出版社和周錦本人，對中國現代文學史研究所作出的巨大貢獻。

第十二節　營造「爾雅」花園

在七十年代中期，只要有三十萬元就可以成立出版社。當時洪建全的長媳婦簡靜慧投資十萬元，《書評書目》主編隱地翻箱倒櫃只有十五萬元，缺額部分由《書評書目》客串編輯景翔以五萬元相助，爾雅出版社於一九七五年七月二十日就這樣誕生了。（註三五）

爾雅出版社最初的成功，來源於第一本書王鼎鈞《開放的人生》和流行文學。一九七六年，臺灣文壇升起「大兵文學」的旗幟，代表人物為張拓蕪，其成名作是《代馬輸卒手記》，這本書由「爾雅」打響後，張拓蕪又出了「續記」、「餘記」、「補記」，構成「代馬五書」。這種流行文學從一九七六年燃燒到一九八二年，使張拓蕪名聲大增，「爾雅」也獲得了可觀的經濟效益。

七十年代，是文學創作繁榮的年代，也是文學出版的黃金時代。據統計，一百位讀者當中，大概有百分之七、八十以上的人在讀小說、散文和詩歌。非文學類的書，如財經、心理、健康等方面，讀的人不多。因此，隱地常說：「爾雅的成功是天時地利人和，時勢造英雄，是前人種樹，後人收成。」

做過多年編輯工作的隱地，以他的眼光選的書，十有八、九是優質書。以「爾雅」創業第一批五本書為例，王鼎鈞的心靈雞湯、也就是勵志小品《開放的人生》，當年預購時就有四千本；琦君帶有詩意的書名《三更有夢書當枕》，預購一千冊。于墨的《靠車冷牆上》，在市場上並沒有靠在「冷牆」，預購時也有五、六百本。程榕寧的報導文學《我是柏林過客》，訂數與上書相同，另有景翔的譯著也受讀者的追捧。頭炮打響了，尤其是王鼎鈞的《開放的人生》至一九八一年發行量已突破十萬大關。王鼎鈞知道後，自己寫的新書《人生試金石》、《我們現代人》、《靈感》等書，不再由「爾雅」投資印刷，而是自己印好後再交「爾雅」及另一家出版社代銷，這樣就達到了作者和出版社的「雙贏」。

一九八四年，張曉風在「爾雅」出版散文《我在》，共印了六十二版。一九七八年，臺灣大學教授朱炎《苦澀的成長》由爾雅出版社出版，後獲得新聞局圖書出版金鼎獎。王鼎鈞在序文中說：「多一本這樣的書，就少一座監獄。」一九七八年十二月，洪醒夫的處女作《黑面慶仔》也由爾雅出版社出版。

隱地不可能是常勝將軍，他選的個別書也有些賣不動，如二〇二〇年一口氣出了十二家「世紀詩選」，其中八家不到兩千本書，賣了多年還未賣完。又如早先的《愛荷華深秋了》，內容好但曲高和寡，成了冷門書，但隱地堅信這些好書一定會找到讀者。此外，評論著作在一般人看來是最難銷的書，但隱地認爲不可一概而論，像女學者歐陽子評析白先勇的小說《臺北人》，用了富有詩意的《王謝堂前的燕子》做書名，內容深刻，文筆生動，很受讀者喜歡。詩人兼評論家羅青的《從徐志摩到余光中》，把大陸與臺灣的詩壇連接起來，很有創意，而且內容雅俗共賞，所以這本書也沒有虧本。

爲營造「爾雅」花園，隱地和有影響力的作家張曉風攜手合作，由她主編《親親》、《蜜蜜》、《有情天地》、《有情人》等「有情四書」，賣得出乎意料地好。一九八一年「爾雅」又出版了短篇小說集《十一個女人》，由十一位女作家撰寫，還由張艾嘉改編爲單元劇在電視上播映，收視率也很高。

爾雅出版社不追求大氣魄，小心翼翼每年出版二十本書。該社除總編輯隱地外，還有一位文字編輯，這完全是家庭作坊式。可人小力量大。一九七五～一九八八年，「爾雅」營造了黃金時代。後來出現了困境，是大陸作家余秋雨的《文化苦旅》以及後來的《新文化苦旅》，給「爾雅」帶來峰迴路轉的創新業績。此書讓余秋雨從大陸紅到臺灣，獲得了一九九二年《聯合報》「讀書人」最佳圖書獎，還成了金石堂年度最具影響力的書。

爾雅出版社另一招牌書是「年度選集」。年輕時隱地就構思編「年度小說選」，一九六七年，他說服仙人掌出版社的老闆林秉欽，在他那裏出版了《十一個短篇——五十七年短篇小說選》。但這類書不好銷，所以「年度小說選」在很多出版社旅行。到一九八一年，隱地終於收回在「仙人掌」等出版社的版權，「爾雅」由此名正言順地出版「年度小說選」，其副產品就是他本人的評論集《隱地看小說》。「野心」大的隱地，編完了一九六六～二〇〇二年「小說選」，又出版了一九八一～一九九一年「年度詩選」，後又請陳幸蕙編選「年度文學批評選」。這個工作很有意義，爲臺灣當代文學史積累了豐富的史料，但「批評選」賣不動，堅持了五年，只好停辦，後來將部分庫存書送給大陸學人。

作爲一家文學出版社，隱地努力爲臺灣文壇貢獻一份力量。除編年度選集外，還爲作家拍照，先後出版《作家之旅》、《作家的影像》等書，另爲司馬桑敦和香港作家徐訏出版紀念文集。在「爾雅」出過的許多選集中，向陽編的《人生船》，就有三百六十五位作家的資料，再加上《十句話》等書，幾乎臺灣三分之一的作家都和爾雅出版社有或多或少的聯繫。

在隱地營造的「爾雅範圍」中，有一朵艷麗的花是奇人異士周浩正所著《人生畢旅》，這是一本充滿智慧的商戰之書。作爲一位出版界的異類，隱地沒有急著爲出版社尋找營銷能手，更沒有跟著潮流走，「爾雅」也沒有出現財政赤字，繼續保持著溫文爾雅的特色。隱地年事畢竟已高，只好由每年出版二十本書改爲十本書，基本上處於保本狀態。

隨著一九八七年解除戒嚴，臺灣社會不再封閉，馬克思的《資本論》和臺獨的著作都可以出版。這時出版市場競爭激烈，「爾雅」受到過影響。因而隱地也有消沉的時候，可「鼎公」（王鼎鈞）從美國打來電話提醒他：「把姿勢站好。」徐開塵說得好：「每每望著靜靜守候一一三巷的那株老榕樹，隱地已有了定靜的力量，樹猶如此，守著文學，何必怕寂寞孤獨。」（註三六）

第十三節 樹立典範的書店

在六十年代，「文星」是出版界的王牌。一些年輕人不甘心出版市場被其占領，便想另闢蹊徑與之競爭。

一九七六年，在文星書店出過《葉珊散文集》的楊牧從海外歸來，與瘂弦、沈燕士、葉步榮商議，各人出資四萬五千元，計三十萬元，於一九七六年八月創辦了洪範書店，由沈燕士的太太孫玫兒任發行人。其書店名係出自《尚書·洪範》，取「天地之大」的意思。他們出的第一批書有余光中的長詩《天狼星》，後引來另一著名詩人洛夫的長文批評。另有香港宋淇的《林以亮詩話》、羅青的散文集以及朱西寧的《將軍與我》、張系國的《香蕉船》。之所以不叫出版社，是因爲當年許多出版社均用「書店」名之，如臺北的文星書店以及早期大陸的良友書店、開明書店。用「書店」名字的好處，是將門市部與出版社合二爲一。

從出版界資歷上講，「洪範」是後起之秀。從一九六〇年代起，臺北勁吹文藝風，先後有「晨鐘」、「水芙蓉」、「好時年」、「出版家」、「書評書目」、「遠景」、「純文學」等出版社成立。

當時名叫葉珊的楊牧雖然是洪範書店的靈魂人物，但他教學和創作任務繁重，故實際掌權者也就是負責人由葉步榮擔任。葉珊書生氣息重，只拉到琦君的暢銷書。不過據游淑靜介紹，「洪範」書店創業四年，已有了王文興的《家變》這樣的好書。此書不僅文風晦澀而且內容古怪，引發文壇極大的爭議，這正是此書的賣點。《鄭愁予詩集》的現代風，尤其是其中〈錯誤〉這樣的抒情小詩，很受讀者歡迎。《葉珊散文集》和作者的詩作一樣，有濃烈的抒情色彩，在青年人中有廣泛的市場。後來「洪範」也進入過金石堂與《民生報》暢銷書排行榜，如張系國的《沙豬傳奇》、簡媜的散文、蘇偉貞的《流離》、袁瓊瓊的《蘋果會微笑》。蘋果當然不會微笑，可葉步榮看到有一定格式的封面和高雅的內容這些書贏得讀者的喜歡，也就發出會心的微笑了。

從溫州來的作家琦君，她的大陸經驗使其作品塗上一層鄉情色彩。《橘子紅了》當時賣得非常好，簡直可用洛陽紙貴來形容，後改編成電視劇，作者頓時身價百倍，以致有四十多版。張系國的《棋王》在八十年代也有十八版的記錄。至於瘂弦的《中國新詩研究》不可能暢銷，只供研究人員閱讀，但觀點獨特，被許多大陸新詩研究者作爲重要的參考書。

爲樹立新的典範，洪範書店出書講究包裝，尤其是詩集所用的不是一般的美術紙做封面。據巫維珍的介紹，《向陽詩選》第一版封面用的是日本紙，「加上作者自己刻的木刻版書，形成了雅致的風格；獲得二〇〇二年《誠品好讀》年度最佳封面的《十三朵白菊花》，在眼花繚亂的書市中，成爲愛詩人必定收藏版。」這樣的手作感，總是讓洪範文學書在舊書市場上仍保有一定的價值。《在臺北生存的一百個理由》說，「洪範」是在臺北生存的理由之一，「洪範的書簡直可以作爲當代中文出版品的原型，就像Barhaus的工業設計，簡潔利落，卻蘊藏著讀者無比深厚的智慧與功力，也有超越時代的永恆美感。」（註三七）

由於葉珊、瘂弦都是作家，難怪「洪範」的書以「文學叢書」爲主，而文學叢書中，詩占了很大部分，這是該店力圖樹立新詩典範的一大特色。「洪範譯叢」也很有個性。既是詩人又是翻譯家的楊牧，他編譯的《葉慈詩選》以及莎士比亞的《暴風雨》，譯筆流暢，做到了信、雅、達。臺灣大學教授林文月翻譯的十三種書如《伊氏物語》、《源氏物語》、《枕草子》，都是「洪範」的招牌書。

有品味、韻味和書香氣的洪範書店的主要經營人葉步榮，於二〇一二年接受《天下》雜誌專訪時，說「我們很在乎文學，洪範推薦的就是好的文學作品，我們對作品有一定的執著。」足以說明「洪範」對文學出版品味的堅持。

洪範書店尊重作者的勞動，給的稿酬不低。該店的四位發起人各有專長，自己的事情均忙不過來，故他們放手讓編輯執行，只遙控而不實際操作，編輯也能體會老闆意圖，讓洪範書店變成模範書店。楊牧於二〇二〇年去世後，洪範書店少了一員大將，但海內外作家依然用自己的佳構支持該社。

第十四節　成為「五小」的龍頭

由江蘇鹽城籍蔡文甫於一九七八年三月創辦於臺北的九歌出版社，是以文學性爲主的媒體。社名來自屈原的《楚辭》，給人一種古典的韻味，與五十年代一些出版社以政治性的社名「光復」、「重光」、「新中國」取向完全不同。

九歌出版社成立時，已有「純文學」、「大地」、「爾雅」、「洪範」等出版社辦得有聲有色。作爲「五小」出版社的殿軍，要趕上老大哥談何容易，可蔡文甫像是一匹黑馬，於一九八一年起出版「年度散文選」，再復刊《藍星》以及得獎書籍最多的這種後來居上姿態，讓世人刮目相看。

當時一些著名作家已與上述出版社合作得非常愉快，要將這些作家「挖」過來，頗費斟酌。蔡文甫不與他人爭鋒，以別人忽略的殘疾青年專題報導《閃亮的生命》入手，一問世便得到眾多讀者的喝彩聲。此書至一九八〇年初，已賣了一萬多本，這與三十多篇在報刊上發表的書評有關。另一本創銷售記錄之高的是王鼎鈞的《碎琉璃》。書名又是「碎」又是「琉璃」，有不祥之兆，可不好聽的書名內容卻像琉璃那樣閃光，因而造成轟動，另一本是夏元瑜的《萬馬奔騰》。這書名有氣派，象徵著「九歌」將奔騰起飛。果然不出所料，書名的活力激起了市場的活力，蔡文甫早就將它作為「文叢」的第一號，可見有先見之明。

一九九〇年一月，九歌出版社關係企業設在臺北長安東路上的「九歌文學書屋」開張，這是「九歌」春風得意馬蹄疾的年代，因出版證嚴法師的《靜思語》，狂銷五十多萬冊。「九歌」的成功來源於出版方向和範圍所帶來的使命感。按蔡文甫自己的歸納，有四條：

一　積極爭取各類型資深作家，但亦需引進每個時期有代表性之年輕作者。使名家、新人相互遞嬗。以拓展新視野、新思維、新形勢為職志。

二　整理文學資料，如編纂「中華現代文學大系」、「臺灣二十年集」、《新詩三百首》及年度散文選和接辦之年度小說選，以宏觀的角度彰顯每個時代脈搏之文學為經，保存臺灣和全體華文作家之作品為緯。九歌的規模雖不大但格局不小，規劃文學版圖，亦久亦遠，不局限於某個地區或九歌系列作家及其作品，自築門牆。

三　打破意識形態藩籬，出版文學作品不牽涉政治，但以發揚中華文化為宗旨，在原有之老中青作家外，出版吳濁流、葉石濤、劉捷、東方白、王拓等作家的小說、散文、回憶錄，也出版北島、張賢亮等詩集和散文。

四　我們竭力爭取所有名家精品，但好書有別家搶得先機印行，仍保持出好書不必在我的胸襟。（註三八）

這裏說「規模不大」，其實在臺灣文學出版界，九歌出版社規模是算大的了。別的「五小」，越做越小，而「九歌」越做越大，還生出子公司：蔡文甫一九八七年接手「健行出版」，二〇〇〇年創辦「天培出版」，「九歌」因此成爲「九歌出版事業群」，令別的「五小」出版社望塵莫及。至於出版「中華現代文學大系」，也是一種大手筆。

爲了保持圖書出版的質量，「九歌」除積極爭取名家名作外，還善於挖掘有後勁的新生力量，如前期的陳幸蕙、林清玄、蕭颯、吳鳴等。他們只有二十六歲左右，其作品就上了「九歌」文庫。後來還有張啓疆、吳明益、朱少麟、鍾怡雯、淩明玉、張瀛太、郝譽翔都在「九歌」的平臺上馳騁。更使人佩服的是蔡文甫發現人才的眼力和耐性。作爲在新聞界工作多年、又在樂壇大顯身手的張繼高，奉行別人難以理解的「三不主義」：不教書、不演講、不出書。蔡文甫爲了動員他破戒，把張繼高發表的文章剪下來裝訂成冊，可對方將其「沒收」。後來張繼高得了絕症，才勉強答應給「九歌」出三本書：《必須贏的人》、《從精緻到完美》、《樂府春秋》。這些書出版後，大受歡迎，大陸的浙江文藝出版社也引進改編成《張繼高散文》，同樣獲得掌聲。

「九歌」出書與蔡文甫擔任《中華日報》副刊主編建立起來的人脈有關。香港的翻譯家宋淇曾爲

「華副」寫了一篇談讀書心得的〈文思錄〉，於是蔡文甫「逼」其寫出〈再思錄〉、〈三思錄〉、〈偶思錄〉，然後由「九歌」編輯成《更上一層樓》出版，此書還有遼寧教育出版社印行的簡體字版。另有朱少麟還未廣爲人知以致被不少出版社退稿時，他抱著試一試的心情投稿給「九歌」，意想不到很快被「伯樂」蔡文甫看中。這本二十五萬字的《傷心咖啡店之歌》不改一字出版後，在當年幾乎占領了臺灣的讀書市場。讓林清玄菩提系列走進千家萬戶，也是「九歌」所爲。

蔡文甫以他的勤奮和慧眼，創下一年出一百本以上的新書記錄，以及高達一億的營業額，再加上三十多位員工的努力，「九歌」經常與國家文藝獎、金鼎獎、中興文藝獎結緣，由此躍升爲「五小」的龍頭。

蔡文甫已於二〇二〇年過世，但「九歌」弦歌不斷，仍以「萬馬奔騰」的姿態出現在臺灣出版界。

注釋

一 鄧維楨：〈政府在出版事業上能做些什麼?〉，載游淑靜等著：《出版社傳奇》（臺北市：爾雅出版社，一九八一年七月），頁一七九～一八〇。

二 隱　地：《遺忘與被忘》（臺北市：爾雅出版社，二〇〇九年）。

三 隱　地：《回到七十年代》（臺北市：爾雅出版社，二〇一六年七月），六十七頁。本節參考了他的研究成果。

四 隱　地：《回到七十年代》（臺北市：爾雅出版社，二〇一六年七月），六十九頁。

五 陳銘磻：〈四十年來臺灣的出版史略（上）〉，《文訊》一九八七年十月號，頁二六七～二六八。

六　隱　地：《回到七十年代》（臺北市：爾雅出版社，二〇一六年七月），四十八頁。

七　陳銘磻：〈四十年來臺灣的出版史略（上）〉，《文訊》一九八七年十月號，頁二六八。

八　陳銘磻：〈四十年來臺灣的出版史略（上）〉，《文訊》一九八七年十月號，頁二六八。

九　陳銘磻：〈四十年來臺灣的出版史略（上）〉，《文訊》一九八七年十月號，頁二六八。

一〇　陳盈如：《前街出版社之研究》（臺北市：臺北教育大學臺灣文化研究所碩士論文，二〇一二年六月自印）。此節吸收了此文的研究成果。

一一　蘇惠昭：〈理想與勇氣的實踐之地：遠流出版公司〉，《文訊》二〇〇七年十一月。

一二　陳銘磻：〈四十年來臺灣的出版史略（上）〉，《文訊》一九八七年十月，頁二六四。

一三　巫維珍：〈百花綻放的知識公園：五南文化事業機構〉，《文訊》二〇〇六年八月。

一四　李敏勇：〈附和殖民體制的漂流之心——洛夫（一九二八～二〇一八）在戰後臺灣詩史的形色〉，《文學臺灣》二〇一八年秋季號，頁四十。

一五　蔡明諺：《燃燒的年代——七十年代臺灣文學論爭史略》（臺南市：臺灣文學館，二〇一二年）。

一六　林慶彰：〈如何整理戒嚴時期出版的僞書？〉，《文訊》一九八九年七月，頁十～十三。本書多處吸收了他的研究成果。

一七　孟　樊：《臺灣出版文化讀本》（臺北市：唐山出版社，一九九七年一月），頁四十～四一。

一八　孟　樊：《臺灣出版文化讀本》（臺北市：唐山出版社，一九九七年一月），頁四一。

一九　姜　穆：《解析文學》（臺北市：黎明文化事業公司，一九八七年十月），頁一〇一。

二〇　巫維珍：〈開在槍桿上的花朵：黎明文化出版公司〉，載封德屏主編：《臺灣人文出版社三十家》（臺北市：文訊雜誌社，二〇〇八年十二月）。本節吸收了她的研究成果。

二一　徐開塵：〈昔時門柳，今日猶飛揚〉，《文訊》二〇〇七年六月。

二二　本節資料來自《出版界》一九九二年秋季號「經營篇」《尊重智慧與創意的事業》，頁七十三、七十四。

二三　本節資料來自《出版界》一九九二年秋季號「經營篇」《推廣圖書風氣，加強文化輸出》，頁八十六。

二四　隱　地：〈出版事業在臺灣〉，載游淑靜等著：《出版社傳奇》（臺北市：爾雅出版社，一九八一年七月），頁八。

二五　巫維珍：〈瞭望遠方的景色：遠景出版公司〉，《文訊》二〇〇八年二月。

二六　陳銘磻：〈出版界的「小巨人」〉，載游淑靜等著：《出版社傳奇》，臺北市：爾雅出版社，一九八一年七月。

二七　陳銘磻：〈出版界的「小巨人」〉，載游淑靜等著：《出版社傳奇》，臺北市：爾雅出版社，一九八一年七月。

二八　陳銘磻：〈四十年來臺灣的出版史略（上）〉，《文訊》一九八七年十月，頁二六四。

二九　余光中：《青青邊愁》（臺北市：純文學出版社，一九七八年），頁二六一。

三〇　胡蘭成：《山河歲月》（臺北市，遠景出版公司，二〇〇三年），頁二六七、二六八。另見余光中：《青青邊愁》（臺北市：純文學出版社，一九七八年第三版），頁二六五。

三一　余光中：《青青邊愁》（臺北市：純文學出版社，一九七八年），頁二六六。

三二　張　放：〈現代文學的新收穫〉，《文訊》一九八七年二月，頁一〇二。

三三　洪兆鉞：〈周錦與中國現代文學的研究〉，《文訊》一九九二年十月，頁八十六

三四　周　錦：〈當代文學雜誌八談〉，載《文藝報》，一九九二年二月一日。

三五　徐開塵：〈定靜如榕的姿勢：爾雅出版社〉，《文訊》二〇〇七年四月號。

三六　徐開塵：〈定靜如榕的姿勢：爾雅出版社〉，《文訊》二〇〇七年四月號。

三七　巫維珍：〈永恆的美景〉，《文訊》二〇〇七年八月號。

三八　蔡文甫：《天生的凡夫俗子》（臺北市：九歌出版社，二〇〇五年）。

第六章　八十年代的臺灣文學出版

第一節　充滿競爭的圖書市場

在八十年代，文學的出版遇上了以前沒有過的大好環境：一九八七年七月十五日結束長達三十八年的戒嚴令，出版物的管理審查改由新聞局負責。同年開放民眾尤其是老兵到大陸探親，一九八八年解除報禁，民間可以辦不同於官方的報紙。美麗島事件大審判後，黨外力量不斷整合，出現了不同於雷震的本土出身的反對派，他們的反制手段和策略在不斷修正更新，如運用「備胎」的方案與政府作韌性鬥爭，然後是國民黨最擔心的民進黨於一九八六年九月二十八日成立，還有左翼的工黨出世，政治上的惡鬥由此加劇，民進黨在爭取人心方面卻出人意料初戰告捷。

執政黨從開展政治運動到以經濟建設為主，把國民經濟提高層次時不再視文化為可有可無的事物，突出一例是長期沒有文化局、文化部的臺灣，一九八一年終於成立了文化建設委員會。這個委員會不搞查禁書刊而從事資助和文化資產的保存。從指導型轉為服務型，標誌著國民黨文化政策的改變。

由於官方從前頒布的〈懲治叛亂案例〉和〈出版物管制辦法〉這時有所鬆動，不再像「警總」那樣強制作家寫什麼，不寫什麼，故這時的文學出版品以過去視為禁忌的題材為主。不僅是政治上的「二·二八」事件，也包含性禁區的突破，如醫生詩人陳克華一九八八年出版的詩集《我撿到一顆頭顱》，有性內容但並非全是寫性，而是代表著長期被壓抑的身體與政治體制斷裂的傷痛。

進入八十年代的資訊社會，原來的文學市場由於受到社會變遷的影響而引發「井噴」，出版社一下猛增了許多：「經濟與生活」、「前衛」、「蘭亭」、「大呂」、「洛城」、「風範」、「漢光」、「允晨」、「敦理」、「尖端」、「生產力」、「圓神」、「學英」、「業強」、「新地」、「李白」、「文經」等等。其中圓神出版社憑藉龍應台的《野火集》整整「燒」遍出版界長達兩年之久，並創下出版界在很短時間內發行量最高的一本奇書的紀錄，這也與商品社會的到來有關。各出版社無不把贏利放在首位，這種經濟掛帥的做法引發業界地震：一九九二年，賢文圖書公司倒賬兩千多萬，禍及五十多家出版社；一九八二年，中盤發行商忠佑公司與四季出版社惡性倒閉，牽連相當多家出版社。（註一）這些媒體在倒閉前做過許多努力，如在封面的設計和內頁編排和紙張的選擇，以及廣告的設計上都下了很大功夫。促銷活動變得多樣，新書發表會、研討會由此盛行，還有作家簽名銷售活動也跟風而上。這時的出版社不再像五十年代的文藝創作出版社，把圖書看成宣傳工具，而是視為可賺鈔票的商品。既然圖書不是一般的精神糧食，出版物就得迎合市場導向，揣摩讀者口味，造成通俗文學大有取代高雅文學之勢的同時，弱肉強食的競爭也甚囂塵上。

科技革命之風吹到臺灣，出版社由此告別鉛字改用電腦排版，發書單、贈書、結帳、庫存、帳目、讀者名單、書的版數、版稅等，電腦全部代工，替出版社解決不少字面上的困擾。（註二）傳眞機的使用也使作家的稿件不必再通過郵寄。傳播速度加強，使海外作者的書稿不被關山阻隔而快速走入出版社編輯部。此外，不把精力放在清除政治上的異己的官方，把重點用在十大建設上，老百姓生活水平普遍提高，消費高價圖書不再成為負擔。出版社看準這個時機，開始製作價格不菲的大套書。「蘭亭」、「前衛」、「文經」三家出版社則實驗「產銷分開」的路線，結果半途而廢。

八十年代就文體來說，李昂以「聯經」出版的小說《殺夫》震撼文壇，並有美、日、法、德譯本。除這本小說外，散文比小說畢竟更受讀者歡迎，有「十項全能作家」之稱的王鼎鈞，於一九八八年五月十日出版的散文作品《左心房漩渦》，先後獲得新聞局優良圖書金鼎獎等多項。評論集的出版也令人刮目相看，如《龍應台評小說》自一九八五年出版以來已印了二十多版。一本評論著作能夠賣出將近四萬冊，創造了臺灣出版史上的最高記錄。比起別的文體來，戲劇的讀者甚少。

據不完全統計，臺灣每年至少有一百家出版社在出版文學類圖書。尤其是郭楓創辦的新地出版社，不怕虧本積極出版有深度和硬度的作品。「棋王、樹王、孩子王」的暢銷書，為其打下堅實基礎。但說一百家這裏要打折扣，因為競爭不過別人，有的出版社就陣亡了，如四季出版公司也不再四季常青了，出過好書的長橋出版社其「橋」亦已斷裂了，蓬萊出版社到蓬萊閣報到去了。當然，長江後浪推前浪，也有「圓神」在競爭中勝出，由此加入出版文學書行列。有一定資歷的「希代」、「大雁」等出版社出版文學書比過去積極，這與出版社對文學的看法或其閱讀趣味的改變息息相關。李瑞騰舉例說：

遠流出版社一九九〇年在陳雨航主持之下開發了「小說館」系列，合森文化公司在蕭蕭策劃下出版了「散文村」系列，其他出版社也都有其明顯的走向，如聯經出版公司的「現代小說叢刊」、「聯經文學」，時報文化公司的「人間叢書」，爾雅出版社的「爾雅叢書」，大地出版社的「萬卷文庫」，洪範書店的「文學叢書」，駿馬出版社的「駿馬文集」，九歌出版社的「九歌文庫」，漢光文化公司的「漢光文庫」，前衛出版社的「前衛叢刊」等。（註三）

《聯合報》副刊是一種強勢媒體，在其倡導下文壇盛行極短篇小說，極短篇散文，如愛亞、鍾玲這兩位女作家出了小小說選集，號角出版社則出了《散文極短篇》，還有《八百字小語》。這與大陸明顯不同，大陸有微型小說，但在八十年代還未聽過有《微型散文》的出版。可喜的是，長篇小說並未被極短篇小說所取代，如《自立晚報》舉辦的百萬小說徵文，逼出了不少長篇小說，像黃凡的《反對者》、呂則之《海煙》和《荒地》；其他各報副刊的連載長篇泰半也出版了。下面是八十年代寫長篇的作家：田原、司馬中原、鄭清文、李喬、華嚴、趙淑敏、陳若曦、張放、呂秀蓮、姚嘉文、楊青矗、張系國、楊小雲、朱秀娟、廖輝英、蕭颯、張大春、蘇偉貞、蕭麗紅、鄭寶娟、林雙不、許振江、李永平、杜文靖、林剪雲、陳燁等。（註四）

八十年代的文壇舉辦過不同名目的文學獎。不管是《聯合報》文學獎、時報文學獎、《中華日報》辦的梁實秋文學獎，獎完後一般都會將這些作品結集出版。這些書當時讀者多，時過境遷後大概就無人問津了。爲了不重蹈覆轍，八十年代出書很講究「門面」，「從封面到內頁都用銅板紙彩色印刷的並不特別稀罕；幾乎沒有書是用釘裝的，穿線精裝的書到處可見；廣告一登，少則一萬元，多則幾百萬元。（在《中國時報》或《聯合報》登一次半版廣告，搭配不算，要二十五萬元左右；通常這樣的廣告不會只登一次，也不會只登一家）幾乎每一個月都有大量新書出版——出版社出版新書，已經不是一次一本、兩本的，而是五本、十本、二十本的；如果只出一本，那大概是定價上千的書。出版品的性質不同，種類也繁多」，（註五）由此導致競爭。

競爭激烈八十年代的書店和出版商，使盡渾身之力從事惡性競爭。最著名的是《諾貝爾文學獎全集》廣告戰，其結果是兩敗俱傷，報社漁人得利，賺了一大筆廣告費。此外，還有報紙與出版社的矛盾。由於新書刊登的廣告費太高，不少出版社便自辦書訊性質的小報紙，導致書局市場的泛化。另有書店與出版社的競爭：由於書店多爲私人創辦，且從事的是家族式作業，和出版社打交道無固定章法，在某種程度上形成出版方與買賣方的對峙。如果出版社出了暢銷書，結帳就來得痛快，否則用「倒帳」方式處理。出現這種現象除出版社與書賈的人品外，還與出版制度不健全有關。

一九八九年七月，國家圖書館正式在臺灣地區實施國際標準書號（ISBN）制度，並於一九九〇年二月成立國際標準書號中心，積極推行並實施該項編號制度，爲臺灣圖書出版品的統一化、標準化與國際化邁進了新里程。根據曾堃賢二〇〇二年的觀察，在多方面的努力下，國際編碼制度已達到既定的目標，同時也獲得許多具體的成效。（註六）

第二節　大套書戰國時代的興起

臺灣是一個快速變化的社會，無論是政治、經濟、文化乃至閱讀場域，前後均有驚人的不同。比如讀者的閱讀取向由讀禁書到讀知識性書：時報出版公司出版總計二十七個title的《腦筋急轉彎》，讀者範圍十分廣大，以致市民爭先恐後搶購，該公司只好用多輛卡車載往書店。不能說讀者人手一冊，但也達到了家喻戶曉的程度。到了新世紀，此書仍受到讀者的寵愛，只不過有不少轉化爲手機的內容，「繼續在新的時代中爲讀者帶來快樂，刺激創意。」（註七）

臺灣後來進入讀圖時代，時報出版公司看準這種轉機，便把漫畫列入自己的出版經營核心之一，「促成敖幼祥《烏龍院》在報刊連載，進而引發四格漫畫狂潮，這也是朱德庸、蔡志忠漫畫事業的起點；一九八六年時報出版的經典漫畫《莊子說》曾經連載十個月蟬聯暢銷書排行榜第一名。隔年，《老子說》、《西遊記三十八變》接續問世。一九九二年，《蔡志忠經典漫畫珍藏版》出版，這是時報出版的一枚永恆的勳章，不但被翻譯成二十多國語言，更大的貢獻是把視閱讀經典爲『不可能』的人巧妙引領入門，如宏碁創辦人施振榮就是其中一個。」（註八）

讀者購書的取向由過去買單行本過渡到買大套書。這與政治有一定關係，即大陸開展文化大革命，紅衛兵焚燒「四舊」書，臺灣反其道而行之，適時地推行中華文化復興運動，當這「復興運動」難以爲繼時，有眼光的郭嗣汾創辦另闢蹊徑的錦繡出版社，出版以中國史地、建築、藝術爲首的套書。如於一九八一年推出八冊《江山萬里》，引起讀者搶購。這套書的成功，是由於當局不讓人民瞭解大陸，而大陸的錦繡河山，對臺灣人有特殊的吸引力。

這還與遠流出版公司提出的「以書櫃代替酒櫃」的口號、樹立起圖書不僅可供閱讀，還可以當擺設的新觀念有關。這時的讀者踴躍購買大套書的風潮，眞可用黃河一瀉千里來形容。如一九八一年「時報」出版一套名爲《中國歷史經典寶庫》的套書，第一批出版四十五本，後來又連續出版到七十一本，此套書也可以分冊出售，其中有精裝本，也有平裝本乃至袖珍本，前後跨越二十多年，至於總銷售量多少，誰也說不清。遠流出版公司則於一九九七年幾乎把所有資金都投進去出版的《中國歷史演義全集》，預設的價格是四九五〇元，「透過三大報廣告，加上蘇宗顯的包裝，把二十五開的精裝本拍得像台英社那種十六開的大開精裝書」（註九），不費吹灰之力銷售超過一萬套，就這樣一炮而紅了。它創造了暢銷書的奇蹟，廣告一出就不斷接到讀者的預約。直到最後三天，每天都有三百多萬的營業額。當時還沒有發行一千元面額的新臺幣，所以出版社的業務員到郵局領錢時，都得用麻布袋裝。

名人出版社的《名人偉人傳記全集》、河洛出版社的《中國古典小說大系》、渡假出版社的《臺灣自然大系》、聯經出版公司的《世界文學名著欣賞大典》，尤其是《金庸作品全集》也進入許多家庭。

回頭看一九八七年戒嚴令解除，「徹底工業化的臺灣正在經歷『臺灣錢淹腳目』的富庶，以及初初起來後的社會轉型，金錢遊戲開始」（註一〇），鑒於奢華的讀者更喜歡買「連續劇」似的套書，錦繡出版社又於一九八六年出版了十冊《放眼中國》，哪怕定價高達九千元，還是被讀者搶購了十多萬套，這與直屬國軍退除役官兵輔導委員會管轄的「榮民」讀者感興趣有關。那是兩岸開放探親前夕，有位因戰（公）傷殘官兵及年老無依的貧困「榮民」在翻看《放眼中國》時，激動得熱淚縱橫：「原來這就是我出生的地方，我做夢都想回到家鄉！」又如「英文漢聲出版公司以一套《中國童話》受到矚目，市場反應極好，接著再以《漢聲小百科》出擊，情況也不惡；而洪建全教育文化基本會更是連串出版了精裝本兒童小套書，包括《中國智慧薪傳》、《兒童文學之旅》、《三六〇個朋友》；圖文出版社穩扎穩打的推出『彩色中國系列』；……好時年出版社則出版了『現代人系列』以及受到各界矚目的『四九五』系列；小魯出版社更是後來居上，出版了一套號稱『中國第一部』寫給兒童的中國歷史；而號角出版社原本以文學類爲出書重點，後來又變更出書方向，改以『夢回中國』系列爲目標。」（註一一）

大套書引來出版界戰國時代的來臨，但大套書不見得一定暢銷，曾擁有《出版家》和《愛書人》兩種雜誌、首次和日本出版界簽訂著作權的「出版家文化公司」，被一套二十七冊的《世界博物館全集》打得一敗塗地，「河流」也遭遇滑鐵盧，一敗不蹶。「遠流」、「錦繡」的大套書多半是以「中國」二字打頭的，可後來發生美麗島事件，許多「中國人」一夜之間變成「臺灣人」。毫無疑問，這是臺灣百年難遇的大變局時代，人世間活法，已然迭代，「遠流」未能跟上這一「迭代」，還在做他的「中國夢」，這就難怪稍後出版的《中國傳統音樂全集》、《中國名著精華全集》，在讀者自稱是「臺灣人」遠多於「中國人」的情況下，就慘賠了許多。還有編輯工程花了將近五年時間的四十冊《中國民間故事全集》，直到二〇二〇年還有一千套積壓在倉庫裏。這是因爲當年的「榮民」們不是老去，就是不在人間。而他們的下一代再也沒有「故鄉不堪回首在書中」的感受。但不可否認，大套書的出現，使臺灣出版界不再滿足於做家族式的小本生意，裝訂技術大有改進，彩色印製更成了常態。（註一二）

至於不少本省人，根本就不讀「中國」書而改讀「臺灣」書。一九八三年在美國成立的臺灣出版社，專出宣揚臺灣意識的作品和以臺灣人爲主的傳記文學，這些不是大套書的叢書，僅醫生的傳記就有陳五福、郭維租、吳新榮、鄭翼宗等人的傳記。文學家的傳記有楊千鶴《人生三鏡》、《鍾肇政回憶錄》、東方白《詩的回憶》、張良澤的《四十五自述》，以及吳濁流的自傳體小說，還有林衡哲和張恆豪共同主編的《復活的群像——臺灣卅年代作家列傳》，無不成爲年度的十大好書以及各高校臺灣文學系的補充教材。（註一三）

眞正的讀書人不管是讀大套書還是讀叢書、讀單行本，都要獨立特行，要關懷社會，要批判現實，要尋找臺灣的出路，防止民族的航程走偏。可惜這類的眞正的讀書人在互聯網、電腦、手機等高科技的衝擊下，讀書的氣氛在嚴重減弱。

第三節　暢銷書排行榜

一九七五年，全球發生石油危機，這給經濟帶到一個新時代：通貨膨脹，造成出版市場用紙奇缺，資金不夠雄厚的出版社只好改換門庭，不轉行也得裁減圖書出版數量，後來世界經濟由陰轉晴，臺灣經濟形勢有所好轉，一些文化人辦起了出版社。這些新出現的出版社，不走前輩的老路，在營銷手段、出版路線上有新的設計，朝著電腦化、市場化大踏步前進，其中市場化的一個表現是不通過書店而採用直銷手段。

一九八二年十一月二十七日，高砂紡織公司參考日本東京都會區大型書店的做法，由遠流出版公司的王榮文及企業家周剛正聯手創辦金石堂文化股份有限公司。至於大型的複合式書店即金石文化廣場，於一九八三年一月二十日正式開幕，這是臺灣首次出現的面向大眾的新型書店。以前看圖書是否暢銷，據傅月庵說，一是讀彭歌在《聯合報》開的專欄「三三草」，誰的作品被其點名，就意味著暢銷。另一途徑是到臺灣大學附近的博士書店去問那裏的銷售情況，如果某本書賣了十本，就意味著這本書是暢銷書。（註一四）如今不用去讀報和逛博士書店，看金石堂文化廣場的資訊就足夠了，它首創全年最有影響力的十本書的暢銷書排行榜，另有不少高招，如新書品評會及作家與讀者見面發表演講等吸引眼球的活動。不走店鋪老路的「金石堂」，用開辦「汀州店」、「城中店」、「忠孝店」、「戰前店」這種連鎖書店方式，讓臺灣文化界進入暢銷書排行榜的新時代。

金石堂書店在汀洲路「東南亞戲院」附近成立，一時之間，似乎整個出版界一下子都醒了過來：「原來書店也可以開得這樣有頭有臉！」；「書店裏賣咖啡，這個點子眞好。」；「出版品爲什麼不能照定價賣？」；「這裏好亮，好像百貨公司哦！」出版商、讀者、中盤商，嘴裡雖不明說，但是每個人心裏都有同樣的感受：「一個出版界大展宏圖的機會來了。」（註一五）

金石文化廣場除開辦書店外，另有服飾和餐飲，還創辦《金石文化廣場月刊》，一九八八年五月開始改爲十六大開本的雜誌型《出版情報》，二〇〇三年改成二十五開本，自二〇〇七年十月起改成電子版。原先的《出版情報》公布每個月書店暢銷書名單。這種排行榜帶有輿論導向，不僅影響了出版社選書的方向，也成了某些讀者的購書指南，一些偷懶的評論家也用它來作文學評論的依據。根據鍾麗慧〈八年「年度排行榜」綜合分析〉，在八十年代，連續蟬聯暢銷的三本書爲由臺灣商務印書館出版的鹿橋小說《未央歌》、由爾雅出版社出版王鼎鈞的散文《開放的人生》、由聯經出版公司出版的蕭麗紅小說《千江有水千江月》。隱地說：「可見八十年代還是文學書的天下。」（註一六）此外，一九八三年，新學友書店在臺北敦化南路仁愛路圓環成立了另一家「書香園」的大型書店，所採取的也是複合式經營：除賣書外，還有咖啡廳、餐飲、演奏和畫廊，成爲一種公園式的書店，中產階級和雅痞族是這種書店的常客。據隱地介紹，新學友集團最高峰時南北共有二、三十家分店。也是一九八三年，何嘉仁國際文教集團成立，其書店用他的名字命名。這個最初靠英文補習班發家的何嘉仁書店，也搶搭了八十年代的書店革命潮，快速攻占全臺灣的圖書市場，成爲新型的集團書店，（註一七）使文學出版不再是向知識菁英靠攏，而是向大眾的閱讀口味看齊。

使用「文學類」與「非文學類」來區別圖書的商業化排行榜，在出版界引發爭論。當時有一本《新書月刊》，內含出版動態，也有短小的廣告式書評。該刊在選拔一九八四年十大出版新聞時，金石堂排行榜高票當選。這一當選，充分說明不限於圖書市場的消費工業正在形成。形成後，臺灣許多地方均出現了大、中型的連鎖書店，這是出版生態的一次革命。以金石堂文化廣場爲例，到一九九五年十二月爲止，全省已有五十一家分店，其營業面積每家約二百多坪，可陳列近四百種書，據當年的估計從一九九六年起，全省各店將可提供約二十五萬筆書籍資訊查詢（由此可見，書種可能被逐出書店的狀態）。每月現接受新書一千二百種，約占實際出版量的六、七成。其營業總收入約占全省書店通路總收入的百分之二十（註一八）。

比起七十年代，無論是雜誌社還是出版社或圖書出版量以及營業額，書店開張後均呈直線式上升。僅出版社總數而論，一九八三年就有二四二六家。這裏面有水分，眞正能正常運轉的不到半數。這些能正常出文學書的有「皇冠」、「時報」、「聯經」、「遠景」、「純文學」、「大地」、「爾雅」、「九歌」、「洪範」等有一定規模和資本的出版社。自八十年代以後的六年間，又出現「希代」、「林白」、「駿馬」、「圓神」、「新地」、「晨星」、「自立報系」等，陳銘磻稱文學市場走上了「戰國時代」，群雄是誰，（註一九）還得看日後各家表現。

作爲流金歲月的八十年代，出版界的變化各行各業都很關心。一九八八年初出的《金石堂文化廣場》月刊，有一篇文章〈出版人大家談〉，出席者有「爾雅」的隱地，皇冠出版社的平鑫濤，《民生報》前文教記者、大呂出版社發行人鍾麗慧，漢光文化公司的宋定西，希代書版公司的發行人朱寶龍，玉山社發行人魏淑貞，上旗出版社發行人陳照旗。陳照旗說：「出版市場也很熱鬧，但總體還說不上有何足堪驕傲的成績，就非文學類書籍來說，屬國人創作的作品實在少得可憐。」（註二〇）

股市像黃河缺堤那樣猛漲，市民玩大家樂近於瘋狂。朱定西說得透徹：「中國人深切瞭解文化輸入的重要……對於文化輸出則向來不太經心，我認爲臺灣還只是淮南的一片沃土，而出版業者多在扮演植橘爲枳的角色！這個趨勢如果不趕快扭轉，我們所有的文化部分都得在外國樹苗的茁壯過程中耗盡，而臺灣將呈現一片外國文化殖民地的色彩。」（註二一）這裏用「中國人」而沒有用「臺灣人」，說明當時還未完全進入本土化時代。對出版學研究深透的鍾麗慧，將一九八七年出版市場的走向概括爲兩點：漫畫書橫掃書市，造成蔡志忠每本都賣得奇好，其次是大夥都在趕錄音書的時髦。和蔡志忠列入暢銷書的榜首不完全相同，林清玄靠其清新而又玄妙的文字俘虜讀者。尤其經過圓神出版社曹又方的包裝，林清玄成爲錄音書暢銷排行榜的第一名。（註二二）

排行榜上的老面孔不少，尤其是八點檔的電視連續劇播完後又去出書，並且依仗擁有極高收視率的電視威力，使這些胡編亂造的通俗劇情的書一直雄踞排行榜首位，其中《清秀佳人》還造成轟動效應。據葉麗華說：「該書在國內至少可以找到三至四個中文譯本。而據瞭解，出版該書的出版社都還能賺上一筆爲數不小的利潤，此現象在那些有著出版進度，慢工出細活的出版社的心中，造成微妙的心態，既怕又羨，有著『道不同，不相爲謀』的感慨。」（註二三）由於不存在版權問題，許多出版社都爭搶這塊「肥肉」。要解決這個問題，官方與民間應聯手主導，策劃一系列有價值的圖書。在這方面，不妨參考大陸的出版政策，他們在出版管理的規劃下，已詳細列出未來多少年的出書計劃，而臺灣，正缺乏這種長遠性的規劃。

朱寶龍從另一角度道出了出版界受暢銷書排行榜影響的兩種現象：一是大家都爭相傳閱日本的推理一類的偵探小說，西村京太郎、赤川次郎一夜之間成了許多讀者的偶像。在通俗文學方面，渡邊淳一的《化身》引起書界的震動，得直木獎的山田凉美也在讀書界達到無人不曉的地步。此外，大陸文學大舉「入侵」臺灣，阿城的「三王」即「棋王．樹王．孩子王」、張賢亮的《男人的一半是女人》，都以其獨特的風姿俘虜了對岸的讀者。

朱寶龍還把眼光放在本地，認爲一九八七年以來不斷湧現的新作家，出生於六十年代，其經歷與前行代不同，其文風反映出八十年代的社會快速的變遷。

皇冠集團的發行人平鑫濤，被隱地稱為「出版界的經營之神，也是精算師，所以皇冠是出版界永遠的勝利者。他早期手上有畢珍、瓊瑤、三毛，後有於梨華、高陽、張愛玲，接著是出不完的《哈利波特》系列。」（註二四）但「老革命」碰到新問題後，他準備以新的姿態迎接排行榜時代的來臨。

魏淑貞對一九八七年出版界出現的這種欣欣向榮風景感到振奮，但出版社辦得過多，新書的內容常常雷同，這是否是排行榜帶來的惡果？

對於粗放地劃分書種，其科學性是否需要專家來評定？不然的話，就會誤導讀者對書類的選擇。但出版社管不了這麼多，他們不在圖書分類上打轉，如一九八二年創辦的「生活與經濟出版社」以《天下》雜誌作後盾，一時間竟成為「非文學類」書的佼佼者。面對這種形勢，隱地這回也「隱」不住了，他對這種現象感到既興奮又不安。出版社是否應適當地調整出版步伐？我們不能受排行榜的蠱惑，隨便製作書，否則臺灣會變成印刷品的世界！垃圾書的增多，會使每一位嚴肅的出版者痛心。隱地的應對辦法是奉行減法原則，減少編制，減少出書數量，但無論如何縮減，就是抵抗不了出版市場的快速消退。帶有水分的排行榜可以風光一時，但真正的出版人不會用電腦統計暢銷書排行榜，更不會按其標準出書，否則出版圖書世界豈不成了一花獨放的天下？

第四節　發起「文化登陸」運動

三十年來臺灣的經濟建設出現奇蹟，卻使八十年代以往藉以生存的優厚條件不再存在。生活水準雖比過去提高，但工資與別的國家或地區相比，落差還是比較大。受保護主義的影響，臺灣的出口工業受到諸多限制。大家都感到工業要發展，技術也要同時跟進。出版界的老手或新手，覺得不能再墨守成規，必須有所改革，因而由《愛書人》雜誌於一九八二年三月二十六日舉辦了發起「文化登陸」的座談會。出席者有遠流出版社的王榮文、大地出版社的張姚宜瑛，以及夏祖麗、子敏、陳達弘、林賢儒、陳遠建等人。

這次座談會的主題是出版界不能原地踏地，必須「登陸」，尤其是攀登新的高峰。具體來說，是呼籲政府必須重新認識出版業是一門新崛起的企業，不是一般的文化單位。爲使企業的成長有保障，必須尊重知識產權，肯定圖書出版對社會的貢獻。一個國家的國際地位的高低，離不開教育文化事業的發展，而出版工業，在教育文化中占有重要的地位。下面是隱地編的《出版社傳奇》中有關〈子敏等：出版界座談建議〉：

出版事業形態已改變，成爲新興的企業，希望政府給予三年或五年免稅支持，以扶植、輔助這個發展中的文化事業。也可使具有歷史的書店在蛻變爲企業文化中得到喘息的機會。

——智慧是無價之寶，應該尊重著作權的價值，並肯定出版工業的價值。除了強化出版法和著作權法之外，商標法也不可忽視。

——我國應考慮參加國家版權公約組織，以刺激我們的文化生產，減少依賴的心理，並贏得國際尊重，何況不參加所得到的好處非常有限。

——請有關單位合理的分配教科書的業務，或開放自由競爭。目前教科書的印刷、紙張品質低於一般正常出版品，而且圖片有盜印、剽竊之嫌。爲了下一代的用書，出版家願意不計報酬的貢獻力量。

——建議國民黨第十二屆全會討論，能否在《中央日報》開闢文化廣告，每天定期全版或半版，比照電影廣告收費，以利出版消息的傳播。

——建議社會和政府，鼓勵企業家開設連鎖性大書店，店面約三百坪，以容納現有的出版品數量。或投資裝訂廠，以提高裝訂書籍一貫作風的速度和品質。

——政府要爲海外僑胞多做文化服務，或建立銷售管道，讓出版家參與。當然參加的出版家必須以服務爲目標。——公家機關或學校的圖書館，採購圖書總要「比價三家」，要求估價單，其實同一本圖書的價格都一樣，徒增出版社困擾。

——會中，《腳印》一書的作者阿老，他曾就讀廈門大學，投奔自由七年了。他建議現階段空飄大陸的宣傳應該是文藝作品，尤其是描寫人性、愛情的作品，是大陸同胞最渴望閱讀的，好讓他們瞭解臺灣出版業是自由開放的。因爲中國大陸已經強調經濟學臺灣，我們應該著重「文化登陸」、「政治反攻」。

出版家們響應這項「文化登陸」運動，並將討論細節，決定一個好的辦法。（註二五）

上述阿老的發言未免帶書生氣。這場座談會諸公們發動的「運動」，太過高估計自己。會議後不久，臺灣作品進軍大陸的速度加快。這「進軍」不僅包括瓊瑤、三毛的作品，還有其他題材的小說、散文，但並未起到「政治反攻」的作用。再如九十年代，余光中改寫新文學史的實踐傳到了大陸，他認爲朱自清的散文、戴望舒的詩都算不上經典，有人驚呼這是「文學上的大反攻」，實際上這純是學術爭鳴，並沒有在政治上起到任何作用。至於有人要政府鼓勵建立連鎖書店一類的建議，新聞局出版處卻認為不能凡事依賴政府，從業者也應自力更生。即使不這樣認為，政府也不可能完全按民間的要求去做。就是做，也難於一步到位。故這次「文化登陸」運動，如果是指搶占大陸圖書市場，那屬商業競爭，與政治無關。但如果「登陸」是指島內，那有些出版家的要求雖合理，但政府不可能一一滿足他們。

據統計，在九十年代初，臺灣登記在案的出版社將近四千多家，但是真正運作的出版社大概只有八百多家。這八百家之外的出版社，有相當一部分從事盜版翻印的工作，如喜美出版社把日本的《中國之旅》照翻、照譯，這屬侵權行為。不過在客觀上，對臺灣掀起「中國熱」，還是起了作用。要不然，故鄉出版社、號角出版社就不會跟進。他們跟進時吸收了「喜美」的教訓，做了重新編輯。這裏要指出的是，「喜美」之所以敢於鋌而走險，與政府對盜印者處罰只是走過場而已有關。翻印是無本生意，故這種現象屢禁不絕，而使得臺灣當時有「海盜國家」的惡名。如果要發動「登陸」運動，首先要清除這種惡名，才比較符合實際。其次，八十年代中期開始風行內容和形式均輕、短、薄的「泡沫書」，在一定程度上敗壞了文化人的胃口。要「登陸」，就不能排斥十多萬字的「磚頭書」，因為厚一點才有分量。至於二十萬字以上的「大磚塊」，甚至五、六十萬字的「超級大磚塊」，也不能一接到這種稿件便退避三舍。（註二六）出版社要登陸既要本子薄、定價低的袋裝書，也不能排斥內容博大精深的「磚頭書」。

第五節　版稅車版稅屋的出現

臺灣的稿酬制度，不像大陸由官方公布統一標準。其制度的變更，與當時的政治環境、文化氛圍，形成一種互動的關係。在高喊反攻的年代，當局制定反共文藝政策，創辦了中華文藝獎金委員會。這個「文獎會」，資金雄厚，廖清秀於一九五二年獲得該獎會的長篇小說獎，獎金連同稿費共一一四〇〇元，而當時他的工資只有一二〇元。一九五五年，臺灣國民全年所得平均爲臺幣三二九六元，而文獎會徵獎長篇小說第一名的獎金和廖清秀差不多，即一二〇〇〇元，相當於四個老百姓全年的收入。作爲文獎會附屬物《文藝創作》雜誌，應徵的稿件，每千字新臺幣三十至五十元稿酬，在當時任何刊物都比不上它。該刊發表的作品還可出單行本，這單行本仿照書店抽出百分之五十版稅，這種出於戰鬥需要所定的高額版稅和稿費，是官方用「政治紅利」收買作家，要他們爲反共文學的生產努力工作。

這種「政治紅利」沉寂多年後，在八十年代又有所表現。不過，這「紅利」不是給本地作家，而是拉攏受批判的大陸文人。（註二七）一九八一年，坊間曾傳出上海作家沙葉新、《苦戀》劇本武漢原作者白樺等抗議臺灣水升公司盜版他們著作的消息，臺灣作出如下回應：根據沙葉新小說改編的電影早在《假如我是眞的》開拍前，就已提成劇本版權費二十萬元新臺幣，在銀行存放著。一九九二年，臺灣公開宣布將版權稅三十萬元提存在中華民國電影基金會，方便大陸作者隨時來取。兩岸通商通郵通航後，臺灣基金會將三十萬加上利息共新臺幣四十五萬，擬託編劇貢敏帶上海和武漢面交。

當時大陸作家的工資每月不足一百元人民幣，這四十五萬新臺幣當然不等於四十五萬人民幣，但對窮困的大陸文人來說，也是天文數字。可無論是白樺還是沙葉新，都是中共黨員，他們不可能也不敢去領這筆相當於「嗟來之食」的稿酬。

在臺灣，「政治紅利」畢竟不常見，更多出現的是約定俗成的稿酬。在八十年代初，最高的稿費是一字一元新臺幣，但能享受這種待遇的作家寥寥無幾，多半是一字四角到八角之間。稿酬明顯偏低，像

《中國時報》、《聯合報》號稱每天發行百萬份，稿費並未水漲船高，正如林文義所說：「一個作家每個月很少有可能寫四萬字（大約兩萬元，起碼的生活費，養家活口）以上的，而我們的財政單位還是堅決要課稅。不談日本（在日本，作家是排在前十名高所得的），談談韓國好了，韓國的稿費平均是每字三元（令臺灣作家羨慕不已了），而作品發表時，再由韓國文化振興院（猶如臺灣的「文建會」），給予相同數額的稿酬（等於每字六元），如果國內稿費提高，我相信作家們一定樂於課稅，而毫無半點怨言。」（註二八）

到了九十年代，兩岸文學交流蓬勃發展。錦繡出版社為了爭取到大陸學者的稿件，給《中國巨匠美術週刊》所訂的標準是一千字人民幣一百元，而大陸規定的標準是一千字人民幣二十至二十五元。這種比臺灣作者稿酬要高的競爭，與政治無關，而與商業行銷手段有關。

在臺灣，靠寫作為生的職業作家少之又少，但也有例外，如瓊瑤靠豐厚的稿酬或版稅致富。這種情況不僅存在於暢銷書作家，而且某些嚴肅作家也可「待價而沽」，如鹿橋聽說沈登恩要出他的小說《人子》時，故意誇張地說：「你竟然敢出我的書？我的稿費跟海明威一樣高。」其時鹿橋的稿費標準每字一元，《人子》十五萬字，出版社就得給他付十五萬元，而沈登恩主持的遠景出版社總投資不到三十萬元（註二九）。

出於競爭的需要，臺灣的稿酬制度不僅通俗文學與嚴肅文學有別，而且海內與海外的作家付酬標準也有差異。

一般說來，在五十至七十年代，外省作家靠稿費維生稍微多一些，而本省作家就不如他們，如完全可以稱為「文學大師」的葉石濤，一輩子寫了數千萬字，單行本也出了不少，可他逢人就說「沒有拿過什麼稿費。勞苦了一輩子，兩手空空。」其實，像他這樣的重量級作家，無論是雜誌社還是出版社，都會給他一定的稿酬，如與葉石濤有一定情誼的遠景出版社，於一九八一、一九八三、一九八五年陸續推出葉氏三本評論集和回憶錄，「遠景」老闆沈登恩給葉石濤的信中說《沒有土地，哪有文學》「稿費伍萬元（新臺幣）」。應該說「版稅」卻寫成「稿費」，這不是筆誤，「而是一段臺灣文學出版品的『辛酸史』。沈登恩的信告訴我們，那個年代文學人出書鮮少有出版合約，大概只有口頭約定。伍萬元在遠景是一次買斷版權的意思。」（註三〇）

「一個文人出版社存在的最大意義和價值，並不在於辦出版社的作家自己的書能一一印出來或進入暢銷書排行榜，而是應賦予一種高級的使命感：就是要使天下文人都能拿到應得的版稅進而以改善作家生活爲己任。」（註三一）這裏說的「版稅」，並不是新出現的文學報酬制度。這在一九五五年，「所得稅法」就將版稅納入個人所得之中。到一九六三年修訂條文時，才對版稅有較明確的規定。但這時說的「版稅」，並不是後來講的「版稅」，而是「稿酬」的另一種說法。只有到了七、八十年代，稿費和版稅才有明確的區分。

有位作家的書甚爲暢銷，據說可印到一百版。一般爲十版或十多版，也就算不錯了。作家有了按印數計算的新的收入，生活大爲改善，如彭歌在純文學出版社拿到豐厚的版稅後，便買了新房，戲稱這是「版稅屋」。大學老師看到文人可以寫作致富，也紛紛效仿，用教材的版稅買車，戲稱「版稅車」。版稅的計算方法是：「以書的定價（降價銷售時以實售價計）爲基準，定出支付比率即百分比（稱爲版稅率），再根據發行數量核算（即定價乘版稅率再乘發行量），但贈書份數應予扣除。（註三二）

臺灣的版稅率通常在合約上寫百分之十，這比大陸標準高，但這是假象，因臺版書從不在版權頁上寫印了多少冊，他們認爲這是「商業機密」。所謂「機密」，通常是忽悠作者的一種託詞，著作者根本不可能知道準確的印數，也就無法拿到實賣的冊數計算的版稅。對投稿者和文壇新人的版稅，有的出版社還會打折扣，甚至用不發報酬的辦法剝削著作者。對葉石濤這樣的名家，遠景出版社當然不會明目張膽扣他的酬金，故使用了「稿酬」替代「版稅」的含糊說法。

第六節　原住民文學出版的曉星

一九八〇年，陳銘民在臺中創辦了晨星出版社，老闆和員工都是他自己。陳銘民是通過售書逐步摸索到賣書、出書的訣竅。陳銘民覺得，「金石堂」、「誠品」、「何嘉仁」等著名連鎖店，無不採用銷後結帳的傳統方式，這不容易收回出版社的成本，於是他重提特殊通路行銷的可能性，也就是所謂「特殊主題行銷於特殊族群」。據石德華介紹，「晨星」用初起的「校園行銷」模式去套用不同族群，以電子EDM取代傳統DM的方法，由此可見到陳銘民因應問題的敏銳度。他腦中一隻聰明的小猴子從未消失過。這就是「晨星」生出子公司，還成立「知己圖書股份有限公司」的由來。

「晨星」不僅注意出版集團化的人力資源的整合，還在臺灣出版界扮演了原住民文化出版曉星即先驅的角色。在陳銘民那裏，有晨星文學館、夢公園、勁草叢書、臺灣歷史館、臺灣民俗藝術、臺灣民俗館、健康管理、臺灣生態館、一分錢管理、健康與飲食、投資管理。這種書系顧及廣大讀者的身與心，全方位圍繞著生活打轉。

原住民過去被漢人歧視，不是稱他們爲「高山族」、就是稱其爲「番仔」。他們有許多怨恨和哀歌，校園裏有時會請原住民作家來講述他們的哀歌和故事，電視上有專門頻道讓原住民找回自己的文字和文化，而晨星出版社也不甘落後，在創社第二年即創立了「原住民書系」。

給陳銘民灌輸知識的是向其講述原住民各種動人故事的吳錦發，陳銘民聽得入神，深受啓發，並請吳氏整理已發表過的作品，然後結集爲《悲情的山林》出版。這「悲情」，正是原住民文學的主旋律。另出版原住民已發表的散文，結集爲《願嫁山地郎》。至於創作豐富的田雅各和莫那能，則幫其出版單行本。

這位莫那能，眞能夠讓陳銘民終身難忘，因爲這位視力近乎失明的人竟能克服困難，寫出《美麗的稻穗》。陳銘民不但幫其出版，還給他買了一臺盲人點字機。文字充滿原始感覺的田雅各，陳銘民又幫其出版《最後的獵人》。「獵人」一詞，非常符合原住民的生活特性。

原住民作品讀者面窄，即使有讀者也是爲獵奇而來，《中國時報》、《聯合報》深知原住民文學建設的重要，只要「晨星」出版這方面的作品，他們就不惜篇幅報導，這既增添了原住民寫作的信息，也給晨星出版社打開了銷路。

沒有文字的原住民，靠口頭保存文化不可靠。要讓原住民文化流傳下去，出版他們的創作是一個重要環節。在出原住民的神話傳說時，對有母語能力的作家，陳銘民就幫其出版雙語版本，同時希望將原住民語言用羅馬拼音的方式記載下來。（註三三）

成爲原住民文化出版先驅的晨星出版社，還掀起大自然寫作的風潮。緊接著「原住民書系」的創設，他們又創立了「自然公園」書系，打頭陣的是江兒編的《森林書屋》。劉克襄的《消失中的亞熱帶》、洪素麗的《守望的魚》、王家祥的《自然禱告者》、陳玉峰的《人與自然的對決》也陸續出版。

此書系發掘出不少本土的自然寫作者，他們至今仍在記錄臺灣的珍貴與美麗。（註三四）

陳銘民的出版事業越做越大，一九九七年，陳銘民成立太雅生活館出版社，主要出版旅遊的題材，還有時尚、居家生活、飲食文化、寵物、生活技能等方面的書籍，這些書工具性很強，旅遊書的比例還占了全部圖書的百分之七十，不愧爲華文出版市場最大的旅遊叢書品牌。二〇〇一年，陳銘民再接再厲，又成立了好讀出版社。第一本書爲《伊索寓言的智慧》。從此以後，這家新出版社就朝知識系統通俗化的方向邁進，如今已成爲臺灣有知名度的知識入門書品牌之一。

第七節 《無花果》成了廢花果

一九八六年三月十四日，臺灣軍方負責人宋長志宣布查禁《被出賣的臺灣》、《苦悶的臺灣》、《蔣家治臺秘史》、《無花果》等四本書。查禁《無花果》的理由是：「本書嚴重歪曲事實，挑撥民族情感，散播分離意識，攻訐醜化政府，居心叵測，依法查禁在案」。前兩本書確是宣揚臺獨的，而《無花果》情況比較複雜。圍繞《無花果》被查禁，「祖國派」與「臺灣派」聯合奮起辯護，但辯護理由南轅北轍。

《無花果》不是小說，而是自傳，也可視作一篇誠實且懇切的隨筆，它對讀懂吳濁流著名小說《亞細亞的孤兒》有很大幫助。正如林海音所說：吳濁流不是一個麻木的「亞細亞的孤兒」，而是「一個鐵和血鑄成的男兒」。他寫自己的心聲，「也等於寫在日本竊據下臺灣人的心聲」。（註三五）像《無花果》用主要篇幅表現日本軍國主義統治下知識分子的家族根源及其苦悶的後半生，作品沉痛地控訴日本侵略者在政治、經濟、文化及人格上對臺灣人的壓迫和侮辱，對知識分子所造成的嚴重精神傷害。結尾部分寫作者於戰爭末期在絕望中帶著憧憬，到祖國大陸尋求新出路而後返回臺灣的心路歷程。

用新聞紀實方式報導臺灣民眾熱烈歡迎接收大員歡騰景象的《無花果》，也如實地寫出了國民政府在收復臺灣後政治、道德和紀律上的種種腐化現象，以及臺灣人民對國民黨的失望，這正爲「二・二八事件」埋下了禍根。國民黨要將《無花果》變成廢花果，正在於吳濁流用他那枝無情的筆，對戰後政局和社會面貌的無情解剖，以及寫出了臺灣人民對當局的絕望和悲憤。

「祖國派」的胡秋原所主編的《中華雜誌》，提倡中國民族主義，主張民族的團結與和諧，消除民族內部的隔閡與矛盾。站在公正的立場，探討歷史眞相，也是該刊努力的目標。本著這樣的原則，《中華雜誌》刊出「祖國派」核心人物王曉波爲吳濁流辯誣的文章。王氏認爲：《無花果》第一二五頁以前所述與臺灣當局無關，後面作者則以新聞記者身份記述了日本投降後，臺灣人民「興高采烈而至得意忘形」的情景；此外，書中還有臺灣正式光復場面的歷史鏡頭，這都充分說明吳濁流是具有強烈愛國情懷的作家。正因爲愛國，吳濁流對臺灣省最高長官陳儀財經政策的失敗，處理臺籍日軍問題的不成功；以及行政人員辦事不力；本省外省人薪水的差別，以至物價上漲，所有這一切均是導致二・二八事件發生的原因。

「祖國派」的王曉波認爲，吳濁流對陳儀的暴政有批評，對國軍這批良莠不齊、作風惡劣的官僚，其所注目的金子、房子、女子、車子、面子的「五子」現象，是痛心疾首，無法容忍的。在《無花果》中，作者還提到「二・二八事件」的產生原因，吳濁流所表達的部分接收大員無能及發國難財，導致臺灣人民對祖國由期望而失望，由失望而怨憤，愈積愈深，終至爆發。這種看法，一些官員也說過，連白崇禧也譴責過陳儀措施欠妥，皆應懲罰。

儘管吳濁流對國民黨暴政不滿，但在《無花果》的結論中仍對臺灣前途抱樂觀態度。他對當局的批評出於善意，是恨鐵不成鋼，他沒有「挑撥民族情感」，更沒有「散布分離意識」，因而王曉波以一個愛國知識分子的身份，呼籲當局爲了臺灣社會內部的民族團結，也爲了政府和臺胞的和諧相處，「解禁《無花果》，平反吳濁流！」（註三六）

臺灣不僅查禁島內作家的書，也查禁大陸作家的作品，如楊牧一九八五年一月出版了自己編選的《周作人文選》，爲此書楊牧兩次出入「警總」。查禁的理由是周作人在大陸，屬「附匪作家」，何況他還是漢奸。同樣編選此書的陳信元，書出後其住處對面不時有人站崗盯哨，還被抄家。

第八節 《蔣經國傳》作者魂歸江南

一九八四年十月十五日，原名劉宜良的江南忙碌了一天後，吃過晚飯開車回到位於舊金山漁人碼頭他自己經營的一家小禮品店，然後將車像往常一樣停在車庫裏。他萬萬沒有想到，車庫有埋伏，那兩個穿黑衣的人向他開黑槍。送醫院途中來不及搶救，就魂歸天堂了。

由於江南持有綠卡，係名正言順的美國公民，故獲得美國聯邦調查局用第一時間啓動偵聽系統調查案情，到同年十一月底即告破案。臺灣派來的特務刺殺江南的眞相曝光後，美國與臺灣關係迅速惡化。鑒於此案殺人動機無可置疑，臺灣當局不得不承認該案的發生有不可推脫的責任。

此案儘管撲朔迷離，背後的操縱者也一直不肯露眞容，但紙包不住火，據傳讓江南斷送性命的導火線就是他寫的《蔣經國傳》以及正在著手翻譯自己寫的《吳國楨傳》。最讓蔣經國無法容忍的是，江南曾收了錢答應刪掉《蔣經國傳》後三版中抹黑蔣經國的言論，但刪改後仍有多處記述國民黨內部派系鬥爭，被當局認爲有揭蔣家隱私之嫌，視爲侮蔑「元首」的言論。而《吳國楨傳》中對國民黨獨裁統治大加揭露與批判，並有涉及蔣介石和宋美齡等國民黨高層的軼事與醜聞，對蔣家在臺灣的統治也有極大的負面作用。因此，很多人都認爲因爲這兩本書，讓江南惹來殺身之禍，其實劉宜良被殺原因是情報局知悉了江南利用其臺灣情報局幹部的身份，在做「雙重間諜」（註三七），以至少十萬美元的價格在向大陸出賣情報，

一旦媒體披露此案經過，臺灣當局的「國際」形象受到嚴重損害。這個「政府」既然跑到海外來殺死一個「背叛」其組織的外國公民，這不僅引發臺灣而且在香港乃至整個華人世界的不滿和批判。這批判，可用「地震」二字來形容。尤其是從臺灣移民過來的老百姓，有點惶惶不可終日。

蔣經國是江南的老師，江南曾在蔣經國主持的「國防部」政治幹部訓練班受訓，是政工幹校第一期的學生，所以算是蔣門弟子。至於江南開的所謂禮品店，是爲掩蓋他做情報工作而設，這工作發展爲以搜集人稱臺灣最大的特務頭子蔣經國的材料。後來他整理成書，於一九八三年在美國加州《論壇報》上連載《蔣經國傳》。此傳從蔣經國的童年寫到晚年，裏面有不少內幕新聞和蔣家黑幕，比如蔣經國在江西南部工作時，有一個不公開的「小三」叫章亞若，育有兩個私生子，其中一個是後來準備當他接班人的章（蔣）孝武。《蔣經國傳》出版後，江南又用英文寫國民黨另一失勢人物、原臺北市長吳國楨的傳記，同樣有許多訪問傳主得來的絕密資料。

不管人們如何評說，江南是一位敢於揭露蔣家黑幕的英雄。這就難怪過了二十多年後，劉宜良眞正

魂歸江南：一個寫有「中國黃山龍裔公墓」的高大牌樓帶領遊客進入另外一個世界。這裏有「劉宜良江南先生之墓」，和用白色石頭刻成的江南半身雕像。這裏寄託了兩岸乃至整個華人世界對江南的無盡懷念。這位「不幸之災終臨其身」的文人（註三八），其貢獻在於斷了蔣家的香火。暗殺事件本是蔣家政權崩解的前奏，它直接斷送了熟練地從控制情報到鏟除對手的章孝武的政治生命。從此之後，他遠離了臺灣的權力中心，結束了「蔣家二代的獨裁專制統治」（註三九），讓臺灣邁向民主政治，蔣經國臨終前就曾哀嘆：臺灣今後不會再有蔣家的人接班了。這「蔣家的人」，就是指在此案件中被疑爲越洋殺人的幕後黑手、掛名爲「中國廣播公司總經理」、接班態勢甚爲明顯的章孝武。

第九節　澆滅龍應台的「野火」

一九八四年十一月二十日，龍應台一夜之間紅遍全臺灣。原因是她在發行量很大的《中國時報》發表了〈中國人，你爲什麼不生氣？〉（註四〇）。

一炮走紅的龍應台，《中國時報》於一九八五年三月還專門給她開了「野火集」專欄。在這個光亮度極大的專欄中，龍應台用的不是一般的生花妙筆，而是一把鋒利的解剖刀，用「入木三分罵亦精」的潑辣文風，寫下〈生了梅毒的母親〉、〈幼稚園大學〉、〈容忍我的火把〉一篇篇擲地有聲的抨擊時弊的雜文，其內容主要是呼籲公民的道德勇氣以及環境污染的公害問題、教育體制的缺陷、自由人權與民主體制的議題，最有衝擊力的是對威權政府專制統治的不滿和抨擊。在當年政治壓抑、人們普遍感到鬱悶的臺灣，龍應台的雜文給他們舒了一大口氣，其轟動效應有如野火燎原。如果說八十年代的臺灣是一個「悶」著的瓦斯烤箱，那〈中國人，你爲什麼不生氣〉「就像一根無芯的火柴」（註四一）。《野火集》出單行本後，受到社會各界的熱烈追捧，僅二十一天就再版二十四次。四個月後，也印到將近五十版。大陸緊緊跟上出了眾多簡體字本，其影響遍及整個華語世界，至今不衰。這不僅在臺灣出版史上，而且也在兩岸三地文化史上創造了奇蹟。如果說五十年代有《自由中國》，六十年代有《文星》，七十年代有《大學雜誌》，那八十年代就有《野火集》。這充分說明自由主義在臺灣，並沒有因爲禁書導致文化界噤若寒蟬。

龍應台之所以成爲文化名人，是因爲《野火集》抓住了那個時代「變法」的潛伏精神，因而引起官方的恐慌，首先是軍方報紙《青年日報》發難。他們在負責「安全」的政戰單位暗示下，化密告爲控訴，並直接形諸文字：〈請澆滅火把吧——龍應台大作感言〉（註四二）。另一篇批判文章則無意中透露了抨擊龍應台的動機。後來還有〈「火把」與「火災」〉（註四三），對龍應台展開更爲猛烈的攻擊。其實龍應台並沒有「龍膽」直接去攻擊體制，她討論和批判的是環境、治安、教育種種社會問題。當然在那種極權體制下，凡是不弱智的人都會聯想到：所有社會問題——如有人在半夜被麻袋罩住沉下大海、失業和失蹤的人不計其數，這一切都來源於政治。這是沒有外國護照的龍應台不能寫出當然也不必寫出的。

軍方是這場大批判運動的主力軍。他們所辦的《國魂》轉載批龍文章的同時，同屬軍方系統的《臺灣日報》在同年十二月十三日開闢「春雨集」專欄，以集束手榴彈的方式批判龍應台。此外，新聞和漫畫也出來參戰，惡狠狠地攻擊所謂「喪心病狂」的龍應台，暗示官方應該出面查禁龍應台的作品。龍應台之所以被加上「喪心病狂」的帽子，是因爲她發表了矛頭直指控制言論自由的〈歐威爾的臺灣？〉，另有直呈行政機構弊端的〈「對立」又如何〉。爲此，《中國時報》很快收到農林廳長余玉賢的抗議信。〈啊！紅色！〉，也引起軒然大波，不但報社收到不少恐嚇電話，國防部政治作戰部也下公文禁止軍中閱讀《野火集》和《中國時報》。龍應台本人則受到政戰部主任許歷農的約談。這些官方人士的溫和警告，並沒有阻止「野火」的焚燒，龍應台又接二連三寫了〈臺灣是誰的家？〉火藥味甚濃的文章。

不過，實事求是地說，龍應台是只打蒼蠅不打老虎的文人。當時被暗殺的江南尸骨未寒，做過國民黨高官、曾爲蔣介石一九四九年從廣州逃離臺灣在機場做保鏢的龍父，爲其女點燃的野火觸怒國民黨心中異常不安，老是做噩夢。其實，做噩夢是多餘的，因爲龍應台深知：如打「老虎」，她就會像李敖那樣被關進大牢或像江南那樣被特務「做掉」。不再天眞爛漫的龍應台，「已發現這個烤箱不是單純的洩氣，它有根本的結構問題」（註四四），於是她從〈難局〉一文開始策略性的寫作。

第十節　黨外與本土出版的勃興

蔣介石的接班人蔣經國不同於其父的一個重要特點：奉行「吹臺青」政策，不再把眼光盯在以蔣家爲代表的外省人身上。乍看起來，這是退步，其實是以退爲進，爲的是團結所有力量，更好地鞏固蔣家政權。正是在國民黨的這種「讓步政策」下，一九八二年非國民黨人士提出「住民自決」的訴求，接著於一九八三年九月九日成立「黨外編輯作家聯誼會」。黨外活動如火如荼地開展，也離不開不同政見的雜誌的助威。一九八四年，又成立了黨外公政會。儘管官方仍有查扣黨外雜誌的行動，但歷史不可阻擋。正是在本土化蓬勃開展的形勢下，以出版臺灣政論兼文學作品的前衛出版社，於一九八二年九月在臺北成立。

當時成立出版社不僅需要勇氣，還需要資金，可這難不倒有「出版狂人」之稱的林文欽。何況當年只要有五十萬元臺幣就可登記，其中五萬元便可出一本不算薄的書。那時新成立的出版社多半是三、五個朋友湊足五十萬，只出三、五本書然後賭一把。不願賭的「前衛」的資金主要是林文欽在三民書局打工時賺的錢，外加朋友資助。當時集資了一百多萬，辦出版社綽綽有餘。據陳盈如介紹，「前衛」創設的第一批書籍分別是《一九八二臺灣詩選》、《一九八二臺灣散文選》以及陳冠學的《田園之秋》和蘇偉貞的《愛情人生》，這五本書於一九八三年出版。其中前三本書第一次名正言順冠上了「臺灣」二字，在此之前的文學選集，都是「某某年度短篇小說選」。這三本選集一出版，即遭到文壇保守人士的側目，（註四五）如陳火丞在一九八五年出版的《前進》第九十五期中，發表〈沒有土地哪有文學——臺灣一九八五的文學整風即將進入暴風圈〉。「文學整風」是大陸通用語言，臺灣很少用，由此可見此文的政治色彩。

所謂「整風」是爲查禁製造輿論。《島上愛與死》，由坐過牢的施明正所寫。由於他有「前科」，再加上「現行」，所以很快就被封殺。查禁此書的理由居然不是該書「不妥」的內容，而是宋澤萊寫的序，序中把臺灣比作巴士底監獄，官方認爲這是挑撥政府與人民的關係。臺獨大佬彭明敏的《自由的滋味》出版後，「警總」還未反應過來，等到這本書生了「雙胞胎」——重複授權之故，即李敖也出版了這本書，「警總」查禁「滋味」時便連帶了「前衛」出版的同名書。

爲了壯大勢力，林文欽和美國的「臺灣出版社」合作出有敏感性的書，如吳濁流表現「二·二八」事件的《無花果》，還有藝術家謝里法和江文也的作品，出版後一、二年之內也被封殺。

出臺灣文學書，關係到如何定義臺灣文學？林文欽認爲，只要是認同臺灣這塊土地，描寫的是臺灣這個地方的故事，都可以視之爲臺灣本土作家。（註四六）以這種觀點，「前衛」出版日據時期成名的楊逵作品，也發表光復後勝出的吳濁流作品。「叢書」方面有「臺灣文史叢書」、「新兩性叢書」及「教授論壇叢書」，後來還出版了《陳芳明政論集》、《林濁水文集》，這正好和於一九九四年十月成立的「前衛」關係企業草根出版公司出的「臺灣文學研究系列」、「臺灣文學讀本」、「草根文學」、「私小說」以及黃娟作品相呼應。

隨著黨外勢力的強大，以出版臺灣書著稱的陳坤崙，於一九八〇年創辦了春暉出版社。這個出版社除了出《文學臺灣》雜誌外，還出了一套收六十六位詩人的《臺灣詩人選集》，展示光復後至二十一世紀初臺灣新詩多元而豐富的面貌。每本詩人選集，包括詩人影像、小傳、詩選、解說、寫作生平簡歷表、閱讀進階指引及已出版詩集要目。「春暉」還出版個人文集如《李魁賢文集》。此外，一九九七年玉山社和幾米開始合作出版繪本。出版市場不大的臺灣，幾米的畫冊後來竟銷售了十多萬冊。二〇一三年，玉山社又推出劉克襄的《裡臺灣》，呈現了寶島百年流光、小鎮地景的美麗。還有另成立於一九八三年的前進出版社，前後出版了林正杰的《臺灣併發症》、《前進之聲》等多種著作。由許振江於一九八九年創立的派色出版社，也在高雄面世。一九八九年另有台原出版社和稻香出版社成立。這些出版社出的本土書，完全符合執政者的要求，可爲官者不重視文學出版，未給他們相應的資助，使其在艱難的條件下苦撐著，北部有的書店則將其和臺獨劃上等號，把整本書丟在門口不願銷售。（註四七）

第十一節 「聯合」各派的文學出版社

一九八四年十一月，堪稱臺灣文壇最大型的純文學雜誌《聯合文學》在臺北創刊。一般的雜誌是文學社團主辦，可這個刊物由報業集團即《聯合報》系創辦，說明它不像《現代文學》或早期的《中外文學》是同人刊物，它不把表達編者的文學主張放在首位，而十分注重受眾口味的變化，把握社會變遷的軌跡。

當《聯合文學》站穩腳跟，成了全臺灣最引人矚目的純文學刊物後，他們又於一九八七年創辦了聯合文學出版社，發行人仍爲張寶琴。這家出版社成立以來，在創作方面出了不少優秀作品，如一九九二～一九九七年，爲梅新出版《家鄉的女人》、《履歷表》。這兩部作品詩意爐火純青，引發顏元叔、余光中等人的關注，後來該社又出版了洛夫的長詩《漂木》、陳雪的小說《惡魔的女兒》、張大春的小說《沒人寫信給上校》。文壇流星林燿德生前也在「聯文社」出版有《高砂百合》、《鋼鐵蝴蝶》、《大東區》。對日據時期的作品，該社也注意從文學史角度出版《呂赫若小說全集》。

本土派看到前新聞出版局局長邵玉銘在那裏出版《文學、政治、知識分子》及其參編的《四十年來的中國文學》，便認爲聯合文學出版社的立場是傾向「藍色」出版社，這是戴著有色眼睛看人。該社既然有「聯合」二字，故出版外省作家作品的同時，同時也「聯合」本土派，出版他們的作品，如「揮戈北上」的彭瑞金出版了《文學評論百問》，履彊則出了創作集《兒女們》、《春風有情》。「聯文社」既注重創作和文學史料整理，也「聯合」海外作家，如出版了五十年代的「現代派」首領紀弦的回憶錄三大冊。海外作家夏志清則出版有《夏志清文學評論集》，潘雨桐也有《昨夜星辰》。

聯合文學出版社以「聯合」爲旗幟，使其作者陣容強大，當今著名作家在該社出書的有王禎和、陳映眞、陳芳明、馬森、張大春、駱以軍、平路、袁瓊瓊、蘇偉貞、邱妙津、張啓疆、黃秋芳、鄭明娳、東年、楊照、龍應台、藍博洲、梅新、張國立、王文興、施叔青、李黎、龔鵬程、袁哲生，原住民作者則有孫大川、夏曼·藍波安等。重視「聯合」大陸的作者則有沈從文、汪曾棋、陳思和、蘇曉康、莫言。這個名單充分說明聯合文學出版社不分派別、不分地域出版好書。

聯合文學出版社設有「當代觀典系列」、「羅智成作品集」、「朱天心作品集」，最引人矚目的是「高行健作品集」，計有《靈山》、《一個人的聖經》等。

二〇一三年，聯合文學出版社改制爲「聯合文學出版社股份有限公司」，這是多元文化經營的良好開始。

第十二節　臺北市文化地標的出現

書店是一座城市的燈塔，城市因書店而有生氣，它有看不見的光芒，照耀著人們的心靈，照亮著人們前進的方向。沒有書店，就沒有文明。書店在每個市民中，在文化人心中，都是度過黑暗的燈光，指引開拓新路的舵手，驅趕寂寞的妙藥。

臺灣出版業有八到九成集中在臺北市。在這個出版社林立的臺北，引起人們神聖的、親切的、溫馨的、有永恆記憶的，是創立於一九八九年三月的誠品書店。這家書店的創立，迎合了全民閱讀，走向文明的必由之路的需求。它的功能是閱讀，其存在的價值是爲建立書香社會、文明社會而努力。

書店不僅依附圖書的銷售而存在，而且依附閱讀而生存。讓閱讀成爲人們不可缺少的生活方式，最大限度地發揮書店的閱讀功能和產業屬性，是誠品書店也是所有實體書店和網上書店的使命。

傳統觀念認爲，賣書是書店的天職，可「誠品」的創辦人吳清友認爲，書店固然離不開賣書，但同時還要提供一個良好的閱讀環境。吳清友雖是學理工出身，但對人文學科有濃厚的興趣。八十年代末，他帶著新臺幣二百五十萬元到倫敦購買名畫，可在採購時卻因爲他是臺灣人，被店主瞧不起，店主認爲很有錢的臺灣人，對藝術完全是外行。受了這種刺激，吳清友抱著對人文藝術的嚮往與熱愛，在臺北市仁愛路、敦化南路園環開設了第一家誠品書店，「誠」代表著經營者的誠信，「品」是指所售圖書均不是大路貨，而是有高雅的品質。它的出現，讓文化人乃至老百姓驚艷，更「巧」的是書店位於臺北市的黃金地段，不少進商場不入書店的人，也抱著好奇的態度進去參觀，極大地提升了臺北的文化氛圍。

在「誠品」成立之前，有著名的金石堂書店。它以連鎖店的面孔出現，改變了過去售書的單一模式。「誠品」與它不同，其特色是在空間設計上顯得寬闊，書店看起來不太像書店；再結合畫廊與餐廳，遠看似一種高雅的閱讀場所。典雅的裝飾設計，配上靜謐的書香瀰漫的環境，這是別的書店難以比肩的。正如一位作家所說：

> 這個書店比迪廳酒吧更吸引人，是「書店界中的麥加」，它小資得不行：人文感、設計感、知性、品位、優雅、文化、質感、創意、藝術……進書店的人都可以沾點這種小資的仙氣，讓自己看上去不那麼土——「看，我可是去過誠品的人喲」。凡是進書店的人好像都有默契，把自己裝

扮成文化人士。難怪江湖中總流傳誠品有很多一邊小口啜杯卡布奇諾，一邊專注地翻著書的美女或帥哥，那樣有氣質的美女或帥哥簡直就是走出書來的顏如玉，令人無法抵抗。很多人去誠品，是爲了看美女，或者是讓帥哥看自己。這種燈光美、氣氛佳的地方，有一種可怕的魔力：老闆用神秘的空間手法，驅使你拿起面前的書，然後不由自主地走向收銀臺。

一九九五年，誠品書店搬到附近的敦化南路，開始只有八十多坪，主要以賣藝術類圖書爲主，其中以從歐美進口的叢書居多。「關照世界，落實本土」，是其售書的基本信條，另有「當代學術思潮」展臺。兩年後，誠品書店將地下一、二層及地上二層均作爲展銷區，其中地上二層設有古書區、文學區、文庫區、主題區、兒童繪本區等。爲提高書店的品味，還舉辦「誠品講堂」、「詩的星期五」活動、古書拍賣會。更値得肯定的是，於一九九九年在全球首創二十四小時不打烊的創新經營模式，這吸引了眾多少男少女。

吳清友選書不著重於包裝而看重於內容，凡是僞書、盜版書一本都不許出現在書店。同是連鎖店，不同縣市有不同特色，如一九八九年十一月「誠品」設立的中山店，賣的是設計、建築類圖書。稍後設立的誠品世貿店，是以經濟類書爲主。除賣書外，還開展梵高畫展、臺灣本土文化展等。據辛廣偉介紹，總店搬到新光大樓後，誠品又開始了它的新里程。六百坪的經營面積，十萬種各類書刊，據推算，每年能有三百萬顧客光臨，營業額可達二十億。除大城市外，吳清友又將目光轉到了鄉鎮，考慮在鄉鎮設店的問題。他的初步計劃是先考慮人口在十二萬以上的鄉鎮，再考慮人口在五萬以上的地方。他的遠期目標是到二〇〇七年設立超過一百家連鎖店。（註四八）總店「誠品」還辦有《誠品閱讀》、《好讀》。以上兩種停辦後，又於二〇一三年四月推出《提案》雜誌，供愛書者選書和閱讀時參考。

書雅、人雅、聽雅的「誠品」和「金石堂」，是一對孿生兄弟：在南區創店的「金石堂」，在東區發展的「誠品」，無不精緻強悍。這種極富魅力的書店，令重慶南路一條街的老式書店黯然失色，也令大陸的書店燈光總是暗暗的相形見絀。

「靜態的書店經營」與「多文化的藝文活動」，（註四九）是「誠品」的兩駕車。藝文活動方面，誠品總計舉辦過三千多場的演講和新書發表會，有利於奔向建立文明社會的前方。誠品以「誠」及「品」的人文內涵與獨特魅力，吸引不同年齡、不同職業的文化人聚集，成臺北市最重要的文化地標。

二〇〇四年十一月，誠品書店出版厚達九五〇頁，定價一八〇〇元的《誠品報告二〇〇三：新競爭年代的閱讀記事》，總經理吳清友在序中云：「書店經營如觀望江河入大海，源源不絕的好書及新書澎湃匯聚，每一本書的出版及累積，展現一個文化社會的整體氣象與關懷，集結著時代的氛圍與故事。可以說，在書冊與書冊的交會之中，閱讀行爲迭換興替的動態，是承載文明演進與當代心智的激蕩，是無限大時空的動態。」（註五〇）二〇〇五又出了一本《誠品報告二〇〇四：閱讀版圖的宏觀與微觀》，之後，大概不再有當年的派氣，連電子書也不編了。

除誠品書店外，還有於二〇〇五年二月十五日，由聯經出版公司與上海季風書園在臺北忠孝東路合作成立的「臺北上海書店」，出售五萬多冊大陸書，是規模最大的、書種最多的簡體字書店。

第十三節 大陸作品大舉搶攤臺灣

戒嚴期間，儘管臺灣當局嚴禁大陸文學作品在寶島傳播，其實大陸作品仍會通過各種管道登陸臺灣，這時的臺北市區，至少有七、八個地方可買到簡體字書。至於經官方批准的研究大陸機構和其他特藏單位，一直通過香港或東南亞採購大陸出版品。有些學術單位和個人也常通過親友或出差、旅遊的機會「偷」帶大陸書回臺。

書商發現盜印大陸書是無本萬利的生財之道後，便暗中複印或翻製，如當時還未成爲詩人的路寒袖，就曾翻印魯迅《野草》等作品，偷偷販售賺外快。後來官方對此管制鬆動，默許民間代理商進口簡體字讀物。一九九〇年，有一家書店竟然進口了幾千包總計上萬冊大陸書，不僅在讀書界引起轟動，還驚動了官方。新聞局爲防止書商牟取暴利，由此對收件人的數量作了苛刻的限制。

解嚴後的臺灣，大陸作品登陸誠然比過去阻力要小些，至少作家們書架上的大陸書，可以公開陳列，但仍有許多條條框框，使眾多作品還不能名正言順地出現在臺灣文壇。〈申請出版淪陷區出版品審查要點〉第三條規定，出版大陸作品「其內容以屬科技、藝術、史料文獻、反共言論及相關出版品爲限」。簡言之，就是內容不得宣傳馬列主義。經新聞局同意出版的作品，應重新整理編印，將簡體字改爲正體字出版。像當年出版莫言的「紅高粱家族」時，洪範書店還得在香港找律師公證送到新聞局駐香港辦事處查驗，再返回臺北來審查。如此反覆多次，最後還得將不適合臺灣意識形態的段落刪去，才能跟讀者見面。

在這種管制下，生怕不慎踩了地雷的報紙副刊，只好率先引進描寫大陸陰暗面的傷痕文學。從一九七九年五月下旬到一九八三年，傷痕文學成了臺灣文壇的熱門話題。最先引進的是《中國時報》「人間」副刊，僅一九八二年，臺灣將大陸文學作品結集成書的多達八本：《中央日報》出版的《傷痕文選》，葉洪生主編的《白樺的苦戀世界》，周野編注的《醉入花叢》、《苦戀》和《疙瘩媽告狀》，「幼獅」出版的《傷痕》、《人妖之間》、《苦戀》。除白樺的作品外，張賢亮的《男人一半是女人》和《靈與肉》、《邢老漢和狗的故事》，戴厚英的《人啊！人》，以及王蒙、高曉聲等人的作品，也很受歡迎。

如果說，臺灣介紹大陸的傷痕文學、朦朧詩均是從所謂「反抗」的意識形態著眼的話，那後來介紹大陸文學，則著重其藝術價值。隨著阿城《棋王》、《樹王》、《孩子王》的登場，另有大陸新生代小說家馬建、鄭萬隆、韓少功、殘雪、莫言等。緊跟隨傷痕文學，反思文學、尋根小說、現代派小說、知青小說、京味小說也多次出現在臺灣各種媒體上。這些飛越一百公里海峽和四十年政治隔絕的大陸文學，後來由莫言、蘇童、葉兆言、余華等人壟斷臺灣大陸小說市場。

大陸作品登陸臺灣，出版界開始是心有餘悸，生怕被新聞局重罰；然後是一湧而上，以捷足先登為快；最後是走向沉思和成熟，選擇有藝術價值的作品以套書的形式問世。據大陸文學研究專家陳信元的統計，自一九八四年至一九八八年上半年，已有七十多部作品在臺灣出版。其中加入這一行列的出版社不少於十家，有「希代」、「海風」、「谷風」……最可觀的是散文家郭楓經營的新地出版社，他策劃的「當代中國大陸作家叢刊」，計有「經典文學卷」十冊、「女作家作品卷」五冊、「少數民族文學卷」五冊。光復書局投巨資出版的「當代世界小說家讀本」，共介紹六十位世界作家，其中包括大陸地區作家魯迅、許地山、郁達夫、茅盾、老舍、沈從文、巴金、錢鍾書、劉賓雁、鍾阿城。另有柏楊主編、林白出版社出版的「中國大陸作家文學大系」。

大陸作品進軍臺灣，「打破了特權壟斷，戳穿了不少用別人的心血，在大學裏混了半生的教授們的『權威』，有的因而『砸破』了飯碗，有的抄襲，獲得學術獎，各種翻印書籍拆穿了學閥們知識詐欺的西洋鏡。因此，益發使人覺得知的權利與出版自由的重要。」（註五一）擴大臺灣學術界的視野，有助於改變臺灣文學的素質，可以讓臺灣作家和評論家思考臺灣文學問題時不局限於一隅，而能打開更開闊的空間，從大氣磅礡和宏大見識的大陸作品中補自己「輕、短、薄」之短。

交流時也存在不少問題，如重複刊登和出版。另方面，臺灣文壇本來就僧多粥少，現在大陸作家大舉「搶灘」，占了他們的地盤，這便引起不少臺灣作家的警覺。隨著政權輪替，大陸文學熱早已退燒。

第十四節　亂象叢生的出版生態

據行政院新聞局一九八一年六月的統計，全臺灣共有一一一三家出版社。出版社多了，便形成競爭。競爭只要是友好的而不是互相拆臺的，當然有利於出版業的發達興旺，可有的出版社不守規矩，以壓倒乃至打垮對方爲能事，便使出各種招數，發動大套書之戰，還搶譯、濫譯，以次品冒充優秀譯作，更使人瞠目結舌的是所謂五折書城。出版家鍾麗慧認爲，沒參加國際版權公約，現行的著作權法又無法徹底的保護著作物」（註五二），是造成這種亂象的原因。

關於五折書城，多得像百貨大樓門前擺的地攤。在夜市的「小發財」車上，五折書吸引了行人的眼球。其實，五折書大有文章。儘管賣五折書的全臺灣有一百五十多家，但裏面的精品不多，多半是出版社以一、二折批來的滯銷書，也就是被書店退還的「回頭書」。還有些是書店老闆盜印沒有版權的書。不用付版稅的有「四書五經」、《紅樓夢》等四大名著和譯著。甚至暢銷書一上市，就出現了印刷質量甚差的盜版書。這種現象從本島禍及島外，如洪範書店的精品書，在香港二樓書店被當地書店盜版甚多。這種書，讀者沒有撿到便宜，尤其是那些用來提高定價然後再打對折的書，在一定程度上矇騙了讀者。坊間出版的不少所謂林語堂著或遺著的書，多屬此類。這種現象愈演愈烈，是因為著作權法有漏洞，像林語堂的書，用英文寫成，譯成中文後便作譯書處理，而臺灣並未加入國際版權公約，故那些奸商盜印時便可肆無忌憚。

關於大套書，質量參差不齊。這數十冊一整套叢書，有時賣的是「概念」，即出版人還在構思本書，廣告就出現了，不明眞相的讀者便被「畫餅充饑」式的宣傳所蒙蔽。本來，大部頭書的廣告費差不多要五百萬元，可書商收到來的錢遠遠超過廣告費。一波又一波的廣告，少不了請專家披掛上陣推薦，這種效果也容易使購買者輕信出版商的承諾，以致買來便發現內容老舊，印刷質量又不過關，那就只好認自己倒霉了。

關於搶譯風潮，其招數層出不窮。鍾麗慧歸納為三種：翻譯本來應請名家，可名家出場費太貴，便讓學生幫忙，這就無法保證質量而是在追求翻譯速度。還有的出版社用口述翻譯取代慢工出細活的翻譯工作，以致譯筆拙劣不堪。另用徵聘翻譯人才的方式，布置翻譯任務。只要能按時翻譯，不管有無誤譯之處，便匆忙出書。

鍾麗慧告誡讀者，買翻譯著作一定要讀原作者序文或譯者序，以確定此譯書是否有錯誤。讀者能群起不再買劣書，出版社也就不敢粗製濫造了。

注釋

一 陳銘磻：〈四十年來臺灣的出版史略（下）〉，《文訊》一九八七年十二月號，頁二四三。

二 陳銘磻：〈四十年來臺灣的出版史略（下）〉，《文訊》一九八七年十二月號，頁二四三。

三 李瑞騰：〈八〇年代的臺灣文學——以文學出版為中心的討論〉，《臺灣文學觀察雜誌》第一期（一九九〇年六月），頁二十八。本節吸收了他的研究成果。

四 李瑞騰：〈八〇年代的臺灣文學——以文學出版為中心的討論〉，《臺灣文學觀察雜誌》第一期（一九九〇年六月），頁二十九。

五 鄧維楨：〈政府在出版事業上能做什麼？〉，載游淑靜等著：《出版社傳奇》（臺北市：爾雅出版社，一九八一年七月），頁一八〇。

六 曾堃賢：〈近十年來臺灣圖書出版事業的觀察〉，《文訊》二〇〇二年九月，頁五十二。

七 羅小微：〈持續打造炫亮的榮光——時報出版公司的故事〉，《文訊》二〇〇七年九月，頁一一九。

八 羅小微：〈持續打造炫亮的榮光——時報出版公司的故事〉，《文訊》二〇〇七年九月，頁一一七。

九 陳學祈：〈那些年，我們都買的大套書——「臺灣出版史料調查與研究系列講座」座談記錄〉，《文訊》二〇二一年一月，頁四十四。

一〇　羅小微：〈持續打造炫亮的榮光——時報出版公司的故事〉，《文訊》二〇〇七年九月，頁一一七。
一一　陳銘磻：〈四十年來臺灣的出版史略（下）〉，《文訊》一九八七年十二月號，頁二四三～二四四。
一二　游淑靜等著：《出版社傳奇》（臺北市：爾雅出版社，一九八一年七月），頁九。
一三　林衡哲：《林衡哲八〇回憶集》（臺北市：遠景出版事業公司，二〇二〇年二月），頁九十九。
一四　傅月庵：〈到林先生家做客的年代及其他〉，載隱地《一棟獨立的臺灣房屋及其他》（臺北市：爾雅出版社，二〇一二年），頁一八三。
一五　國　民：〈金石堂，向四十家連鎖店目標邁進〉，《出版界》一九九四年春季號，頁四十三。
一六　隱　地：《回到八十年代》（臺北市：爾雅出版社，二〇一七年），頁二十九。
一七　隱　地：《回到八十年代》（臺北市：爾雅出版社，二〇一七年），頁二十九。
一八　吳繼文：〈片面之言：一九八九年文學出版現象管窺〉，《〈出版情報〉七周年紀念特刊》一九九〇年二月，頁六十八。
一九　陳銘磻：〈四十年來臺灣的出版史略（下）〉，《文訊》一九八七年一二月號，頁二十四。
二〇　隱　地：《回到八十年代》（臺北市：爾雅出版社，二〇一七年），頁三十四～三十五。
二一　隱　地：《回到八十年代》（臺北市：爾雅出版社，二〇一七年），頁三十四～三十五。

二二　隱　地：《回到八十年代》（臺北市：爾雅出版社，二〇一七年），頁三十五。
二三　葉麗華：〈圖書出版事業的現狀與檢討〉，《文訊》一九九三年三月號，頁二十。
二四　隱　地：《回到八十年代》（臺北市：爾雅出版社，二〇一七年），頁三十五。
二五　游淑靜等著：《出版社傳奇》（臺北市：爾雅出版社，一九八一年七月），頁二一一—二一三。
二六　孟　樊：《臺灣出版文化讀本》（臺北市：唐山出版社，一九九七年一月），頁二十三。
二七　黃建業主編：《跨世紀臺灣電影實錄（一八九八～二〇〇〇）》（中）（新北市：國家電影資料館，二〇〇五年），頁八五五、八七六。
二八　林文義：〈談稿費徵稅〉，《文訊》一九八三年十月，頁二十。
二九　陳逸華：〈用行動擔起文學的命運——遠景出版公司《諾貝爾文學獎全集》及其他〉，《文訊》二〇一五年四月號，頁六十九。
三〇　李敏勇：〈關於葉老的稿費〉，《文訊》二〇二〇年五月，頁四十一。
三一　隱　地：《大人走了，小孩老了》（臺北市：爾雅出版社，二〇一九年），頁一二三。
三二　孟　樊：《臺灣出版文化讀本》（臺北市：唐山出版社，一九九七年一月），頁一四二。
三三　石德華：〈天未晞，曉星點點：晨星出版公司〉，《文訊》二〇〇八年六月。本文吸取了他的研究成果。
三四　石德華：〈天未晞，曉星點點：晨星出版公司〉，《文訊》二〇〇八年六月。
三五　林海音：〈鐵和血和淚鑄成的吳濁流〉，《臺灣文藝》第五六期（一九七七年十月）。

三六　王曉波：〈文學不是「拍馬屁」〉，《中華雜誌》一九八六年四月。

三七　另一種說法是「三重間諜」，江南還爲美國情報局工作。

三八　陳若曦：《堅持・無悔》（臺北市，九歌出版社，二〇〇八年），頁二八七。

三九　陳若曦：《堅持・無悔》（臺北市，九歌出版社，二〇〇八年），頁二八七。

四〇　龍應台：〈中國人，你爲什麼不生氣？〉，《中國時報》，一九八四年十一月二十日。

四一　龍應台：〈八〇年代這樣走過〉，載楊澤主編：《狂飆八十》（臺北市：時報文化出版公司，一九九九年十一月）。

四二　余懷璘：〈請澆滅火把吧——龍應台大作感言〉，《青年日報》，一九八五年十一月一九日。

四三　李正寰：〈「火把」與「火災」〉，《青年日報》，一九八五年十二月十二日。

四四　龍應台：〈八十年代這樣走過〉，載楊澤主編：《狂飆八十》（臺北市：時報文化出版公司，一九九九年十一月）。

四五　陳盈如：〈前衛出版社之研究〉（臺北市：臺北教育大學人文藝術學院臺灣文化研究所碩士論文，二〇一二年六月自印），頁三十七。

四六　陳盈如：〈前衛出版社之研究〉（臺北市：臺北教育大學人文藝術學院臺灣文化研究所碩士論文，二〇一二年六月自印），頁三十七。

四七　陳盈如：〈前衛出版社之研究〉（臺北市：臺北教育大學人文藝術學院臺灣文化研究所碩士論文，二〇一二年六月自印），頁五十三。

四八　辛廣偉：《臺灣出版史》（石家莊市：河北教育出版社，二〇〇一年五月），頁三六九。本文吸取了他的研究成果。

四九　陸妍君：《臺灣書店地圖》（臺北市：晨星出版社，二〇〇四年）。

五〇　隱　地：《遺忘與備忘》（臺北市：爾雅出版社，二〇〇九年），頁一九五。

五一　呂正惠：〈大陸翻譯事業與臺灣文學眼界〉，《中國時報》，一九九一年十二月十五日。

五二　鍾麗慧：〈正視出版界怪現象〉，《民生報》，一九八一年四月二十三日。本節吸收了她的研究成果。

第七章　九十年代的臺灣文學出版（一）

第一節　通過著作權法修正案

以往的著作權法尚未採取「註冊主義」，英、美地區出版品必須在臺出版才得註冊，因此敦煌書局和國外出版社合作的方式是由國外出版社授權「敦煌」合法印製臺灣版（只限臺灣地區銷售），敦煌書局只需付版稅百分之十左右。不但定價不會太高，還可防止盜印，雙方可互蒙其利。然而一九八六年，臺灣著作權法改採「創作主義」，國外書籍也可逕自在臺申請註冊，這使國外書商不願意再授權而欲直接進口，以獲取更好利潤。此時「敦煌」又再度面臨一場嚴重的打擊，當時書架上有三分之一的書都不得再賣，只好全部銷毀，損失很大。（註一）面對這一重大變化，臺灣採取了積極應對方法。其著作權法經過一九八五、一九九〇、一九九二年三度修改，其中一九九二年五月二十日在立法院通過了修正案，並於同年六月十二日實行。這部新的著作權法，對著作權的保護已向國際靠攏。爲此，蕭雄淋從法學角度對兩岸著作權法的同異之處作了比較，並在適用問題上提出自己的看法。陳信元則從出版角度提出幾個與出版業切身利益有關的著作權問題，包括法定轉讓，合同轉讓，後者又涵蓋終審權、付費方式、署名方式、定金或預付款、出書時間、違約條款、樣書多少等細節。

據九十年代初的統計，翻譯書占臺灣新書總數的百分之四十。這裏存在著搶譯、亂譯外國作品問題。爲此，著作權法第一百十二條規定：「本法修正施行前，翻譯受修正施行前本法保護之外國人著作，如未經著作權人同意者，於本法修正施行後，除合於第四十四條至六十五條規定（按：均為著作財產權之限制條款）者外，不得再重製。前項翻譯之重製物，於本法修正施行滿二年後，不得再行銷售。」

這一規定，標誌著「自由使用」時代的終結和「付費享有」時代的到來。

為了普及新修訂的著作權保護法，《出版界》雜誌從三十五期起連載蕭雄淋的〈新著作權法入門「之一」〉，由下列十部分組成：一、什麼是著作權？二、什麼是著作人格權？著作人格權可分成三種：公開發表權、姓名表示權及同一性保持權。三、什麼是公開發表權？四、著作人的公開發表權，有什麼例外規定？依著作權法第十五條第二項規定：「有下列情形之一者，推定著作人同意公開發表其著作」，也就是有下列四種情形之一者，原則上可以公開發表著作人的著作，而不侵害著作人的公開發表權。」五、什麼是姓名表示權？能否進一步說明？這裏說的姓名表示權，就是著作人於著作之原件或其重製物上或於著作公開發表時，有表示其姓名、別名或不具名之權利。」六、著作人的姓名表示權有什麼例外規定？七、什麼是同一性保持權？八、著作人的同一性保持權，有什麼例外規定？九、著作人死亡後，著作人的著作人格權是否仍予保護？如何保護？十、利用人能不能與著作人約定著作人之著作人格權「不行使」？新著作權法關於著作人歿後的規定，耐人尋味：A出版社出版毛澤東的詩集，為了怕掛名作者毛澤東會被查禁，乃寫作者佚名，此為侵害了毛澤東的姓名表示權。B出版社出版《金瓶梅》一書，為了促銷起見，B出版社申請在該書中穿插一些煽情文字。此時，B出版社及甲都侵害了《金瓶梅》原作者的同一性保持權。

新著作權法實施後引起出版變革，正如有論者指出的：以翻譯書著稱的出版社，不再被中介宰制，以培養本土作家爲主，這可以給本土作家更多的機會。在緩衝期內，出版社大多能適應新法規，這對重新整頓出版市場秩序有幫助。當然，在「六一二」清倉大拍賣的情勢下，短期內會造成圖書市場的混亂；新著作權法的嚴格要求，又有可能使出版經營出版成本增加，使利潤結構重新洗牌，這透露出高書價時代的來臨。

從長遠來看，新著作權法有利於提高圖書的出版品質，書籍的選擇與出版數量必然會向嚴謹靠攏，原先的無計劃狀態會改爲十分注重計劃性。爲了維持龐大的出書量和高額的利潤率，無論是經營方針還是策略，均會與時俱進加以改進。

第二節 「六一二」大限的來臨

當年如驚濤駭浪而來的是「未經授權的翻譯出版物，到一九九四年六月十二日，禁止再出版銷售！」

新著作權法於一九九二年六月十一日公布。依新著作權法第一一七條規定：「本法自公布日施行。」中央法規標準法第十三條規定：「法規明定自公布或發布日施行者，自公布或發布之日起算自第三日起發生效力。」司法院大法官會議釋字第一六一號解釋謂：「中央法規標準法第十三條所定法規生效日期之起算，應將法規公布或發布之當日算入。」其解釋理由書謂：「按法規明定至公布或發布日施行者，自公布日或發布之日起算第三日起發生效力，中央法規標準法第十三條定有明文，其所謂『自公布或發布日起算至第三日』之文義，係將法規公布或發布之當日算入至第三日起發生效力，此項生效日期之計算，既爲中央法規標準法所明定，自不適用民法第一二〇條第二項之規定。」依此解釋，新著作權法在一九九二年六月十二日生效。

依據一九八五年舊著作法權第十三條第二項規定：「翻譯本國人之著作，應取得原著之著作權人同意。」第十七條第一項規定：「外國人之著作合於左列各款之一者，得依本法申請著作權註冊：一、於中華民國境內首次發行者。二、依條約或本國法令、慣例，中華民國人之著作得在該國享受同等權利者。」第二項規定：「前項註冊之著作權，著作權人享有本法所定之權利。但不包括專創性音樂、科技或工程設計圖形或美術著作專輯以外之翻譯。」

在舊著作權法時期，本國人著作有翻譯權，外國人著作無翻譯權，翻譯外國人著作，原則上無需得到原著作權人的同意。但是依據新著作權法第四條規定：「外國人之著作合於左列情形之一者，得得依本法享有著作權。但條約或協定另有約定，經立法院議決通過者，從其約定。一、於中華民國管轄區域內首次發行，或中華民國管轄區域外首次發行後三十日內在中華民國管轄區域內發行者。但以該外國人之本國，對中華民國人之著作，在相同之情形下，亦予保護且經查證屬實者爲限。二、依條約、協定或其本國法令、慣例，中華民國人之著作得在該國享有著作權者。」

外國人著作權的保護，其待遇與本國人完全相同。新著作權法第二十八條規定：「著作人專有將其著作改作成衍生著作或編輯成編輯著作之權利。」其中，所謂的「改作」，據蕭雄淋解釋：係指以翻譯、編曲、改寫、拍攝影片或其他方法就著作另爲創作。所以在新著作權法外國人著作享有翻譯權，翻譯受保護的外國人著作，應得到原著作人同意，否則依著作權法第九十二條規定，「應處三年以下有期徒刑，或併科新臺幣七十五萬元以下罰金。」因此，新著作權法生效後，就不能再隨意翻譯受保護之外國人著作。

在過去已經完成翻譯的著作，如何處理？依新著作權法第一一二條規定：「本法修正施行前，翻譯受修正施行前本法保護之外國人著作，如未經其著作權人同意者，於本法修正施行後，除合於第四十四條至第六十五條規定者外，不得再重製。」「前項翻譯之重製物，本法修正施行滿二年後，不得再行銷售。」因此，在舊法時期已經翻譯的外國書，在新法生效後，不能再印，但可以再賣兩年，這是新著作權法的翻譯權過渡條款。從一九九二年六月十二日新法生效日後兩年是一九九四年六月十二日，所以一九九四年六月十二日稱為「翻譯書大限日」，又有人稱為「六一二翻譯書大限」。蕭雄淋引用完新著作權法有關規定後，進一步論述了翻譯權的過渡條款論爭的經過。不過，六一二大限僅限於對公眾的散布行為。在六月十二日以後，圖書館如果不將翻譯書供公眾閱覽，而僅單純像博物館保存古物般的保存翻譯書，是被允許的，出版社也可以將翻譯存書分送給親戚、朋友、同學。一般私人更可以收藏翻譯書，甚至私下借給朋友。（註二）

蕭雄淋最後說：任何法律問題的解釋，都有核心地帶和邊緣地帶。一九九二年六月十二日以後再重製舊法時期未授權的翻譯書，確定是有罪的，這是核心地帶。但一九九二年六月十一日以前已經翻譯的作品，一旦賣到一九九四年六月十二日以後，是否違反著作權法第八十七條第二款規定？依著作權法第九十三條第三款規定，今處二年以下有期徒刑，得並科新臺幣十萬元以下罰金，卻是見仁見智，在一九九四年六月十二日以後恐怕各法院短期間內也會有不同見解出現。這對國內正規出版社而言，是一項痛苦的問題，誰也不願以身試法。尤其臺灣圖書館是否須「清倉」，更是關係全島文化的保存問題。

第三節　召開兩岸三地出版研討會

兩岸出版合作交流研討會於一九九二年九月四日在北京京倫飯店召開，主持人爲臺北出版人訪問團團長曾繁潛、大陸中國圖書進出口總公司總經理陳爲江。原預定兩岸出席業者共爲四十人（另香港代表三人），因出席者眾，達八十餘人。會議主題爲臺灣出版業未來發展與臺、港、大陸中文出版業的整合方向。

臺灣英文雜誌社有限公司執行副總經理林訓民爲引言人。綜合許多有識人士的看法，林訓民認爲兩岸出版合作交流應朝以下的方向：著作權法、出版資源、行銷與市場、文字使用、對外爭取授權中文版的整合。另外，兩岸出版資訊欠缺，雙方業者做事心態、經驗也不同，使得業者孤軍作戰，好像在打游擊戰而且存著盲點：臺灣占便宜的心理、大陸期待臺灣付更高的版稅，雙方應借著交流達成共識。另一位引言人爲業強出版社總編輯陳信元，其發言主題爲「兩岸著作權法的探討。」陸又雄認爲，「兩岸出版交流應有更寬廣的道路。」

大陸的國際合作出版促進會會長許力以報告：一九九〇年，大陸共出版圖書九萬種，除去再版和修訂版外，眞正的新書約五萬八千種，當年全世界出版新書八十萬種，大陸出版新書占全世界的百分之六～七，但大陸人口占全世界人口的五分之一，由此可見，大陸圖書出版業有待開拓之處仍多。

根據臺北出版人訪問團團長曾繁潛的書面報告，一九九〇年臺灣圖書出版共出新書一萬六千種，達到有史以來的最高峰。臺灣人口只及大陸人口的六十分之一，由此也可見大陸圖書出版業有待努力之處，相信臺灣出版業可對大陸助一臂之力。

另一場「兩岸出版業合作發行的現況與存在問題的探討」，於一九九二年十一月十三日在臺大校友聯誼社召開。主辦者爲臺北市出版商業同業工會，主持人爲遠流出版公司王榮文。討論的內容有：一、兩岸圖書發行制度的比較研究；二、兩岸出版業者合作出版的現況；三、兩岸出版投資注意事項及應循途徑；四、研討未來兩岸出版業者合作的方向；五、兩岸出版交流存在問題的探討及未來展望：著作權的不同所衍生的問題、大陸加入國際版權公約後，兩岸如何加強出版合作、大陸圖書進口的問題；六、對政府的兩岸出版交流政策建議；七、其他。

在會上，許鍾榮認爲：大陸方面認爲出版是意識形態，而我們認爲出版是文化產業，是商業的一種，彼此在認知上有差距。個人認爲合資可能會有幾個問題發生。大陸有錢的出版社並不多，很容易拿他們的不動產高估來和我們合資。而未來人事也是一個問題點，基本上整批都要用大陸的人，因此必須加以培訓。剛剛龔處長已經給了我們正面的回答，對我們是個鼓勵。「錦繡」在合作上也越過了幾個階段，第一階段是拿他們的出版物到臺灣行銷，如《中國大百科》、《中國美術全集》、《中國美術分類全集》，目前已越過這個階段，現在則用雙方的互補性，比如大陸人工比較便宜、又具事業性，而且時間固定等優點。目前「錦繡」的合作重點在「錦繡」出合作選題，動用他們的人力，給他們資金，但是其中有一個問題沒有突破，本來我們執意著作權由「錦繡」持有，但是都無法突破。中共執意臺灣著作權歸「錦繡」，大陸著作權歸大陸，海外著作權則歸雙方共享。雖然是委託出版，由於案子太大，「新聞出版署」也參予了，更加無法獲取專有著作權。爲了出版物的順利出版，「錦繡」也就只有認了。（註三）

這兩場研討會有益兩岸三地的出版交流合作，可後來因政治形勢的變化，這種座談會已成絕響。

第四節　臺港陸合作出版的經驗

一九九二年香港舉辦第三屆國際書展，臺灣新聞局委託一九七九年創辦的人類文化事業有限公司總經理桂台華負責辦理。這位「臺北出版人訪問團」團長，率領三十多人到香港作文化交流活動。事後，他在一九九二年冬季號的《出版界》發表了〈淺談臺、港、大陸合作出版經驗〉。他認為，兩岸三地合作出版，可以擴大華文出版的市場，更重要的是可以發揚與延續中華文化傳統，是實現中國統一的重要手段。

（一）臺灣方面

桂台華認為，從發展趨勢來說，臺、港、陸有不同的情勢。

一、中、大型出版公司有條件主動向外擴展市場，亦更需要向外尋求新形態的稿源。二、小型出版社在臺灣稿源取得不易及編輯力量較弱，需向外購買版權，才能提高出版速度，擠近市場。三、市場太競爭，必須向海外擴展市場。四、本地好的稿源難尋，而大陸的稿源多且價格低廉。五、本身的出版品精良，有條件向外賣版。六、合作成功者的影響及現階段風氣的帶動，影響同業人心。七、參加國際性書展機會增多，也提高了合作的機會。

（二）香港方面

一、市場空間的狹窄，而要向外開放市場。二、發行管道的束縛，亦必須向海外推銷。三、本地稿源不足，須向外邁進，且自製編輯工作成本太高，部分書應從外買版權才對。四、大型出版集團公司的出版條件成熟，其優良出版品有極大的機會向外推銷，相對亦需加入更多的優良出版品，在香港本地市場發行。五、潛在性市場被開發出來，導引了新投資者的進入，他們更需要向外購入稿源，以求快速躋身市場。六、港人懂得經商，深知在小市場中如何運用少量資金及寶貴時間來運作業務，所以，必然會主動尋找合作的有利機會。

（三）大陸方面

1 主動因素

一、上級政策——對海外影響賺取外匯。二、盈餘較高——純淨的利潤率超過百分之十，不合國家規定，可以投資做高檔的外向性書籍。三、自我意識——本身擁有豐富文化資源及人才，因而有意與外界合作向外賣出版品。

2 被動性因素

一、臺、港同業的積極接觸（買版、約稿、合作出版）。二、受大陸同行及海外同業交易的煽動。

三、版權費的設立與加入國際版權公約需遵守著作權。四、地方性書展及版權交易會的引導，而有機會買賣版權。

桂台華再論「合作出版」情況：

廣義的說，凡爲兩個獨立的個體，在出版業務上有各種形式的合作均爲「合作出版」。在進行合作出版之前，要先認清自己的情形，並明確自己的經營方針，再找尋適當的合作對象，避免目前三地出版界均有的通病——盲目的賣版，衝動的買版。

合作出版一般有下列六種：（一）版權買賣（買賣斷或版稅型式）。（二）買成品及地區經銷權。（三）合作編輯在單一市場出版。（四）合資並合作編輯在多區域市場出版發行。（五）合作向外國買版權及影片各自出版。（六）聘請出版顧問，做企劃工作並指導編輯。

應選何種方式較適當：（一）要看類別而定，如一般社會書用第一種方式才行。而美術、藝術、地理風光、兒童等彩色書用任何方式均可。工具書用第一、三、四、五種方法比較好。（二）能深入瞭解三地市場特性，才能選出最好的合作方式。

三地出版合作文化交流，看似簡單，實則困難重重，但由於未來中國的統一，必須是在文化認同下統一，現階段促進出版合作的文化交流，是對世界各地的中國人均有利益，且對未來中國的統一與發展扮演了一個中流砥柱的重要角色。（註五）

在九十年代，臺灣的主體性、獨立性還未顯現出來。當時的三地合作出版出於「文化統一中國」的信念。到了新世紀，高喊「中國統一」者極少，故這種百年難得的一大機遇即三地合作的可能性，也就越來越小了。

第五節　閩臺合作出版座談會召開

一九九三年二月二日，閩臺合作出版座談會在廈門大學舉行。主持人爲福建省出版工作者協會副主席楊加清，以及臺北市出版商業同業公會福建訪問團團長、英語雜誌社有限公司執行副總經理林訓民。

廈門大學出版社社長陳天擇首先介紹了該社的基本情況，鷺江出版社社長游斌則談到該社已有八種書在臺發行。林訓民介紹了臺灣出版社出書情況及其種類、產值方面等信息，

臺灣環宇出版社發行人陳達弘說：廈門有經濟特區的條件，爲何不與臺灣緊密攜手合作？尤其距離這麼近。我有幾個構想，本著中國人的智慧共享的理念，人才交流互訪、兩岸輪流舉辦出版研習營，請專家學者對出版工作者給予專業知識訓練，雙方人才從這里互動、彼此深入瞭解。其次，如何吸引臺灣中小企業來此投資，也是一個方法。

臺灣全華科技圖書公司總經理陳本源說：臺灣的大學教科書市場小，稿費不高、版稅不多，而且要出版像美國那麼精良的教科書很困難，所以大部分的學校都使用原文書。大陸教科書內容不錯，但製作與行銷較差。所以我建議利用大陸專家學者的智慧、臺灣製作水準與行銷版權經驗來出版好書，尤其是科技類圖書，以三種字體——繁簡體字與英文發行。如果這樣做，大陸學者收入可以增加很多。在臺發行後，可授權大陸出版社發行，對大陸出版社絕無影響，該賺的還是賺了。原來的版稅給作者，現在給臺灣，但臺灣出版社可以付給大陸作者很多版稅與稿費。也就是說，大陸作者可以有三種收入，在臺灣、大陸發行與譯成外文的版稅。

臺灣漢藝色研文化公司總經理林蔚穎說：福建與臺灣有血濃於水的淵源，臺灣有許多民俗文化，相信福建應有更多，我很願意貢獻一部分心力在這方面。

廈門大學教授楊國楨說：兩岸如何統一留給政治家解決，我們文化界應大力作出促進交流的工作。由於兩岸分離四十年，交流時應本著求同存異和先易後難兩個原則。

臺灣中央圖書出版社發行人林在高說：臺灣經濟與出版界的體質與大陸不同，臺灣出版界競爭激烈，百分之八十靠自己打拚，必須不斷求新求變才能生存。臺灣圖書圖文並茂就是求新求變的結果，僅以傳統方式經驗是沒有辦法的。大陸出版形態也與臺灣不同，要先徵訂再出版，結果許多好書不見了，因爲再版的機會不多。

臺灣新學友書局發行人廖蘇西姿，非常希望臺灣書店開到廈門去。

林訓民說：最近一、二年，臺灣天下出版公司出版了《發現臺灣》一書，銷路很好，看了這本書，臺灣社會大眾因而瞭解我們的祖先是怎麼到臺灣的。臺灣的根源是閩南，以後我們可能重新發現閩南，因而有《發現福建》等書，這是很好的出版合作機會。另外，閩南語研究近來在臺灣很盛行，兩岸也可以合作出版這類書。建議臺北出版商業同業公會成立大陸工作小組，全力推展兩岸出版合作事宜。希望閩臺出版界的合作能在閩臺一、二年內看到具體成果。

楊加清最後說：兩岸合資興辦印刷廠，只要雙方認爲可行就沒有問題，合作出版某一項目也沒有問題，經營書店可以試試看，但成立出版社目前時機尚未成熟。我同意兩岸先易後難的說法，兩岸逐漸發展。（註五）

這次座談會是在「閩臺一家親」的認知下召開的。可惜後來政治局勢倒轉，「目前時機尚未成熟」

的「目前」無限期延長，這種合作機會也就形同泡影。

第六節 〈出版法〉正式廢止

曾規範臺灣近七十年的〈出版法〉，終於在文化界人士的強烈反對下，於一九九九年一月十二日正式廢除。這是臺灣文化界長期爭取新聞自由、出版自由努力奮鬥的結果，這象徵著臺灣社會朝民主化、自由化邁進新的臺階。

〈出版法〉產生於一九三〇年十月十六日，先後經過五次修訂，最後一次修正是一九七三年，到出版法正式進入歷史已有二十五年時間。不少條款早已過時，如第一條對「出版品」的定義就不符合今天的許多電子產品，至於其他必須配合戒嚴法、著作權法等的規定，可這些規定早已修正或廢除。顯而易見，原有的〈出版法〉已無法適應資訊時代所出現的新問題，如不修正就跟不上當前的形勢。還有和〈出版法〉大同小異一九五一年七月頒布的〈臺灣省各縣市違禁書刊檢查小組組織及檢查工作補充規定〉第六條云：

六　查禁書刊歌曲目錄由本部會同有關機構核定後頒發，在目錄未頒發前，暫依下列原則辦理：

（一）共匪及已附匪作家著作及翻譯一律查禁。

（二）內容左傾爲匪宣傳者一律查禁。

（三）內容欠妥未經查禁有案而一時不能決定者，予以調閱審查，如應查禁者，報部核辦。

（四）凡日文書刊未經核准進口黏貼准售者一律查禁。

像這些條款，留下當年的政治訴求。所謂「爲共匪宣傳者」，「共匪」在兩岸文學交流的背景下，已大搖大擺進入臺灣，其出版品也常在臺北街頭出現，即使禁也屢禁不絕。與其睜一隻眼、閉一隻眼，不如公開承認「共匪」出版品的合法性，故廢止這類條例，是大快人心之事，是順應時代潮流的表現。

臺灣社會不再封閉，島內出版社在不斷革新，不斷尋找新的出版資源，不斷擴大版權合作範圍，以圖成立亞太媒體中心，促成主管部門不能再教條僵化地看待新的出版物。還在一九九八年五月一日，主管出版的新聞局邀請出版界、新聞界人士討論「出版法部分修正草案」。在多次產官學界磋商會談後，行政院新聞局下屬的出版處檢討出「整部法四十六條條文，居然有四十幾條都要修改」的結論，預示在一九九八年八月由新聞局長程建人宣布即將廢止的信念，並得到行政院最高長官蕭萬長的首肯。行政院審查會於同年九月十五日，由政務委員趙守博召集相關部會審查出版法廢止案，在大的原則上沒有提出異議。據吳鴻玉介紹，行政院院會於九月二十四日正式宣布通過「出版法廢止案」，並提給立法院審議。立法院於一九九九年一月十二日，三讀通過此案，〈出版法〉從此成爲歷史文件。

當然，〈出版法〉及其附屬文件也有積極內容，如第四章〈出版之獎勵及保障〉，其中第二十四條云：在邊疆海外或貧瘠地區發行出版品對當地社會有重大貢獻者，印行重要學術專門著作或邊疆海外及職業學習教科書者，給予獎勵或補助。但第三十三條規定的觸犯或煽動他人內亂罪、外犯罪者給予懲罰，這裏講的內亂罪和外犯罪解釋起來會有分歧，執行起來會有困難，弄不好容易傷害那些思想敏銳、領導新潮的人士。

〈出版法〉所具的功能主要是登記、處分、獎勵。第一個功能出自〈出版法〉第二章及第三章對出版品發行的規定，目的在於搜集出版信息及限制出版社的成立條件。在出版環境由緊張走向寬鬆的情況下，尤其是一九九七年九月剔除對發行人的資格限制後，這條規定已形同虛設。如在一九九五年，金楓出版社就出版了陳慶浩主編的世界各地描寫性的文學作品「世界性文學名著大系」，同年底又有別的出版社出版有呈現火辣辣男女肉搏遊戲場面的「黑蕾絲系列」。至於處分功能，係依據〈出版法〉第五章刊登事項的限制而來。然而隨著威嚴政治的解體，主宰老百姓生死大權的最高領導人的去世，這些行政處分如在今天執行便會鬧出笑話。吳鴻玉又介紹說：

其中「罰鍰」並無強制執行條款，無法執行；「定期停止發行」及「撤登記」自戒嚴以來鮮少執行；僅餘「扣押」方式尚在執行。〈出版法〉的處罰功能除了窒礙難行外，更有〈出版法〉與刑法雙重處分的情形產生。相較於登記和處罰功能，〈出版法〉的獎助功能在〈出版法〉廢除後對於出版業界有較實質的影響，原〈出版法〉對出版品的郵資優惠及對新聞紙雜誌和教科書免徵營業稅兩項保障，在廢法的過渡期新聞局與相關部會協商決轉借其他法和規範，並重訂辦法繼續辦理。此外出版獎項的舉辦及國際書展的輔導業務在行政院組織條例未變更前，仍由新聞局掌管。至於出版的獎助政策則轉移到國家文藝基金會或其他文教機構辦理。有關出版登記部分將交國家圖書館另訂圖書館法，新書必經申請國際標準書碼ISBN及交國家圖書館保存。（註六）

〈出版法〉廢止後，出版界束縛少了，但不等於進入無政府狀況，還有別的條例約束他們。如一九九五年上半年茉莉出版社從日本引進《完全自殺手冊》及姐妹篇《完全復仇手冊》，引起年輕人的效仿，據說不少自殺者均學習了《完全自殺手冊》而自毀人生。至於後一本書，問題更加嚴重，它涉及的不是個人而是一個群體，有教唆他人犯罪的嫌疑，被檢察官以妨害秩序罪提起公訴，最後出版商被判刑五個月，緩刑三年。（註七）由此可見，出版倫理建立的必要性。出版商不能抹著良心做「資本主義商人」，而應做負起社會責任的「知識的文化人」。

第七節　出版業是「夕陽工業」？

臺灣在快速變化，如政治上，經過黨外勢力的發動，老資格的中央民代全部下崗，所謂萬年國會也已壽終正寢。最大的反對派民進黨，在臺北組織了非常壯觀的遊行，其主題是要求最高領導人由全民決定直選。〈刑法〉第一百條修正過關，不再有思想犯及其附屬的叛亂罪。由於李登輝違背蔣經國「一個中國」的政策，中國國民黨的「中國」二字遭支解，從此這個百年老黨大分裂，派生出新黨、親民黨。實現總統直選後，李登輝登上大位，連戰作爲他的副手無所作爲。爲了削弱宋楚瑜的勢力，並爲「中華民國」獨立掃清障礙，臺灣從此不再有「臺灣省」。陌上桑一九九〇年在前衛出版社出版的《臺灣抓狂》，反映出立法院打群架等眾多亂象，讓自己扮演了使人討厭的烏鴉角色。

政治改革影響到經濟。由於體制上不像以前那樣僵化，故老百姓生活大有改善，全民健保開辦後，廣大民眾得到了實惠，伴隨著的是亞洲金融風暴來了。

隨著社會從一元走向多元和報禁的解除，尤其是全臺灣文化工作會議的召開，出版業不再定位爲

「製造業」，而和報紙、雜誌一起定位爲「社會服務業」。爲做好服務工作，媒體不再呈封閉型。科技革命興起，電子媒體慢慢的在蠶食紙媒。隱地隱隱感到有一件怪事：小小的臺灣島，在九十年代卻崇拜著「巨大」的美國：但美式「巨無霸」狂風吹得臺灣的許多中小企業歪歪倒倒。在文學上，則呈逆方向發展。以純文學爲主的出版社陷入困境，這時的讀者不再青睞長篇巨製，而喜歡輕、短、薄的作品。文學雜誌面臨市場陷入困境，而財經雜誌卻大行其道，《傳記文學》也比《聯合文學》吃香。

兩岸交流蓬勃開展後，從大陸來的圖書，一九八五年到一九九〇年占百分之十，其中有大陸背景的嚴歌苓、虹影，還有以描寫冒險家樂園著稱的陳丹燕，以及上海學者余秋雨的文化大散文，深受臺灣讀者的歡迎。蔡文甫主持的九歌出版社這時由一家擴充爲三家，由此成爲中、大型出版集團。無論是「集團」還是一般的出版社，在國外參加書展時均盡可能爭取占一席之地，譯作取得授權均會付版稅。增加大型書店的同時，新型的書刊流通中心也在逐一創辦。這種新氣象使出版業成長壯大，但具體情況不見得都是如此。受電子媒體的衝擊，以至「五小」中的「四小」即「大地」、「純文學」、「洪範」、「爾雅」卻在出版和發行上像夕陽西下走向低谷。隱地說：過去發售出去的新書，從五千到一萬本，從一萬本到五萬本，無論小說、散文、詩都各有喜愛的讀者，但這股文學潮流到了八十年代末開始出現變化，「像一個向下滑行的滾環，特別是每年持續出版的年度小說選，竟然自原先穩定的一萬五千本銷路，每年減少一千至一千五百冊，到了九十年代末只剩下三千冊的印量。」（註八）

到了八、九十年代，爲提高生活品質，許多人都走出家庭到世界各地旅遊。這股旅遊風，與一個使用男性化名字的黃明堅的鼓吹分不開。她並非北方的游俠，卻用了一個奇特的書名《新游牧族》。誰說文學出版物不能改變社會？正是這本書，使人們的人生觀發生質變，尤其是那些小妮子背著輕行囊就往天涯海角闖蕩，再加上三毛原先所倡導的「到異國去流浪」，臺北這整座國際大都市都被這二位女人喚醒了，都坐不住要往機場跑了。黃明堅後來又出版了連書名都很時髦的《單身貴族》，爲八十年代興起的女性寫作再添一把火。（註九）

戰時體制的崩盤，臺灣民主化次第展開，人權運動、環保運動、勞工運動在開展，本土的出版業由此受到滋潤。在「認識臺灣」的口號下，由臺灣筆會等單位主辦的本土十大好書出爐，計有葉石濤的《追憶文學歲月》、謝里法的《臺灣心靈探索》等。前衛出版社則創立了「臺灣文史叢書」、「教授論壇叢書」，一九九一年，出版了個人的政論集或文集後，又開始籌備「臺灣作家全集」。這裏說的「臺灣作家」，不包括白先勇等外省作家。「前衛」於一九九二年又推出「臺語精選文庫」。儘管這些叢書不屬軟文學、輕文學，但在本土文學界深受歡迎。

和前衛出版社的方向相反，一些出版社把向大陸尋求稿源當成主要方向，作家和出版家隨之到大陸參加會議，有的則探親和旅遊兼而有之。儘管書店方不斷新陳代謝，但無法改變夕陽西下的趨勢，如重慶南路的「臺灣書店」還有「正元」、「墊腳石」、「正文」、「開放書城」不是「開放」而是關門。另一方面「你唱罷我方登場」，專業化巨型書店紛紛創立。九歌文學書展、誠品書店、天下書店無不把自己的營業範圍向「天下」擴展，在大型超市乃至小型的便利商店，都有他們的零售點。在純文學圖書萎縮的同時，幽默小品和笑林廣記之類的淺薄文學在占領圖書市場，文學刊物走花俏、聳動、刺激路線，出版物也開始考慮書名的新、奇、怪。在歌星寫誘惑性的書充當作家的同時，純文學作家也不甘落後，帶著新書上電視「打書」。所謂「打書」，是從唱片公司「打歌」、電影公司「打片」學來的，這得靠報紙、電臺、電視和出版業相配合，一齊上陣爲新書做廣告。（註一〇）

在一九九〇年九月《臺灣文學觀察雜誌》製作的〈今年上半年臺灣文壇現象觀察〉中，孟樊認爲「暢銷書排行榜上，『文學獎』中所謂純文學的作家氣勢愈來愈差，被圍在該類的一些實用的、勵志的消遣性的書籍則日漸走俏，使得所謂的『純文學』在文學類中所占的比例愈來愈少。『文學』一詞本身的定義可能須重寫。」（註一一）徐望雲認爲《新地》文學三度復刊，文壇多了一股清流。對《太平洋》、《世界論壇報》副刊停刊，他感嘆：「文學副刊既然已是『夕陽工業』，我常覺得文學雖不是文化全部，或只是一部分，但文學卻是文化的溫度計，而文學的沒落，差不多也就暗示了文化的衰尙。」（註一二）這「夕陽」而不是「朝陽」，與政府只重視經濟建設的指導思想有關。孫運璿曾任行政院長，後轉入總統府資政部門。他檢討執政期間抓經濟的同時沒有讓文化建設跟上來。孫運璿的繼任者並沒有吸取這種教訓，雖然口頭上不敢否認文化的重要性，可他們是「語言的巨人，行動的矮子」，在撥列文化經費時少得可憐，不免讓文化人普遍感到圖書出版業是弱勢團體，且是弱勢團體中的弱勢。葉麗華說得好：「政府對出版事業不夠重視，可由新聞局出版處所編列的預算中看出。根據新聞局資料，出版處八十一年度的預算總額爲一億四千一百餘萬元，而該處將其預算中用於出版事業之輔導與獎助只有五千萬元，而這五千萬元中，約有五成三（也就是二千六百餘萬元）是用來輔導出版業者籌辦參加國際書展。以五千多萬元的預算即想囊括所有輔導與獎助出版事業的工作，實在不是一件容易的事。」臺北市新聞處第一科科長劉錦興無奈地表示，「市新聞處原本還列有獎助及輔導出版業者的預算，不過在前幾年已被市議會刪除，所以該處對業者的輔助實在有限。」（註一三）這就導致早先大型出版公司實行的預付稿酬制度消失不見，出版社的人文關懷已被商人性格所擠兌。這擠兌，引發了另一個使人深思的問題，圖書出版業不僅在政府部門屬一個可有可無的單位，「民意代表亦不重視這門行業所代表的意義，無怪乎牛頓雜誌及出版社的總經理劉君祖感嘆，圖書出版業是個『邊緣產業』了。」（註一四）這「邊緣產業」也就是「夕陽產業」。這「夕陽產業」，讓人聯想到早期的每一家出版社都有自己的宣傳小報，造成書訊滿天飛。後來書訊幾乎看不到了，從報紙文化廣告的消失到出版社文宣費的省略，不難看出文化出版事業的江河日下。（註一五）要改變江河日下這類狀況，離不開政府撥款，可這不現實。在這種情況下，出版社不妨自救，像「希代」那樣出版一套非比尋常的文學叢書。自救時也不妨看「天時」。九十年代的「天時」是經濟在下滑，臺海危機一觸即發，政治亂象不斷湧現，使得老百姓不得安生，他們很需要身心安頓。完全理解這一點的出版界，便大量出版勵志書、星相風水書、心理衛生書、生涯規劃書、宗教包括禪書，（註一六）盡可能使出版業不再呈「邊緣」狀、「夕陽」狀。

當然，順應時勢出書不一定引來「朝陽」，但至少可趕走「夕陽」，這不失為出版業自力更生的一種方法。一九九九年五月九日，李敖在臺北國際會議中心舉辦「李敖禍臺五十年」慶祝十書出版活動，便是自救的一例。比起朱天文一九九四年以《荒人手記》獲時報百萬小說大獎來說，以政論著稱的李敖顯然敵不過以小說創作著稱的後輩。因為李敖的黃金時代過去了，這時他也處在「夕陽西下」的狀態。

第八節　亞洲最大的臺北國際書展

不同於大陸，臺灣出版社的布局從不實行「計劃經濟」，誰有足夠的資金就可以辦社。由於辦社門檻不高，因而每年臺灣大概可出書一萬五千種至兩萬種。市場不大而出版成績不小，故出版社一創辦就得投入競爭行列。遠在半個世紀以前，臺北中華路的國軍文藝活動中心首次舉辦書展，這書展也是競爭的平臺。

從數量上看，臺灣的出版社未因社會劇動而收縮，而是在不斷地增加。出版本是與精神建設有關的事業，當然營利也是一種商業行爲。但無論哪方面均比不上別的行業立竿見效。爲改變這種情況，媒體爲出版界的成績大力鼓吹，如《中國時報》的「開卷版」、《民生報》的「讀書版」、《聯合報》及《中央日報》也在一九九三年分別開闢「讀書人」、「讀書與出版」的專欄，甚至在電視上也可以看到引導觀眾步入閱讀世界的節目，所有這些都是過去沒有見過的好現象。但這些讀書版看的人並不多，它改變不了純文學出版社走下坡路的情況。新書的壽命畢竟比不上雜誌，銷不好就會被書店退還。當然，也有的出版社不怕下架，如尙書出版社在開業之初，以一系列詩學作品面世，手筆之佳和勇氣之大，令人讚嘆。九歌出版社則於一九九〇年一月在長安東路上新開了一間「九歌文學書屋」。「爾雅」仍在堅守陣地，爲老教授齊邦媛出版了她的第一本小說評論集《千年之淚》，又爲青年作家林燿德出版了評論集《一九四九以後》。林氏這位多產作家還在聯合文學出版社出版了長篇小說《一九四七高砂百合》，在尙書文化出版社出版了詩集《一九九〇》。在九十年代。臺灣的有聲出版業得到了蓬勃的發展。雖以藝術爲主，但也有少量的文學作品。

正因爲有這些優質書的墊底，繼一九八七年之後，一九九〇年一月十三至十七日在臺北世界貿易中心再次舉辦號稱亞洲最大、世界第五的國際書展。當年的首屆書展打出「國際」旗號，顯然是想讓臺灣圖書業進軍世界各地。第二屆書展目標更明確：「爲加強與國際社會溝通，提升創新的國際形象」。「提升」云云，就不限於文化，而涉及政治。鑒於大陸一直不主張將臺灣問題國際化，故對這種書展反應冷淡。當然，「書展」也有推廣中華文化積極的一面，至於瞭解現代化的行銷策略，也是書展的題中之義。為與大陸競爭，讓臺北成為亞洲版權貿易中心，兼管出版的新聞局還派人參加法蘭克福書展，以作為版權國際交流的借鑑。

這裡說的第二屆臺北國際書展，由「行政院新聞局」、「中央圖書館」、中視文化公司共同主辦，國外出版社多達一百家參與，分別來自十六個國家和地區。臺灣本土參展的出版社有四百家，超過了第一屆，但由於空間有限，攤位只有一八五個。這次書展同樣不賣書，只提供樣書參觀後再下訂單，只供版權貿易用的書展陳列圖書的同時，也設有講座，請著名出版人或圖書作者現場演講。最受歡迎的是有關知識產權的講座，如英國著作權協會前會長費塔斯的「與出版相關的現代版權特徵」、英國出版協會版權處處長泰勒的「英國國際出版、版權轉移的做法」及美國國會圖書館版權局長歐曼的「美國著作權的法令規定」等。此外，書展還安排了一場「國際圖書出版在臺合作的理想與現實」座談會。從該屆起，主辦單位決定臺北國際書展每兩年舉辦一次。（註一七）

一九九二年一月十七日，由「行政院新聞局」、光復書局主辦的第三屆臺北國際書展在臺北世貿中心揭幕。同月二十日，國際書展系列座談會推出「國際版權交易面面觀——國際版權公平交易研討會」。一九九四年元月十四日，「第四屆臺北國際書展」也是在世貿中心揭幕。有臺灣二五六家出版社，及來自二十一個國家，六六八家廠商參展。其規模之龐大，前所未有。在展覽期間，吸引了臺灣最高領導人李登輝、連戰和四十萬左右的民眾前往參觀。王麗玉說：「六天活動結束以後，引來褒貶互現的評論，然而整體觀感都是：有布置美觀的展場，有很好的宣傳，是個書的博覽會，可以大開國人眼界，對提升民眾愛書、愛讀書的風氣，絕對有其不可磨滅的功勞。」一九九八年二月二十九日舉辦的第六屆臺北國際書展，其主題為「在亞洲與世界之間」。一九九九年二月舉辦的第七屆臺北國際書展，共有四十二個國家或地區的七八七家出版社參展，攤位總數一四四七個。臺北國際書展還舉辦好書徵獎，如二〇一〇年陳淑瑤的長篇小說《流水帳》，獲得臺北國際書展大獎。

除臺北國際書展外，新聞局還定期或不定期在海外舉辦書展，這類書展主要有香港中文書展、全美巡迴書展及結合AACS與AAS舉辦的書展。此外，還包括泰國中文書展等一些個展。

大陸實施改革開放的方針以後，大大促進了圖書出版業的發展。據不完全統計，大陸現在每年出版圖書八萬餘種，其中初版新書五萬多種。從出書的數量看，正如常振國所說：「約占全世界圖書出版的十分之一左右，已名副其實地跨入了世界出版大國的行列。然而，大陸圖書的對外出口，卻始終沒有明顯的大幅度的提高，國際圖書市場上，依然很少見到大陸版的圖書。」（註一八）爲了改變這種狀況，（大陸）由中國圖書進出口總公司主辦的國際圖書博覽會，每兩年舉辦一次，其性質與臺北國際書展相似。這個博覽會，一九九〇年臺北市出版商業同業會曾首次組成「臺北出版人訪問團」赴北京參觀。一九九二年這個訪問團多達一〇九人，可見臺灣出版業從事兩岸文化交流之重視。

第九節　舉辦臺灣文學出版研討會

一九九六年一月二十至二十一日，「臺灣文學出版研討會」在臺北舉行。此次會議由文化建設委員會、《文訊》雜誌社主辦，佛光大學籌備處協辦。據高楚琳介紹，此活動係「五十年來臺灣文學活動」之一，之二爲「臺灣文學中的社會」，之三爲「臺灣文學發展現象」。在研討會正式舉辦之前，另先舉行「面對臺灣文學座談會」。考慮到區域平衡，這次研討會分別委託中央大學、靜宜大學及《文訊》雜誌主辦。總策劃人爲李瑞騰。

這次會議係爲配合光復五十週年召開。這時期經過政治運動，經過十大經濟建設，社會發生了劇變。敏感的文學界用生花妙筆反映了社會的變動。這次研討會發表的論文有王士朝〈文學圖書印刷設計之演變——光復五十年來「書的妝扮」之初探〉，特約討論王行恭；邱炯友〈從著作權糾紛看臺灣的文學出版〉，特約討論謝銘洋；林訓民〈文學圖書的廣告與行銷〉，特約討論羅文坤；吳興文〈從暢銷書排行榜看臺灣的文學出版——以九十年代金石文化廣場暢銷書排行榜爲例〉，特約討論林芳玫；應鳳凰〈五十年代臺灣文學雜誌與文化資本〉，特約討論隱地；沈謙〈臺灣書評雜誌的發展〉，特約討論陳恆嘉；封德屏〈試論文學雜誌的專題設計〉，特約討論李瑞騰；張默〈新詩集自費出版的研究〉，特約討論瘂弦；鍾麗慧〈「五小」的崛起——文學出版社的個案分析〉，特約討論向陽；林慶彰〈當代文學禁書研究〉，特約討論王國良；陳信元〈解嚴後大陸文學在臺灣出版狀況——另以長篇小說爲例分析、探討〉，特約討論張子樟；呂正惠〈西方文學翻譯在臺灣〉，特約討論彭鏡禧。《文訊》也出版了不少圖書，見證了臺灣文學出版的歷史發展。（註一九）

從整體上說，這次會議陣容強大，既有資深出版人，也有大學教授；既有老前輩，也有後起之秀。這些論文，緊扣了臺灣光復這個主題，把有關重要議題與現象結合起來。對「文建會」來說，這是一種比較特殊的委託案。在總體計劃下，再由學校、媒體去執行。

這次會議回顧和總結了臺灣半個世紀以來出版的經驗與教訓。王德威作〈由創作到出版——論臺灣文學的生產機制〉專題演講，認爲有四點可持續討論：知識層面的議題、審美或神話學議題、政治權力議題、經濟議題。其中最值得重視的是第三個議題。一九六〇年初期，郭良蕙的《心鎖》出版，使她被中國文藝家協會開除會籍。王氏認爲這不但涉及到當時的政治問題，也涉及到整個社會對欲望制約和性道德的問題。「當年的《心鎖》和現在新感官小說大膽的程度簡直是小巫見大巫，但爲何有的被禁，有的就沒有呢？這都涉及了出版界在政治和經濟的權力下互動的結果。但除了此種意識型態的問題外，在出版流通過程中，如書評者所扮演的角色爲何？什麼樣的書評者，可占有報紙或雜誌某一角落的位置？一句話就可令一本書上天堂或下地獄，此種權力是誰賦予的？此種權力，出版社的人又如何將之運作和調適？再說到著作權等權力，和我們就更切身了。對外國書的翻譯，又涉及了文學知識讓渡、履行、轉化的問題。這種種議題都可以納入權力的大架構中去討論。」王德威這種主題演講，高屋建瓴，有理論的深度。

這次研討會是臺灣半個世紀來首次把文學出版問題當作會議重點。儘管論文宏觀性的不多，有碎片化的現象，但仍吸引了關心臺灣文學的近百位人士。島內的大報也發表了報導。會議一致認爲，應重視文學出版在社會上扮演的導向角色，很有必要對半個世紀來的臺灣文學出版，作一次全面的審視和有深度的討論。

注釋

一　佚　名：〈現代融合傳統．揉入中國——敦煌書局〉，臺北市：《出版界》一九九二年秋季號，頁七十八。

二　蕭雄淋：〈六一二大限的法律問題〉，臺北市：《出版界》一九九四年春季號。本節資料絕大部分來自此文。

三　方美芬：〈兩岸出版業合作發行的現況與存在問題的探討〉，臺北市：《出版界》一九九三年春季號，頁七十二。

四　本節內容來自桂台華的文章：〈淺談臺、港、大陸合作出版的經驗〉，臺北市：《出版界》一九九二年冬季號，頁二十八～二十九。

五　黃慧敏整理：〈閩臺合作出版座談會節錄〉，臺北市：《出版界》一九九三年春季號，頁十二～十七。

六　吳鴻玉：〈特寫十件文學事〉，載《一九九八臺灣文學年鑑》（臺北市：文訊雜誌社編印，一九九九年），頁一八三。本文吸取了他的研究成果。

七　孟　樊：《臺灣出版文化讀本》（臺北市：唐山出版社，一九九七年一月），頁一一三。

八　隱　地：《回到九十年代》（臺北市：爾雅出版社，二〇一七年九月），頁二十五。

九　隱　地：《回到九十年代》（臺北市：爾雅出版社，二〇一七年九月），頁二十五。

一〇　孟　樊：《臺灣出版文化讀本》（臺北市：唐山出版社，一九九七年一月），頁九十七。

一一　編輯室：〈今年上半年臺灣文壇現象觀察〉，《臺灣文學觀察雜誌》第二期（一九九〇年九月），頁十四。

一二　編輯室：〈今年上半年臺灣文壇現象觀察〉，《臺灣文學觀察雜誌》第二期（一九九〇年九月），頁十五。

一三　葉麗華：〈圖書出版事業的現況與檢討〉，《文訊》一九九三年三月號，頁二十。本文吸取了該文的研究成果。

一四　葉麗華：〈圖書出版事業的現況與檢討〉，《文訊》一九九三年三月號，頁二十。本文吸取了該文的研究成果。

一五　隱　地：《遺忘與備忘》（臺北市：爾雅出版社，二〇〇九年），頁一九五。

一六　孟　樊：《臺灣出版文化讀本》（臺北市：唐山出版社，一九九七年一月），頁八十四。

一七　辛廣偉：《臺灣出版史》（石家莊市：河北教育出版社，二〇〇一年），頁三八二。

一八　常振國：《加強合作出版，促進文化交流》，臺北市：《出版界》一九九二年冬季號，頁四十四。

一九　文訊雜誌社編印：《五十年代臺灣文學——臺灣文學發展現象》（臺北市：文訊雜誌社，一九九六年）。

第八章　九十年代的臺灣文學出版（二）

第一節　新成立的出版社概貌

據曾堃賢在〈近三年來成立出版社出版概況之觀察報告〉云：「九十年代初以來，臺灣圖書出版業面臨著世界性經濟不景氣、許多產業巨幅衰退與戰爭頻傳的大環境的陰影籠罩下，又接受中美著作權的談判、著作權法的重新修訂、海內外版權糾紛、一窩蜂赴大陸投資甚至於出版品郵資大漲等不利因素的影響與激蕩，但在業者不斷求新求變的經營下，透過精心的創意編輯與包裝和有效地行銷企劃，圖書出版市場呈現一片活絡之勢。又隨著國際及海外書展的積極參與舉辦、國際標準書號的開始編配和條碼應用的推展，不但吸引更多人參與圖書出版事業，更讓臺灣的圖書出版視野邁向國際舞臺，前途一片看好。」（註一）此文簡略分析了一九八九～一九九二年臺灣新登記出版社的成立概況、出版圖書類別及主要出版學科範圍。

據新聞局與「中央圖書館」國際標準書號中心提供的資料顯示，一九八九～一九九二年來臺灣新成立的圖書出版社共有一〇三六家。一九九〇年新登記成立者有二〇三家，第二年增至三三七家。成長了百分之十點一；至一九九二年比例更高達有三九六家新出版社申請成立，爲前一年度的百分之十四點九，面對臺灣內外經濟普遍不景氣的陰影下，這是一種令人欣喜的現象。

下面是曾堃賢所統計和所製作的一九八九～一九九二年新成立圖書出版社家數統計表：

成立時間	家數	年增長率（%）
一九九〇年	三〇三	
一九九一年	三三七	一〇・一
一九九二年	三九六	一四・九

再從圖書出版社的分布地區看，三年來新成立的出版社仍以臺北市最多，總計有七〇三家，占所有新成立出版社總家數的百分之六十七點九；其次爲臺灣省的二七九家，約占所有新成立出版社總家數的百分之二十六點九，高雄市爲五十四家（百分之五點二），前線金馬地區根本就沒有新出版社申請。在臺灣省方面以臺北縣之九十五家、臺中市之五十一家、臺南市之二十七家爲最多，分別占全臺灣新成立出版社總家數的百分之九點二、百分之四點九、百分之二點六，而澎湖縣掛零。就新出版社申請成立與登記狀況的統計分析，曾堃賢歸納如下：

一、臺灣新成立出版社家數這三年來，都維持百分之十以上的增長率，出版風氣活躍，出版事業不受經濟不景氣的影響，前途仍然一片看好。

二、新成立的出版社大致與全臺灣圖書出版社的分布區域相同，集中於幾個大都會地區，諸如：臺北市、臺北縣、高雄市、臺中市、臺南市等地區，尤其偏重在大臺北地區（含臺北縣）幾乎占全臺灣新成立出版社總家數的百分之七十七以上。

下面仍是曾堃賢繪製的一九九〇至一九九二年新成立的圖書出版社地區分布統計表：

地區別	家數	百分比例（%）
臺北縣	九五	九·二
宜蘭縣	一	○·一
桃園縣	一七	一·六
新竹縣	五	○·五
苗栗縣	四	○·四
臺中縣	一九	一·八
彰化縣	一三	一·三
南投縣	四	○·四
雲林縣	二	○·二
嘉義縣	一	○·一
臺南縣	一○	○·九
高雄縣	一二	一·二
屏東縣	四	○·四
臺東縣	一	○·一

地區別	家數	百分比例（%）
花蓮縣	一	○・一
澎湖縣		○
基隆市	一	○・一
新竹市	七	○・七
臺中市	五一	四・九
嘉義市	四	○・四
臺南市	二七	二・六
臺灣省	二七九	二六・九
臺北市	七○三	六七・九
高雄市	五四	五・二
金馬地區		○
合計	一○三六	一○○

三、根據初步統計至少有十家以上之新成立出版社，已將公司由臺北市遷移至臺北縣。出版業界面臨都會區「高房租」與「交通不便」、「停車難」等壓力下，已紛紛遷往郊區，這成了一種風氣。

四、出版圖書已不是「出版社」的專業。一九九〇～一九九二年來有許多出版社，改組爲公司型，申請重新登記或以文化出版股份有限公司、文化事業公司等名義進行多角化經營。然而在新成立的出版機構方面，更有許多是財團法人、資訊公司、企業投資顧問公司、實業公司、書廊等等，進行經營圖書出版事業。

五、圖書出版社的相關企業機構紛紛成立，在近三年來新成立的出版社中諸如：大眾讀物、小人國、及幼文化、不二、可築、小暢書房、台揚、國際少年村、林鬱、小天、長鴻、崇雅、龍吟、讀經日程雜誌社等皆屬之。另外，繼國際知名雜誌登陸來臺之後，有不少國外出版社也開始打入臺灣出版市場並成立分公司，如：日本的臺灣東販、臺灣日販及加拿大之禾林圖書公司等，非常值得觀察研究。（註二）

第二節　都是著作權惹的禍

一九九三年七月，一直念念不忘爲中國新詩修史的王志健，在原來研究基礎上作了整合，由正中書局出版了《中國新詩淵藪》。他萬萬沒有想到他研究新詩史，竟引發出戰後臺灣文學出版史上絕無僅有類似「偵探小說」的奇遇。他那被稱爲「新詩鉅鑄，氣勢磅礡」（註三）的《中國新詩淵藪》，入選從臺灣到大陸乃至海外詩人多位，作品總計二千餘首。可這位官方色彩甚濃的王志健人緣極差，再加上缺乏版權意識，研究方法陳舊，故此書發行後，被他的「對立面」聯名「檢舉」，認爲入選作品未經授權。一九九三年十一月九日，《中國時報》第五版刊載記者楊凱麟有關《中國新詩淵藪》引起文藝界抗議的報導，使讀者大吃一驚：

正中書局於今年七月出版的《中國新詩淵藪》一書中，因作者王志健未能事先徵得同意，在書中大量引用各家詩人的完整作品，而引起十五位詩人簽名抗議。包括洛夫、林亨泰、向陽、商禽、張默、管管、瘂弦、李魁賢及向明等多位詩人，日前在一項聚會時，才愕然發現自己的詩作被選入於《中國新詩淵藪》一書中，現場一陣嘩然。該書厚達三五〇〇餘頁，分為精裝三冊，評介的詩人從黃遵憲、胡適到中國大陸的現代詩人楊煉等約三百餘人。每位詩人引載的詩作從三、五首到二十首不等，幾乎都是全詩登載。除了在每位詩人的作品前，刊有該位詩人的生平、詩風及簡評之外，在每首詩前僅有不能成比例的解讀及介紹。但據詩人張默指出，該書運用的詩人資料陳舊，部分詩人的生平還出現謬誤。

這後面說的根本不是法律問題，而是文學評論如何書寫和寫得好不好的問題。但由於這十五位詩人名氣大，加上王志健寫書時事先「香沒有燒到」，使人感到很有來頭，可這「來頭」也有漏洞，如說「此舉似有違反著作權」。這一「似」字，說明檢舉者也不太懂著作權，可被眾詩人氣勢洶洶的來函嚇著了的出版者正中書局，很想丟掉這個燙手的山芋，竟從一九九三年十一月二十四日起，將該書從書店全部收回，並與作者解除合同。王志健便緊跟著在一九九三年十一月二十八日《中央日報》等處刊登道歉啓事。

著者道歉了，這個茶杯裏的風波並未收場。所謂自主意識覺醒的年輕一代「二林」——時年三十二歲的林燿德、三十八歲的林淇瀁（向陽），向時年六十六歲的王志健窮追猛打，於一九九四年十月二十七日向高等法院上訴，要求賠償二百萬元。下面是「二林」「偵查」該書的報告片斷：

自訴人林燿德部分共有十九頁，全詩重製達十七頁餘，自訴人林淇瀁部分共有十五頁，全詩重製達十三頁餘，被告王志健之文字比重甚低，其「評論」不過三言兩語……係所謂「編者按語」之類的附言，絕非一般常識中的文學評論。

輔仁大學法律系畢業的林燿德，這次扮演了法盲的角色。他說的文學評論字數的多寡、水平的高下，均與法律無關。《中國新詩淵藪》大段大段甚至整篇引用他人詩作，並沒有「扭曲」更談不上「損害著作人名譽」；相反，著者的評語只會有利於林燿德詩作的傳播，只會增添著作人林淇瀁的名譽。一波未停一波又起，惱羞成怒的王志健來了個「反偵查」（註四）。他翻箱倒櫃找出「二林」出版詩集時均曾「拜」或「恭呈」王氏「指正」的墨跡，如向陽贈書的題字：

敬贈上官予先生
請正
晚　向陽拜

「請正」就是希望王氏寫評論，尤其是林燿德在其著作《你不瞭解我的哀愁是怎樣一回事》扉頁上，還肉麻地稱王志健爲「大師」：

上官大師麒鄍

晚　燿德恭呈

一九九四年七月十一日在高等法院過堂時，王志健便拿出這兩冊詩集作爲證據。高等法院在一九九四年九月二十九日作出宣判，決定撤銷被告無罪的判決，「這眞像是讀偵探小說，又起了高潮，上訴人有著作權啦，八成兒被告上官予就要栽在高院這一審了。」（註五）

也是這個高等法院刑事第二十二庭，卻前言不對後語作了第二項判決：

王志健、武奎煜均無罪。

上訴駁回

這場歷時近兩年的三場被黃文範稱爲「三派俱傷」（註六）的官司，最大的輸家不僅係丟了面子的「二林」，還有最後仍無法發行、導致其血本無歸，並由「強者」蛻變爲「弱者」的官辦正中書局。

第三節　城邦出版集團的竄起

不同於歐美，臺灣很少有人提起或組建出版集團。儘管遠流出版社、名人出版社、好時年出版社曾聯合出過一套《世界少年名著全集》，但並沒有打出「出版集團」的旗號。在這方面，大陸比臺灣先走一步，如大陸就有長江出版集團、南方出版傳媒。臺灣也不甘落後，在九十年代中期，在既是趨勢分析專家又是文學評論家詹宏志的策劃下，由原麥田出版社的蘇拾平和陳雨航、貓頭鷹出版社的郭重新、格林出版社的郝廣才，再加上趨勢專家詹宏志共同發起，於一九九六年十月十四日成立城邦出版集團，在凱悅飯店舉行酒會，主持人爲小說家張大春。這個「集團」正式開展工作時，有「麥田」、「貓頭鷹」、「商周」、「馬可波羅」參與其中。據有關資料介紹，這個集團雄心萬丈，計劃十年出書一千本。爲了打開局面，「城邦」又進軍香港，在哪裏設立了分公司，目的是一箭雙雕；既覆蓋東南亞出版市場，又爲「入侵」大陸圖書市場搭橋。在一九九七、一九九八年香港書展期間，「城邦」以大型企業出現，爲兩岸三地樹立自己的品牌。「城邦」認爲，「『用中文讀書』的高教養時代爲期不遠了」，「『單一華文市場』正逐步成形」，他們願意在其中扮演積極角色。

這裏說的「出版集團」，是指規模不同的出版社或出版公司聯手進軍圖書市場。各出版社仍有相對的獨立性，但有共同的「老闆」，「城邦」便是一例。以股份制的方式加入「城邦」，首期募集資金九千萬元新臺幣；與各公司完成換股後，總資本額約爲一點五億元新臺幣。根據協議，原來的三家出版社名稱與出版路線均保留；另成立馬可波羅出版社，出版旅遊類書籍，由詹宏志負責。集團計劃第三年起年出版圖書三百種左右。（註七）

出版集團的形式，一是兼併，二是合併。城邦出版集團採取的是合併方式，彼此平等，而非雄厚的出版社吞併相對弱勢的出版媒體。

在未形成集團前，各出版社單打獨鬥，資金相對來說不那麼雄厚。集團的出現，可改變小本經營的狀態，有利於整合各自的優勢，避免各自的劣勢。「集團」擺出大企業的架勢，變小格局爲大格局，有利於走出臺灣，在國際出版市場大顯身手。

對城邦集團成立這種新生事物，有歡迎的，也有觀望的。畢竟各個出版社都有自己的特色，合併進去如何保持特色，人們抱著懷疑的態度。臺灣不同於大陸，大陸的出版集團其組成不存在私營出版社的加入，他們基本上按計劃經濟模式操作，容易統合在一起，而臺灣的出版社，均沒有政府資助，將一盤散沙的出版公司湊合在一起，談何容易。這裏的確有矛盾，如後來任董事長的不是當初運籌帷幄樂觀地預言「臺灣會在二〇〇三年之後成爲出版業生產資金和分配的單一華文市場的領導者」（註八）的詹宏志，而是何飛鵬。他是臺灣資深雜誌出版人，畢業於臺灣政治大學公共行政系。曾任職於《中國時報》、《工商時報》、《卓越》等媒體。一九七八年，他毅然離開了從事多年的新聞事業，與臺灣著名跨媒體工作者、城市觀察家詹宏志等人聯合創辦了財經時事雜誌《商業周刊》。作爲臺灣著名的出版家何飛鵬，其創新多元的出版理念，常爲出版界開啓不同想像與嶄新視野。他帶領的出版團隊也時時掌握時代潮流與社會脈動。他在不斷挑戰自我，開創多種不同類型與主題的雜誌與圖書。僅「商周」而論，從銷售數字上來看，進入「城邦」的頭年，「商周」的營業額即達新臺幣一億三千萬元，幾乎是未合併前銷售金額的一倍，之後每年亦有新臺幣一億一千萬至一億三千萬元的營業額。當初他們預期合併的商業效果已經實現。「集團組織的有效運作以及選書眼光精準，都是促成營業額翻升的原因。」（註九）

《商業周刊》成功營運後，何飛鵬與其同事隨後又成立了商業周刊出版公司，出版了不少叫好又叫座的讀物和銷售量驚人的暢銷書，如《一九九五閏八月》等，其中《李敖回憶錄》等書，更是一出版就進入了暢銷書排行榜。何飛鵬所創辦的出版公司超過二十家，直接與間接創辦的雜誌超過五十種。一九九七年，何飛鵬因在出版事業上取得的成就，贏得了金石堂連鎖書店頒發的「出版風雲人物」獎。

「城邦」出版集團越做越大。二〇〇一年及二〇〇三年，香港富豪李嘉誠的TOM集團先後兩次投資及收購城邦集團，成爲「城邦」最大的股東，持股比例爲百分之八十三。

第四節　恢復出版文學年鑑

臺灣出版的文學年鑑經歷了名稱由「中國」、「中華」到「臺灣」，由「文藝年鑑」到「文學年鑑」，由民間製作到官方主持的變化過程。作爲臺灣地區文學年鑑的開拓者柏楊，他主編了《一九六六中國文藝年鑑》、《一九六七中國文藝年鑑》、《一九八〇中華民國文學年鑑》。

由於後繼乏人，再加上經費和發行的困難，臺灣文學年鑑的編寫工作停頓了十四年。一直到「文建會」於一九九六年委託《文訊》雜誌社編輯《一九九六臺灣文學年鑑》，柏楊的工作才得到了傳承和發揚光大。

《文訊》雜誌從創刊起就注意積累文壇史料，並建立了一支有豐富編輯經驗的團隊，尤其是主事者李瑞騰和封德屏均是文學素養深厚、很有事業心和奉獻精神的作家。他們總共編了一九九六～一九九九年四大冊。這些年鑑每年欄目雖有不同，如一九九七年鑑「綜述」擴充爲十五篇，一九九八年鑑又增加了「索引」部分，但基本上是大同小異，即是說《文訊》編輯團隊確立了年鑑的編寫規模和範式，還形成了自己的風格，眞實而全面地反映了當年的臺灣文學活動，其交出的成績單令各界稱讚。

《二〇〇〇臺灣文學年鑑》改由前瞻顧問有限公司接辦，總策劃人爲杜十三。該年鑑由綜述、記事、人物、著作、作品、名錄、網路文學七大部分等組成，其中「網路文學」是《文訊》版所沒有的。該書長達五五〇頁，在厚度上比過去多出二倍多。由於此年鑑是轉型期的產物，不少地方比《文訊》版更突出中國性，且帶有實驗性質，故引起不少人的不滿和批評。最先由本土派的《臺灣日報》發難，後有《民生報》、香港《明報月刊》及由楊宗翰主編的臺灣文學研究叢刊《臺灣文學史的省思》（註一〇）參與。批評除涉及年鑑的意識形態色彩外，另有史料上的硬傷，如第五二〇頁所記載的「戰後五十年臺灣文學國際學術研討會」於二〇〇〇年召開，其實是於一九九九年舉行。這個重要會議發表的論文有二十多篇，僅刊出六篇的題目，遺漏甚多，此年鑑還發生「抄襲事件」，說明總編未能將各部門溝通、協調和認眞審稿。

靜宜大學中文系自二〇〇二年夏天接手從二〇〇一年開始的年鑑編輯工作後，在總策劃鄭邦鎭、總編輯彭瑞金的影響下，以建構臺灣文學的主體性爲宗旨，造成「綜述」部分主觀評價過多，尤其是把「去中國化」的意識形態帶到年鑑中，如二〇一一年年鑑邱若山寫的〈臺灣論漢譯本事件〉一文，明顯地站在親日派一邊，所謂「親中人士」不是被恥笑就是被抨擊。

此外，九年變更三個編輯單位，使這些「年鑑」體例不統一，未能堅持「述而不論」的原則，造成欄目的設置以及評述視角前後矛盾，在呈現歷史的軌跡方面深受影響。

臺灣文學年鑑儘管受政黨輪替的干擾造成史實不夠客觀這一缺陷，但這些不同色彩的年鑑畢竟見證了臺灣文學的發展變化，並留下了豐富的史料，爲後人研究臺灣文學打下了豐厚的基礎。使人感到遺憾的是一九九六年以前一九六七年以後的空缺至今還無人補上。

第五節　村上春樹的網路森林

光復後的國民政府在努力「去日本化」再「中國化」，但日本統治臺灣多年，日本文化對臺灣影響太深了，再努力「去」也去不乾淨。像早年重慶南路以引進日本書籍爲主的三省店和一九七五年辦的鴻儒堂出版社歇業後，還有很多人懷念。至於當今臺灣社會從餐廳到酒店，從食物到服飾，從服飾到唱片，從卡通到文學，都打上了東洋文化的烙印。

從文學角度看，臺灣新文學的發生除受中國文學影響外，還從日本文學中吸取過不少營養。這種「吸取」一直延續到九十年代，所謂「失樂園現象」，便是明顯一例。這「失樂園」，出自渡邊淳一於一九九七年所著的小說《失樂園》。這部小說最初發表在日本，在日本曾引發文化界的熱烈討論。這部情色小說所描繪的是人到中年的男男女女所發生的「不倫之戀」。其中不乏靈肉之愛，表達出更年期到來的男人女人性的苦悶。渡邊淳一表示，日本的年輕人似乎已失去濃厚的情愛能力，尤其在日劇的影響下，簡單輕浮又快樂的愛情變成了流行。而他原以爲這種反潮流的男女情欲小說，應該不會受到重視，沒想到卻造成熱門現象。而臺灣地區的讀者是在電影、電視播映的熱潮中，反求於原作小說後更驚艷於作者對於男、女性愛的感官描寫，「失樂園現象」於是在臺灣擴散發酵。渡邊淳一不諱言其作品是以「情色的愛」爲出發，來反駁日本現代社會太過強調精神與理性的愛情觀。自卌五歲獲得直木賞至今，六十五歲的渡邊已創作百餘部作品，在北海道札幌並有收錄其創作軌跡的「渡邊文學館」。對於許多人是藉由電視與電影認識他，作家語重心長地表示：「我還是希望讀者能看看文學原著，體會我所灌注的

用心。」（註一一）

據吳鴻玉介紹，受「失樂園現象」啓發，臺灣出版界的人士從中窺見到發財的門路，便改弦易轍，把舶來的日本偶像劇、新生代女作家系列作爲新的出版方向。爲此，把日本大眾文學引進臺灣。這不同於過去出版的日本著名作家川端康成、大江健三郎、吉本芭娜娜的作品。在新興的日本偶像劇系列小說中，有臺灣東販公司推出的日本偶像劇系列小說，神方志出版公司的日本女性作家系列，以及民視文化公司的創業作品渡邊淳一《紅花》。經過媒體的推波助瀾，這些改編劇作的小說引起年輕讀者的青睞，如偶像劇《長假》、《東京聖誕夜》等。至於白本新生代女作家，則以凸顯女性情欲的書寫，反映現今日本社會中的女性心態爲主，如曾獲直木賞的林直理子《禁果》、高樹信子《熱愛》等。（註一二）這些並非原創而是從劇作中改編過來的小說，引發原就嚮往、崇拜日本的新一代讀者的喜歡。

日本文化的入侵無所不至，除以往的平面媒體外，日本讀者的閱讀風氣也傳染到臺灣，最爲投入的是網絡媒體世代。臺灣規模極大的時報文化出版公司，爲讀者最喜歡的村上春樹種了一棵大樹「村上春樹的網路森林」。這種專屬網站迷倒了許多年輕人。在「大樹」豎起之前，村上就在臺灣出版過《挪威的森林》、《舞．舞．舞》、《遇見百分百的女孩》，其人其作早就植入臺灣讀者的心中。這座「森林」的不同凡響之處在於收錄有中、英、日文各類關於村上春樹的作品，依屬性分爲音樂、美食、愛情、評論、生活札記、報導、訪談、文學創作等，並邀請讀者網友參與線上討論，達到網路的互動功能。（註一三）

日本文學在臺灣掀起熱潮，帶來的是正能量還是負能量？至少臺灣作家的讀者被村上吸走不少，同時村上又「霸占」了臺灣的出版媒體，這是喜還是憂？值得深思。

第六節　大學出版教育的起飛

九十年代在臺灣大專院校中，與出版有關的科系僅有中國文化大學的印刷傳播學系、世界新聞傳播學院的平面傳播科技學系印製組及臺灣藝術學院的印刷藝術學系。這些大學所開設與出版相關的課程，計有出版編輯學、電子出版系統、版面編排、出版編輯企劃、雜誌編輯、出版經營管理等。這些課程講授時仍以圖書出版的技術爲主。至於一些大學的廣告系、大眾傳播系、新聞系所講授的內容著重於廣告學、編輯學，與出版的關係較淺。與出版有關只是出版技術、出版管理、出版行銷、電腦編排與設計、出版與採訪等。大多數課程甚至重心是傳播技術，對出版學理論的建構很少觸及。

下面是呂楦圳截至一九九七年初的統計，全臺灣有關出版的開課情況如下：

中國文化大學印刷傳播學系開的課程爲出版編輯學，任課教師周大友。

中國文化大學印刷傳播學系開的課程爲應用電子出版，任課教師徐明景。

臺灣政治大學新聞系所開課程爲版面編輯，任課教師孫曼蘋。

臺灣政治大學新聞系所開課程爲電子出版，任課教師陳百齡。

輔仁大學大眾傳播學系所開課程爲電腦排版與設計，任課教師陳樹華。

輔仁大學大眾傳播學系所開課程爲出版經營學，任課教師林訓民。

銘傳管理學院大眾傳播學系所開課程爲雜誌編輯，任課教師江惠玲。（註一四）

這些課程名稱大同小異，但無不把編輯技巧的講授放在首位。這是因爲編輯學的內容比較豐富，包括編輯理念、原理及方法，大有文章可做。其中不少理論層面，不像電腦排版與設計那樣單調和具有可操作性。當然，電腦資訊科技的發達，也必然滲透到編輯學中。電子出版系統的出現只有幾年的歷史，後來逐步走向成熟，已不局限在過去人工作業的原始方式，這是出版學知識面臨的新課題。此外，管理方面的課程也相當重要。製作圖書的過程本來不簡單，在管理經營上具有其獨特性，一位優秀的領軍人才，當深入此方面的研究，方能勝任。然而以上這些課程也僅是整個出版學的一個環節，未能涵蓋出版學的內容。再從任課教師的背景來看，大致上有二個類型，一是印刷設計專業畢業；另一是從事出版編輯有多年經驗，兩者在出版技術上均有其專業性，若能具備更深厚的出版學理論，則在授課上會更有助益。

這裏特別要指出的是孟樊著的《臺灣出版文化讀本》（註一五）。眾所周知，出版是一門學科，可這個學科長期無人問津。出版界多半實行經驗主義，不對自己的出版實踐進行理論上的總結，還說這裏含有商業機密，這不過是一個藉口。在這種荒蕪的情況下，孟樊這本書，奠定了出版學的基礎。所謂出版學，包含了「企劃、集稿、版權爭取等上游作業事項；編輯、設計、完稿等中游事務；印刷、廣告文宣、發行等下游工作的各個環節，更包括了整體出版環境的瞭解，各朝代、各地區、各國家出版的比較等等，格局至爲宏闊，內涵至爲豐富。」（註一六）

孟樊這本書，並不是出版學專著，其內容多半發表在許悔之主編的《自由時報》副刊和蔡詩萍主持的《聯合晚報》「天地版」。儘管是專欄文章的結集，但已經具備《臺灣出版學》雛形，爲出版學的研究奠定了學術發展的基礎。該書前有序言，共有七章，依次爲：出版環境與經營方針、出版公司體質、編輯部問題、出版策略、作家與作品、書價——稿費與版稅、出版周邊，附錄〈我最常去的一家書店〉。該書很有學術性，更注意可讀性。它不是高頭講章，而是用生動有趣的文筆道出了出版業的奧秘。無論是作爲教材還是作爲通俗讀物，都很有理論價值。

這裏還要特別提出的南華管理學院，於一九九六年成立了有陳信元等行家在內的臺灣第一家出版學研究所。其成立宗旨是在爲社會培養有國際觀念的出版人才，以應對出版相關人員所面對的變局。它以橫跨各學科之「大出版」理念從事教學與研究，象徵著臺灣的大學出版教育的起飛。

第七節　香爐事件

被封爲「臺灣勞倫斯」的李昂，從十七歲登上文壇那天起，就以她擅長表現性與禁忌的「特技」受到文壇的青睞。她早先寫的《殺夫》、《暗夜》，一鳴驚人，成爲最受關注與爭議的女性主義作家之一。

進入九十年代以後，李昂不再滿足於表現女性及其性欲的殘酷處境和相關的循環故事，而把女性問題與政治問題、經濟問題緊密結合在一起，發掘出兩性關係中的政治寓意和政治中的情欲主題，標誌著她的創作向前跨進了一步。

最明顯的例子是李昂從一九九七年七月二十三日起在《聯合報》連續四天刊載的小說〈北港香爐人人插〉。作品的主人公林麗姿，在十足男性化的早期反對運動中努力向上攀爬，企圖以女人的性與身體作爲獲取權利的渠道。正是在這種強大的性攻勢下，她不僅成功地睡了反對黨某派系的大老，而且其他男性成員差不多都成了她石榴裙下的俘虜。依靠這種睡男人的功力，林麗姿在大批「表兄弟」的幫助下，當選爲不分區立委。她不僅可以瓜分反對派的政治資源，有時還能分庭抗禮。對這位事業成功，愛情也不算失敗的林麗姿，反對黨陣營中的女性視其爲狐狸精。原本應該較爲接納她的男性同僚，則對其行爲視之爲奇觀。在「婦女政策白皮書」擬定會上，人們還紛紛傳播「有林麗姿在，反對黨終有一天必亡」的流言。這「亡」主要不是說林麗姿靠美色腐蝕幹部，偷走立委的良心，而是說她一直如此縱欲和濫交，可能得性病，得AIDS，再傳染給黨內當權人士而造成反對黨的垮臺。

〈北港香爐人人插〉在報紙刊登時，不少人認爲文中的林麗姿明顯影射了當時的民進黨公關部主任陳文茜。這種猜測並非毫無根據，如〈北港香爐人人插〉寫林麗姿七歲被送外婆家，這正好與現實中的陳文茜童年時的情況相吻合。小說對林麗姿的外形描寫則更耐人尋味：

> 以一貫能凸現胸部的右肩略向前，身體微輕的坐姿，一貫的微抬下巴，瞇細眼睛的眼神，一貫的嗲著聲滿是氣聲的說話方式……
>
> （林麗姿）身穿線條利落、剪裁合身的職業婦女套裝，足蹬三寸高跟鞋，一臉無辜的站在發言臺上，甚且微略張開嘴（每個人都說她學瑪麗蓮·夢露）……

這些細節，都與陳文茜的穿著打扮、行走姿態相似。而陳文茜受過良好的教育，觀念新潮，性行爲開放，屬新人類。

〈北港香爐人人插〉發表後，陳文茜十分氣憤，闢謠時竟聯想到三十年代電影明星阮玲玉，差點

「跑到香港去自殺」。她站出來對李昂說的第一句話是：「我確實感到挫折，爲什麼我一生的敵人都是女人？」在她看來，她寧願被人稱讚爲善於運用政治智慧平衡權力鬥爭，而不甘心別人說她是靠「後宮本事」打開權力之門——那是對她能力的低估和人格的貶損。

〈北港香爐人人插〉寫的那個反對黨大老，有人猜測是施明德，這其中還有三角愛情故事。臺灣一家雜誌的標題是：〈他是她（李）曾愛過的人；他是她（陳）最想嫁的人〉，揭示了施明德、李昂、陳文茜之間的三角關係。

陳文茜認爲，李昂再怎麼創作自由也不應該借小說創作進行影射。在她看來：李昂曾以關注女性命運，以飽蘸情欲之筆探問世相深處而獲得文壇上的地位，但自己成作品中的「當事人」，便失去理智「瘋狂了」。儘管李昂對外揚言與施明德分開後，生活很美滿。又或許這是一種僞裝。面對陳文茜的攻訐，李昂表示在出書前，要舉辦一個有獎徵答遊戲，希望讀者認眞看她的小說以對照現實政治界人物，請讀者猜一猜爲什麼有人要挺身而出對號入座？她堅持認爲自己寫的是小說，而小說是允許虛構，不能與現實生活完全等同。她說，過去寫《殺夫》，受到各方面泛道德的攻訐，如今還有人辱罵她作品中出現的性恐懼、性反抗行爲，但她仍我行我素。在此之後，她創作以臺灣爲背景的〈戴貞操帶的魔鬼〉系列小說，涉及生命、性、死亡等內容。這三萬字的〈北港香爐人人插〉，當然不脫離這一主題。

李昂與陳文茜的爭論，被媒體認爲是「兩個女人的戰爭」。其實，這兩人的「戰爭」牽扯到政治，關聯到政黨——不僅小說中寫到的民進黨，就是與小說無關的國民黨也引起隔岸觀火的興致。後來，麥田出版社把〈戴貞操帶的魔鬼〉等四篇作品用〈北港香爐人人插〉名字出版，時爲民進黨文宣部主任的陳文茜指出：一旦書上市，將循司法管道表示抗議。李昂則擬召開新書記者招待會，表示要拿起法律的

武器捍衛自己創作自由的權利。（註一七）

這場引起文壇、政界頗受關注的「香爐」事件，從女性主義角度反省，女性在處理性欲與政治關係方面如何才適當，在權力舞臺表演方面如何才能做到恰到火候，均值得人們思考。從創作上來說，李昂從政治的視角處理男歡女愛這類古老題材，讓情欲與政治結合，眞實與幻象糾結，使作品成爲對歷史、社會和性的關注的綜合，這是作者審視世紀末臺灣政治與情欲世界的另類經驗體會——只不過是作者表現時，手法還有欠成熟之處。如她所用的拗異的「鹿港語」，不見得完全成功，至少是文學性低於政治性。雖然還不是「器官小說」，但缺乏美感，如〈北港香爐人人插〉的題目破譯出來就有猥褻味。

這個「香爐」事件，有人說最大的傷害者是陳文茜，而最大的得利者爲媒體。正是新聞界的炒作，使得〈北港香爐人人插〉一書出版兩月之內，暢銷熱賣達十多萬冊，登在「金石堂」文學類新書排行榜榜首，打破了九十年代以後日益萎縮的出版紀錄，出現文學市場少見的現象。

第八節　呈現臺灣文學英譯成果

齊邦媛是臺灣大學外文系資深教授。一九九二年，她出任林語堂、殷張熙蘭等人創立的高水平期刊《中華民國筆會季刊》主編。這個非中文刊物，其任務是將臺灣文學用英譯的形式推介到國外。島內的不少名作如王鼎鈞的《一方陽光》、陳芳明的《相逢有樂町》，都走出島外，經由國際筆會的期刊傳到世界各地。臺灣雖然不像大陸高喊「走向世界」，其踏實的工作卻一直有人在做。

齊邦媛的評論著作不多，但只要出版就能獲得鮮花和掌聲，如《千年之淚》、《霧漸漸散的時候》。在這些書中，從早期的戰鬥文學到後來的眷村文學，從現代文學到鄉土文學，都在她的視線之內。書中除小說爲主項外，還有散文序評，表現出齊氏寬闊的視野和廣泛的閱讀品味。

一九九九年，齊邦媛獲得第二屆「五．四」的「文學交流獎」。評審團認爲：「自一九七三年開始從事現代文學的英譯工作，主持《筆會季刊》，譯介優秀的臺灣文學作品；積極參與推展中華民國筆會的文學交流工作，曾多次訪問西班牙、捷克、蘇格蘭、芬蘭等國家，並邀請國外作家來臺訪問。同時從事文學評論工作，有宏觀的歷史視野與精細的文本分析，被稱許爲『臺灣文學的知音』。」（註一八）

在「五．四」獎的得獎感言中，齊邦媛如此說道：「文學的築橋者無暇耽於夢想，他需沿著河岸勤作觀測，尋找宜於渡河的地方。世界因有不同的思想與文字而豐富。在不同的文化之間我會努力將作者、譯者和讀者的才華凝聚成橋。我相信厚積橋墩，穩鋪橋身；我相信沒有虛度的歲月。」

這種評價一點也沒有誇大。從七十年代開始，齊邦媛從美國回到臺灣後就一邊教書，一邊從事臺灣文學的外譯工作，三十多年來夜以繼日，成果顯著。她主譯的《中國現代文學選集》，展現出一九四九至一九七四年間中國臺灣地區創作發展的各個階段，其中詩部分收有覃子豪、紀弦、周夢蝶、方思、夏菁、蓉子、洛夫、羅門、余光中、管管、楊喚、商禽、鄭愁予、瘂弦、方旗、白萩、葉維廉、方莘、林煥彰、敻虹、楊牧、羅青等有代表性的作家作品。再版本於一九八三年四月由爾雅出版社出版中文版。小說部分選擇了朱西寧的《破曉時分》、《狼》和黃春明、施叔青等人的作品。

翻譯是吃力不討好的工作，尤其是新詩譯後不失去原有的韻味，更非易事。齊邦媛及其團隊做事認眞，一絲不苟，採取逐字逐句翻譯的笨方法，爲的是能忠實於原著。爲了西方讀者便於閱讀，也不忽略英文的流暢，注重可讀性。儘管譯者努力在修橋築路，但中西文化的差異不容易立即抹平。該書所有的譯者都是業餘的，像余光中等人均是在授課之餘逐句推敲、打磨。每篇譯稿完成後再交由比較文學大家李達三和他的小組審閱、修正。編譯付印之前約有二十位到臺從事中西文化交流的英美籍專家，做初步定稿的工作。他們曾誠懇地提過一些很好的建議，代表了西方讀者可能有的反應，是《中國現代文學選集》最後定稿的最好參照系。

一九九九年，齊邦媛又和美國年輕有爲的王德威以及瑞典的馬悅然合作，由「臺灣當代中文文學」翻譯系列中的《荒人手記》及《三腳馬》，在美獲媒體及學界好評。齊邦媛既重視和西方學界合作，更不忘扎根臺灣，和中華民國的筆會同仁，採用中英對照的方式體現臺灣地區作家作品的翻譯成果，具體表現在一九九八年出版的《中英對照讀臺灣小說》。

在齊邦媛之前，已有余光中英譯的《中國新詩選》，由臺北美國新聞處出版，共選紀弦、鄭愁予、洛夫、羅門、葉珊、余光中等二十餘家的詩作五十四首。

第九節　兩岸圖書交流的管道

隨著兩岸文化交流的開展，兩岸圖書交流的管道在疏通，據臺灣珠海出版有限公司發行人陸又雄稱：兩岸圖書出版的交流，最初完全是版權貿易形式，其所尋管道，不外下列幾種：早起透過其他國家或地區的中介者，間接取得大陸或臺灣作者或出版社的授權。透過海外學者引薦，達成授權契約。直接在香港與中資出版社洽談版權，直接與作者聯絡取得授權。透過中華版權香港代理總公司或香港中華版權公司，取得出版授權。直接與大陸出版單位簽訂授權出版合同，或進行兩岸合作出版事宜。

後來由於兩岸舉辦各種大型書展，使兩岸的合作出版有了更新的層面，如北京國際圖書博覽會、國際出版交流促進會及各地出版交流中心所辦的書展活動，都使雙方的出版社有進一步的合作，並衍生新的途徑：以臺灣的出版社爲主導，由臺灣作家撰文，請大陸畫家配圖，這種方式以兒童圖書爲主。在翻譯作品方面，臺灣出版社邀請大陸的作家寫稿或翻譯，以降低臺灣出版的成本。由臺灣的出版社出錢、大陸出力；由大陸專家、學者配合考古與發掘，進行研究、記錄、整理；由臺灣的出版社出版，就會發生矛盾，如傳出糾紛的《全宋詩》。有些學者在大陸成立研究室，出版社配合成立編輯室，對當地文化進行研究與寫作。臺灣的大陸出版約定一個共同題目，分別邀請兩地作家撰稿，合作出版一系列圖書，共同分享臺灣、大陸及海外的版權，就如同淑馨出版社和北京現代出版社之間的合作方式。幾年來，對於這些版權貿易，出版業者多少會感受到一些困惑，但是兩岸的出版交流，如能作更積極的導引，應是可以相輔相成的。爲了保障著作人的權益，海峽兩岸先後有了新的著作權法，加上幾年來物價上漲，雙方圖書生產成本也跟著大幅度上漲，使出版業的經營艱辛。兩岸之間，版權貿易已很難滿足彼此的需求，不僅利潤少，而且版權交易之中，糾紛迭起。出版社幫作者出售了版權，不管多少錢都是要付給作者的，可出版社得到的利潤十分有限，甚至連交易中必要的開銷都不夠，不免使人深思：除了版權交易以外，似乎還有別的行銷管道；也有人認爲海峽兩岸的華文圖書市場應加以整合，爲占全世界人口五分之一的中國人，做更積極有意義的服務。

陸又雄還談到：掃除障礙，開放兩岸出版投資問題。他認爲：要整合兩岸華文圖書市場，就有逐步克服與消除橫插在我們中間的一些障礙，開放雙方在圖書出版方面的投資，以利更密切的合作。

在心理障礙方面，陸又雄曾經做過多次思考：兩岸的中國人分隔對立了四十年，無論體制與思想，都有相當的差異，大陸與臺灣都消除不了心理上的障礙。可愛的「老表」終於在分開了四十年以後相聚在一起。「老表」最可愛的地方，就是把我出版的圖書，推介到彼岸讀者手中，但是這位多少有些陌生的「老表」，他的圖書會不會如洪水一樣，淹沒了我呢?既可愛又可怕的心理狀態存在雙方的主管官署中，於是雙方步步設防，各懷「鬼胎」，請恕我這樣說。事實上，無論在大陸或臺灣都採取了同樣的「出口從寬，進口從嚴」的政策。這種人爲心理因素，實是交流道路中一個很大的路障。相輔相成，才會使兩岸出版業互蒙其利。

關於文字上的差異，陸又雄認爲：本來，中國人都是同一個民族，有同樣的文字和語言，很容易溝通，想不到四十年的間隔，兩岸文字便有繁與簡的不同，以及用語上的差異，兩岸讀者難以閱讀對方出版的書。文字的統一，可能需要相當的時間去研究、去適應、去改變；而電腦則可以力求相容。

總之，兩岸管道儘管還有不通暢之處，但華文圖書市場的整合，是大勢所趨。兩岸的出版業只有順應這一趨勢，才能爲中文圖書市場的復興盡起自己的責任。（註一九）

第十節　海關設卡出版物進口

有一位不滿海關阻礙文化交流的出版人，用「野蠻國」的筆名，在《出版界》「有話且說」發表文章云：臺灣在貨物通關，特別是與出版品相關之通關入境，政策上仍有保守及未能因應時代環境變化而修訂的問題；而在通關驗放、查核的行政作業方面，也常令人有錯愕之感。

較遠的實例就以本地的出版品不得在國外印刷再進口而言，臺灣有不少出版社在香港及其他國外地區印刷，在進口通關時曾遭阻撓及查扣。此種案例純為保護臺灣幾為獨占壟斷的紙廠或印刷廠，故政策及法規上十分可議：對某種行業予以利益保護，卻對另相關產業造成不公平之嫌。

再從所謂智慧財產權相關產品平行輸入的規定來談，造成海關通關驗貨人員竟要求所有本地外文書代理進口商，在辦理通關領貨時一律要提供國外出版公司准予進口的授權證明，否則概遭擋駕或不準進口。此事件後因國外出版公司及本地外文書籍進口經銷業者的抗議始有改善，本地出版界及知識、教育人士對海關此種行徑頗為反感。

最嚴重的是大陸出版品進口來臺的問題。目前，主管機構新聞局規定：只准具有副教授以上身份者才能以研究進口限量大陸出版品，造成許多副教授除上課外，天天要跑基隆海關去領書，因為要求幫忙進口大陸書的人實在太多了！

最荒謬的是幾件臺灣出版公司自香港進口印刷的圖書遭海關查扣。其中有件是因臺灣出版業者於香港中資系統出版公司合作出版，在進口該書時被判定為大陸出版品而遭查扣；後經出版社交涉始准予退還回港。九月底，臺灣另有家出版公司，因與國外出版公司簽約以合作出版方式，授權翻譯成中文版再交由國外出版社與世界其他各種不同文字的版本一並同步印刷，如此安排不但可齊一印刷、裝訂的品質，也因印量大增而得能降低印刷費用及紙張成本。但因外國公司以全球供貨策略，均採OEM方式生產再分別供應不同國家市場。而國際大型印刷圖書業者亦採用如此營運模式。問題出現在當此套兒童知識圖鑑系列圖書自香港進口來臺時，卻遭基隆海關查扣至今已快半年仍未予放行。臺灣出版公司遭海關此查扣決定深為納悶。因同批貨四種書中，其中一種因先到港報關三天以順利領貨出關；另三種後到卻突遭查扣命運。基隆海關驗貨員表示，該三種自香港進口的圖書雖標明為「香港印刷」，外包裝紙箱也有點「香港印刷」的來頭，但欲有兩位查驗員堅持，在外紙箱印有香港印刷的白色貼紙下，也印有「中國」的英文字，因此就決定以「疑似大陸物品」轉送臺北關稅總局鑑定該批書籍的產地。而關稅總局就以其「行政作業方式」，轉由總局內另設的「大陸物品鑒定委員會」處理。從此，此案就自然步入政府行政單位牛步化的公文旅行。

有位出版業者在遭遇如此事件時氣憤地說：海關人員爲何不把許多在國際機場的許多波音客機也同樣查扣下來，因爲波音客機有許多餐飲用具或飛機用器和組件都是大陸製造的！

臺灣海關從過去國外新聞出版品進口審查處理的政策，及撕頁塗抹蓋印作業，早已在國際出版傳播界留下不良印象。如今基隆海關對此事件之處理態度與手法，更受國外出版公司之指責，「野蠻國」希望政府主管官署拿出負責的態度，以務實的做法，在最短時期內，以最快的方式，協助業者與海關溝通。也希望新聞局及海關鑒定作業辦法、標準及實效期限，使民眾有所依循。此點可參考一九九三年十一月二十二日《工商時報》有關「財政部修訂進口貨疑似大陸物品處理辦法」之報導。（註二〇）

海關的工作人員素質不高，他們只會按上級的指示辦事，造成這種設卡阻礙出版品進口的現象，不獨臺灣在其他地區也存在著這類問題。海關與出版社、讀者的矛盾由來已久。與其責備海關，不如批評有關部門制定的政策。「野蠻國」認爲設卡方式是野蠻和不文明的表現，可在海關看來他們是照章辦事，問題就出在這「章」字上。

第十一節　《臺中的風雷》出版風雲

繼《證言二·二八》之後，陳映眞主持的人間出版社於一九九〇年出版了古瑞雲（周明）的《臺中的風雷——跟謝雪紅在一起的日子裏》。此書回憶了一九四七年二月蜂起事件至「香港會議」這段時間中，著者和臺灣共產黨領袖謝雪紅及其戰友的苦難歷程。

一九二五年出生的古瑞雲，臺灣臺中縣人。一九四七年二月事件後，與謝雪紅等人流亡香港，後到北京任「臺聯會」中央顧問。該書原名爲《跟謝雪紅在一起的日子裏》，系作者應臺灣史研究專家葉芸芸之邀，寫出「二·二八」事件證言的回憶錄。這部自傳，眞實地反映了臺共在二月事件中臺中地區的政治以及軍事活動，並寫出了「香港會議」前謝雪紅的工作和生活史。出版前曾在一九八八年十月至一九九〇年十月紐約的《亞美時報》連載過。

這本書原是人間出版社刊行的《證言二·二八》的第一本書，後來由於《證言二·二八》難以收入篇幅長的文章，作者便想聯繫別的出版社，陳芳明以此爲由介入，中間人葉芸芸對出版事項交代不及時，陳映眞還記錯了收到「腳踏兩隻船」周明稿件的時間，從而引發出周明的誤解，整個出版過程由此變得撲朔迷離。作爲最初的約稿人葉芸芸稱，她可以代周明安排作品的發表和出版，可作者眞正的本意是托陳芳明安排出版，但因爲陳芳明的臺獨立場盡人皆知，作者不想讓別人誤會自己的是支持臺獨的，便改由「人間」推出。

陳芳明在〈《臺中的風雷》之劈裂〉中認爲「人間」搶了他的出版權，因爲一九八九年八月四日，周明和陳芳明簽有出版合同，並罵陳映眞爲唯利是圖的「出版商人」。陳芳明多次說周明從頭至尾均特別主動執意要把此書交給他出版，但陳芳明不小心透露了周明舉棋不定的立場：

不久他（周明）來信說：「葉女士同意我的建議，先在《亞美時報》連載，然後匯成單行本在臺灣出版。由臺灣哪家出版社出版未講明，似乎尚無著落。不知你（陳芳明）是否聯絡好了出版社？

「尙無著落」說明花落誰家還不一定。陳芳明公布周明的信，意在告訴人們：周明很想由陳芳明安排地方發表或出版。可後來的事實並非如此：周明聲稱陳芳明的「政治立場」太「鮮明」不得已而作罷論的「內面」過程——並且還進一步建議由葉芸芸「匯成單行本在臺出版」。這個葉女士即葉芸芸，可不是陳芳明的代理人，而是陳映眞的代理人。不過，周明爲保險起見，又同時另外鼓動陳芳明爲他聯絡出版社爲他出書。（註二一）

此書最後由「人間」推出。陳芳明的獨派朋友鍾逸民和李喬看到此書後，出來指責陳映眞出版時不忠實於原著，從書名到內容均做了手腳，古瑞雲感到事情嚴重，便收起他模糊的立場，正面說明此書系「拜托葉女士與『人間』出版社交涉出版事宜」，後來因病住院與葉芸芸失聯，人間出版社便依照「《亞美時報》未經修改的原稿排版、發行。」（註二二）陳映眞所寫的〈夢魘般的回聲——陳芳明「內面史」的黑暗〉的長文如此回應陳芳明的指控。陳映眞認爲陳芳明公開周明的私函是不道德的，周明就事先打了招呼：「不宜把矛盾公開或擴大」。並在陳芳明公開引用周明的話中，把事情挑明：由陳芳明聯繫出版有兩個條件：一、停止有關出書的交涉；二、若陳芳明堅持要出版，必須接受我如下的條件：不得有任何攻擊中共或宣傳臺灣獨立的評論。（註二三）這自然符合著者在大陸的「臺聯會」任要職的政治身份。

至於書名的改動，陳映眞認為並沒有違反周明的初衷且顯得生動和吸引人。這書名的改動徵得葉芸芸的同意，周明也未曾提出過異議，還異常開心地簽下了收據（註二四）。事實上，在周明和陳芳明簽出版合同之前，並未全盤委托過陳芳明，至於周明與陳芳明簽的出版契約，是背著陳映眞和葉芸芸所做的不光明正大的行為。

這個文學上的「羅生門」式的撲朔迷離的出版故事，是因該書作者在授權問題上有反覆，另有中間人的介入，更重要的是陳芳明為了指責老對手統派的陳映眞，刻意掩蓋了實情。乍看起來這是《臺中的風雷》出版權的爭奪，其實背後隱藏的是統、獨兩派對「二·二八」事件詮釋權的爭奪。自一九八〇年代中期以來，獨派將「二·二八」事件解釋為同民族分地域相仇，是臺灣從大陸分離獲得獨立的象徵。而統派認為，「二·二八」是反獨裁、爭民主自治的抗爭，當時的菁英力倡民族團結，所謂族群衝突並不符合當時的情況，統派反對過於強調外省人與本省人的矛盾，更反對以日本文化對抗中國文化的詮釋角度。《人間思想與創作叢刊》反對將「二·二八」事件視為獨立的行動，而認為應該定位在當時全中國的反獨裁鬥爭的一部分，甚至視為戰後世界權力轉換，新權力者的粗暴失政所衍生的抗暴活動的一環。《臺中的風雷》出版權的爭奪，再次證明了這一點。

注釋

一　曾堃賢：〈近三年來成立出版社出版概況之觀察報告〉，《文訊》一九九三年十月號，頁二十二～二十三。

二　曾堃賢：〈近三年來成立出版社出版概況之觀察報告〉，《文訊》一九九三年十月號，頁二十二～二十三。

三　黃文範：〈新詩史上的一段官司——都是著作權惹的禍〉，《世界論壇報》，一九九五年八月十七～二十日。本文的資料來自此文。

四　黃文範：〈新詩史上的一段官司——都是著作權惹的禍〉，《世界論壇報》，一九九五年八月十七～二十日。本文的資料來自此文。

五　黃文範：〈新詩史上的一段官司——都是著作權惹的禍〉，《世界論壇報》，一九九五年八月十七～二十日。本文的資料來自此文。

六　黃文範：〈新詩史上的一段官司——都是著作權惹的禍〉，《世界論壇報》，一九九五年八月十七～二十日。本文的資料來自此文。

七　孟　樊：《臺灣出版文化讀本》（臺北市：唐山出版社，一九九七年一月）。

八　孟　樊：《臺灣出版文化讀本》（增訂本）（臺北市：唐山出版社，二〇〇二年九月）。

九　洪穎眞：〈締造「上帝的欽貼」〉，《文訊》二〇〇二年九月。頁六十。

一〇　楊宗翰主編：《臺灣文學史的省思》（臺北市：富春文化公司，二〇〇二年）。

一一　吳鴻玉：〈特寫十件文學事〉，載《一九九八臺灣文學年鑑》（臺北市：文訊雜誌社編印，一九九九年六月），頁一七八。本節參考了此文的研究成果。

一二　吳鴻玉：〈特寫十件文學事〉，載《一九九八臺灣文學年鑑》（臺北市：文訊雜誌社編印，一九九九年六月），頁一七九。

一三　吳鴻玉：〈特寫十件文學事〉，載《一九九八臺灣文學年鑑》（臺北市：文訊雜誌社編印，一九九九年六月），頁一七九。

一四　呂楦圳：〈日前臺灣的大學出版教育〉，《文訊》一九九七年四月號，頁三十八。本節參考和吸收了該文的研究成果。

一五　孟　樊：《臺灣出版文化讀本》（臺北市：唐山出版社，一九九七年一月）。

一六　龔鵬程：〈臺灣出版文化讀本．序〉，載孟樊：《臺灣出版文化讀本》（臺北市：唐山出版社，一九九七年一月），頁二。

一七　梅淩云：〈〈北港香爐人人插〉引發舌戰〉，《香港作家報》一九九七年十一月一日。

一八　文訊雜誌社編印：《一九九九臺灣文學年鑑》（臺北市：行政院文化建設委員會出版，二〇〇〇年），頁二二六。本節吸收了此年鑑有關齊邦媛部分的成果。

一九　陸又雄：〈兩岸出版應有更寬廣的道路〉，臺北市：《出版界》一九九二年冬季號，頁四十三～四十五。

二〇　野蠻國：〈海關搞怪卡死出版物進口〉，臺北市：《出版界》一九九四年春季號，頁三十六、三十七。本節的資料來源於此文。

二一　陳映眞：《陳映眞全集》（臺北市：人間出版社，二〇一七年十一月），第十二卷，頁三二四。

二二　見周明一九九〇年十二月十二日發表在《自立晚報》的回應文章，另見陳映眞：《陳映眞全集》（臺北市：人間出版社，二〇一七年十一月），第十二卷，頁三二五。

二三　陳映眞：《陳映眞全集》（臺北市：人間出版社，二〇一七年十一月），第十二卷，頁三二六～三二七。

二四　陳映眞：《陳映眞全集》（臺北市：人間出版社，二〇一七年十一月），第十二卷，頁三三七。

第九章　新世紀的臺灣文學出版

第一節　新媒介時代的出版體制

〈二〇〇〇年臺灣圖書雜誌出版市場研究報告〉中指出，臺灣每年的圖書出版種數高達兩萬五千種，其中文學類仍居第一，有二三三二種。如此蓬勃旺盛的出版現象，正如文訊雜誌〈編輯室報告．出版的理想與現實〉所說：是因爲出版業用「同業、異業策略聯盟、財團併購，以一般商業體的方式來經營出版……以精緻獨特的品牌，呈現小而優、小而美的出版品」（註一），也就是說，用現代專業的企劃經營與世界接軌的手段造成了快速發展，這已形成了兼具「紙質書」與「電子書」雙重性質的文化現狀。在此過程中生成的出版文化，見證著並以它不同於上世紀的功能優勢，日益深入地參與到新世紀文學制度的建構之中。

在傳媒語境的巨型覆蓋下，尤其是二〇〇七年十一月，當亞馬遜網路書店推出「電子書閱讀器」時，作爲主流出版形式的公辦出版社首當其衝遭遇重新洗牌。如果說，在上世紀解嚴後，現代出版的革新對臺灣文學所產生的衝擊波還未引起人們刮目相看，那麼到了新世紀，哪怕是對出版體制的變革持保留態度的人，都會強烈感受到「臺灣」取代「中國」的思潮及網絡對文學出版所產生的解構力量。不僅紙質出版經歷著從「語言」轉向「圖像」，進入視覺文化的新階段，而且隨著科技革命尤其是電子出版物的上市，臺灣新世紀的出版體制無疑發生了重大變化。

之所以這樣認爲，是因爲不論是出版群落、作者隊伍還是書籍生產、出版傳播、讀者消費，都出現了過去少有的文學生態。比如傳統的出版市場由瓊瑤、三毛、古龍，還有席慕蓉等流行作家所壟斷，現在轉換成九把刀一類的網絡寫手通過上網或手機，讓文學走入「尋常百姓家」。文學出版市場歷來是具有文學知識或寫作能力的讀者所構成，現在轉換成不一定具有相當文化水準的網民以及手機一族，他們不受紙質本的限制，可以在地鐵或餐館無節制地閱讀作品。即是說，「文學傳播開始由單向傳播轉換多向交互式傳播，由延遲性傳播轉換爲迅捷性傳播等，從物質、時間、空間三位一體上突破了原有的藩籬，實現了文學的無障礙傳播等等，不一而足。」（註二）

乍看起來，新世紀的臺灣文學出版制度向出版民主化、自由化邁出了一大步，書籍的生產比任何時期均顯得活躍繁榮，可把新媒界衍生的網絡出版物與紙質出版物在同一維度上進行對照，就可發現在網絡上發表和出版的作品垃圾甚多，再繁華也敵不過專出純文學的「五小」出版社的出版品。

由於發燒的政治書不斷擠壓精英文化，那性學叢書「像彩虹似的高掛在全臺灣的上空」，再加上老百姓普遍流行歷史懷舊心理，這造成新世紀的文學出版有兩個看點：一是回憶錄的出版，最成功的作者有龍應台、王鼎鈞、齊邦媛。二是經典的重塑，如九歌出版社對文學不變的堅持便表現在出版「典藏小說」、「典藏散文」，以及用套書形式廣告推銷的「名家名著選」。此外是老一輩作家全集和文集紛紛出版。

一般說來，出版社不管有任何政治顏色，都不會公開打出旗號，都會聰明地僞裝自己的意識形態、權力結構、預設立場、感情偏好、人際網絡。只要是好作品且有銷路誠然都願意出版，但遇上高度爭議性的議題或作品政治顏色太濃如深綠色作品，北部採取中立立場的出版社便會迴避，如楊青矗號稱「以文學爲美麗島歷史作見證」的長篇小說《美麗島進行曲》，儘管獲得了「國家文藝基金會」的創作補貼，「國藝會」也中介了北部的一家知名出版社協助出版，但該出版社負責人看完文稿後，覺得此書的內容太敏感，涉及一連串的選舉運動、勞工運動、逮捕刑求、審判辯論、林家血案、國際人權救援，只好將作品打回票。（註三）

儘管有「讀書會加油站」在助威，但新世紀的臺灣文學出版傳統韻味仍逃不脫日漸退化的命運，這在一定程度上與官辦出版社幾乎全軍覆沒分不開。還在運作中的止中書局也是日薄西山，早已沒有當年的派頭和風采。到了上世紀八十年代初，隨著黨外運動的興起，出版市場新添了標榜臺灣意識、宣揚本土文化的前衛出版社，在二〇〇一年出版宣揚臺獨的《臺灣論》日譯本大撈了一把，同時引發巨大爭議以至成爲「事件」。

以出本土文學著稱的南部出版社，在全球化語境下，與北部的九歌出版社、爾雅出版社、聯經出版公司相比，均面臨著困境。臺北市畢竟集中了全臺灣最大的出版資源，其中新興的以強大勢頭發展的秀威信息科技股份有限公司極引人矚目，它是臺灣唯一同時擁有POD隨需印刷技術與BOD隨需出版機制的公司，近年來因爲出版種類豐富，已逐漸成爲臺灣新興出版市場的知名品牌。

二〇〇〇年四月，旅法華文作家高行健獲諾貝爾文學獎。可他在此之前由聯經出版公司出版的小說《靈山》，並沒有什麼反響。這次獲獎後，「聯經」狂印十萬冊，但仍然不能改變人們對高行健背棄國家、背棄民族的負面評價。

新世紀以來，臺灣出版業競爭厲害。除舊書店如雨後春筍般誕生後，個人獨資經營的出版社也如過江之鯽，計有木馬文化、野人文化、大家出版、遠足文化、繆思出版、左岸文化、一起來出版、自由之丘、無限出版、衛城文化、大牌出版、廣場出版、我們出版等等，正如隱地所說這些個人出版社「聯結成讀書共和國」（註四）。至於二〇〇五年杜潔祥創辦的以圖書館爲銷售對象的花木蘭文化出版社，其所依據的是出版「長尾理論」：按傳統的出版做法，一部學術專著大約需要售出兩千至四千冊，方能收回成本。而學術書的受眾群很小，絕大多數書賣個百十來冊就不錯了，所以學術專著出版是一個鐵定賠本的買賣，需要巨額基金扶持。但是，如果拿製作一部專著的成本，用來製作二十本書，每本書賣百十來冊，合計起來就有兩千多冊，如此就能收回成本。

出版業競爭還表現在從《聯合文學》總編輯位子上卸任的初安民，另辦《INK印刻文學．生活誌》和同名的出版公司，與《聯合文學》和聯合文學出版社成犄角之勢。無論是北部有系統出版「五．四」以來文學經典作品著稱的「洪範」、著重出版本土及原住民作品的「前衛」、「晨星」，重視理論與新思潮引進的「麥田」，還是南部的「春暉」，不管有多麼強的主觀性、偏狹性、利益性，都爲了各自的理念在新的出版市場中苦撐、苦戰。在臺灣文學出版市場萎縮、供過於求的情況下，位於臺南的臺灣文學館出版了《二〇〇七臺灣作家作品目錄》、《臺灣現當代作家評論資料目錄》、《臺灣現當代作家研究資料彙編》、「臺灣文學史長篇」等一系列套書，遠遠超過當年由軍方出資的黎明文化出版公司出版的「中國新文學叢刊」、「中華文化百科全書」、《中華通史》等叢書的規模。

新世紀仍是閱讀的年代，這可從二〇〇四年第二三八期《文訊》刊出由專家推薦的新世紀文學好書六十本可以看出。這六十本書起自二〇〇〇～二〇〇四年當中出版的書，書名和作者分別爲：

《聆聽父親》（張大春）、《我們仨》（楊絳）、《餘生》（舞鶴）、《十三朵白菊花》（周夢蝶〉、《忠孝公園》（陳映眞）、《樹猶如此》（白先勇）、《理想的下午》（舒國治）、《華太平家傳》（朱西寧）、《躁鬱的國家》（黃凡）、《遣悲懷》（駱以軍）、《蝶道》（吳明益）、《漫遊者》（朱天心）、《日據以來臺灣女作家小說選讀》（二冊．邱貴芬編）、《猴杯》（張貴興）、《董橋作品集》（六冊）、《天涯海角——福爾摩沙抒情志》（簡媜）、《二十世紀臺灣詩選》（馬悅然、奚密、向陽合編）、《月球姓氏》（駱以軍）、《雨雪霏霏——婆羅州童年記事》（李永平）、《漂木》（洛夫）、《紀弦回憶錄》（三冊）、《臺灣原住民漢族文學選集》（七冊，孫大川編）、《城邦暴力團》（四冊，張大春）、《奔跑的母親》（郭松棻）、《最後的黃埔——老兵與離散的故事》（齊邦媛、王德威合編）、《昨日重現》（鍾文音）、《跨世紀風華》（王德威）、《被壓抑的現代性》（王德威）、《筆記濁水溪》（吳晟）、《行過路津》（施叔青）。

這份書單，個別書有爭議，如《紀弦回憶錄》有造假的成分，傳主爲自己在抗日期間的不光彩行爲塗脂抹粉，還有許多地方吹噓自己。把回憶錄寫成功勞簿，這種做法不可取。

二〇〇四年五月，聯經出版公司推出《最愛一百小說》。其中包括中國古典小說、用中文寫的當代小說，還有西方經典小說以及武俠小說、成長小說、奇幻小說、偵探及神秘小說、日本小說。這個書單不具有經典意義，只是供讀者閱讀小說作首選罷了。

第二節　老作家全集陸續出版

作家全集的出版，是文學經典建構的一個重要方面。選取什麼樣的作家出版其文集、全集，整理者和出版者的審美標準和評價尺度往往占了很大的成分。爲了能對歷史負責和打開市場，出版者要求作家和讀者普遍認同其評價標尺。

遠在六十年代，臺灣就開始有作家全集的出版。一九六六年正中書局，出版了內地赴港作家徐訏一套十八本的全集。這是臺灣第一次出版的作家作品彙編。七十年代後，臺北遠行出版社接連在一九七六年、一九七七年出版了《鍾理和全集》、《吳濁流作品集》、《七等生作品小說集》，另有高雄的德馨室出版社和臺北的明潭出版社出版有《王詩琅全集》、《賴和先生全集》。這些作品的出版，是臺灣文學經典建構的奠基性工程，其出版對象清一色是臺灣本地作家，且作品整理者也是省籍學者。爲臺灣文學鼓與呼的張良澤，曾這樣表白他主編王詩琅等作家作品全集的初衷：「我決心要把這塊歷盡滄桑的泥土裏所掩埋的前輩作家，一個個挖掘出來，讓他們重曬太陽，發出燦光。」（註五）正是這種莊嚴的使命感，使張良澤不怕官方的打壓和別人潑來的污水，「以一人之力完成全集的吃重工作的。」（註六）

八十年代，是個多元化的時代，因而有三十七冊的《胡適作品集》、十五冊的《陳映眞作品集》、二十六冊的《何凡文集》的問世。在解除戒嚴後，本土化思潮洶湧澎湃，不說境外就是島內的白先勇，均差點被擠到壁角。在外省作家的中心地位遭到放逐的情勢下，各縣市文化中心充分利用自己的資源優勢，出版當地作家的全集。這時外省作家全集的出版布不成陣，如十冊的《羅門創作大系》還是由作者自籌經費、文史哲出版社出版的，而不似《吳新榮全集》、《陳秀喜全集》、《鍾理和全集》、《林亨泰全集》得到臺南縣、新竹市、高雄縣、彰化縣文化中心的贊助。

新世紀臺灣文學經典的建構不同於一九九九年由官方「文建會」出面邀請知識精英用票選的方式選出，其途徑主要有下列三種：

一是文化部門的運作。如果是本地人，作品又具有臺灣意識，這樣的作品便容易被當地文化部門接受並被優先考慮出版，如高雄市文化局出版的《葉石濤全集》、苗栗縣立文化中心出版的《李喬短篇小說全集》，以及比縣市部門更高一級的「國立文化資產保存研究中心籌備處」推出的《李魁賢文集》。至於臺北縣文化局出版的《王昶雄全集》，出版者認為其作品可以作為文學史料保存。在某種意義上說，出版社也是一種行使文學史建構的權力部門。前衛出版社雖是民間經營，但它高揚本土意識，其出版的《周金波集》與臺北縣文化局出版《王昶雄全集》的宗旨大同小異。

值得注意的是，大陸出版社也參加了臺灣文學經典的建構。如九州出版社出版的三卷本《黃春明作品集》、百花文藝出版社出版的九卷本《余光中集》，後者刪去那些不適合在大陸刊布的作品，余光中心裏不服，因而便有「存目」的出現。余光中說：「我還寫過的戈爾巴喬夫、達賴喇嘛，這些人在大陸是不能提的，從我的詩集裏拿掉了。當時我九本全集後面有一張表，載明他們拿掉的是哪些書、哪些文章，有朝一日或有可能會恢復名譽。」（註七）

二是民間出版的篩選。如「榮泉文化」推出的四十冊《李敖大全集》、遠流出版公司推出的三十七冊《胡適作品集》、人間出版社出版張光正主編的《張我軍全集》、遠景出版社出版的《七等生全集》。正如彭瑞金所說：「在戒嚴時期，臺灣本土化運動尚待突破的氛圍裏，沈登恩扮演開路先鋒，臺灣文學史上最早的個人全集——《鍾理和全集》，即出自他的擘劃。」有些作家全集的出版，則不屬政治轉型而純是地方轉向，即出自地方特色的考慮，如《詹冰詩全集》、《劉吶鷗全集》、《張文環全集》、《鍾肇政全集》的出版。

臺灣文學史的經典建構存在南北差異。一般說來，北部出版社建構經典時不以本土化為主軸。像純文學出版社推出的二十六冊《何凡文集》，聯合文學出版社推出的《洛夫詩歌全集》、《商禽詩全集》、《黃春明作品集》，再如人間出版社二〇一七年出版的二十三冊《陳映眞全集》。

三是讀者市場的制約。如三毛的作品在臺灣有典藏版，而席慕蓉的作品在大陸也上升為經典。互聯網的出現和經濟全球化的到來，將臺灣文學經典的建構走向市場的同時走向視覺化和具象化。

第三節　波瀾壯闊的回憶錄

回憶錄寫作於二〇〇九年開始「發燒」，後來，隨著龍應台梳理兩岸一甲子風雲的《大江大海一九四九》作品的走紅，隨之便掀起回憶錄寫作潮，齊邦媛、亮軒、蔡文甫的自傳及王鼎鈞作品相繼推出，標誌著作為散文之一種的回憶錄在創作界的重要影響力，同時也使得多年沉寂的具有某種報導功能的回憶錄列入暢銷書的排行榜。

作為一種獨特的帶「藍色」的敘事資源，在五十年代曾經風靡一時。在進入本土化的九十年代，這種作品更遭到解構性的反思與批判。可到了新世紀國民黨再度執政時，當局為紀念撤退去臺六十週年，並迎接即將到來的「中華民國建國一百週年」，這些回憶錄及時地適應了國家機器相關職能部門的特殊政治需求。此外，回憶錄作者在時代精神內涵的鑄造、藝術性的追求與探索方面做了許多努力，給臺灣文學創作帶來衝擊力及反思歷史的啓示，而這也正是新世紀語境下審視與探討這些回憶錄的價值所在。

大名鼎鼎的王鼎鈞血注其中、神駐其上、魄鑄其間的《昨天的雲》、《怒目少年》、《關山奪路》、《文學江湖》回憶錄「四部曲」，是新世紀的重要收穫。作者先後經歷七個國家，看五種文化、三種制度。半生流浪漂泊的他，目睹過多少瘋狂，多少憔悴，多少殘毀，多少犧牲，這使王鼎鈞有著別人所沒有的豐富複雜的「感光底片」和人生歷練。他的人生歷程與中國現當代歷史的劇烈變化相伴隨，其創作展現出海峽兩岸歷史的廣度和深度、厚度。王鼎鈞不是要把回憶錄做成自己的功勞簿，而是要彰顯時代的轍痕，寫出時代的悲歡。他的作品固然不乏血淚、血泊、血腥、血戰、血案，但讀者能看到血淚所化成的明珠，至少看得見由鮮血所染成的杜鵑花。

「歷史如雲，我只是抬頭看過；歷史如雷，我只是掩耳聽過。」多年來，王鼎鈞所看到如雲的歷史是：中國一再分成兩半，日本軍一半，抗日軍一半；國民黨一半，共產黨一半；專制思想一半，自由思想一半；傳統一半，西化一半；農業社會一半，商業社會一半。在「由這一半到那一半，或者由那一半到這一半」（註八）的迂迴以及在出世和入世的穿梭中，不屬任何黨派的王鼎鈞卻有著「半邊人」的通達。是他，親眼目睹了光明的一面和黑暗的一面，他藏身在其中的一整片樹林、一整面天空，它是那樣切近歷史與社會、時代與人物的原象，比一般的自傳更具有文獻價值。

王鼎鈞指出，如果把同年出版的龍應台的《大江大海一九四九》「海」字半邊看成兩只聯結的「口」，那齊邦媛的《巨流河》與《文學江湖》的書名都有「水」與「口」。「水」代表「逝者如斯」，「口」象徵「有話要說」。以風格而言，王鼎鈞形容《巨流河》是「欲說還休」，《文學江湖》

是「欲休還說」，《大江大海》則是「語不驚人死不休」。（註九）

也有人認爲「《昨天的雲》有詩意，《怒目少年》有畫境，《關山奪路》有劇力，《文學江湖》有史識。」所以這些都記載在王鼎鈞自己編的《東鳴西應》（註一〇）一書中。

成爲見證海峽兩岸歷史巨構的齊邦媛的《巨流河》，是一部反映中國近代苦難的家族巨史，與該書刻畫的「四種『潔淨』典型」（註一一）分不開。作者濃墨重彩寫了一生載沉載浮的國民黨元老齊世英。和齊世英不同，張大飛在書中則是當作抗日英雄來描繪的，不是武將的朱光潛，是齊邦媛人生道路上又一導師。「一直盼望而終於失望的是一個安定的中國」的錢穆，也是齊邦媛的忘年交。

《巨流河》記錄的是縱貫百年、橫跨兩岸的大時代的故事，是二十世紀中國命運多舛的歷史，尤其是被政治放逐的知識分子心靈的痛史。這是個人史、家庭史，同時又是研究大陸遷臺作家如何從漂流到結婚生子、落地生根的過程及政治的炎涼如何轉移到文學上的重要歷史文獻。《巨流河》最突出的藝術特點是情感細膩，筆力邃密通透。

龍應台的《大江大海一九四九》，不是歷史書，而是一本傳記式的報導文學。該書從打撈戰火殘骸的角度，描述一九四九年蔣家王朝敗退臺灣後施虐者、受虐者如何最終捲進命運與死神的漩渦中，以及他們所書寫的相關國共內戰史。

如果說，《文學江湖》沿著一條主線發展，但步步向四周擴充，放出去又收回來，形成袋形結構；《巨流河》材料集中，時序清晰，不蔓不枝，是線形結構；那麼，「《大江大海》頭緒紛紜，參差並進，費了一些編織工夫，是網狀結構。」（註一二）這種網狀結構所展示的是一幅場面宏偉、情節複雜的流民圖。

近二十年來，陸臺港學者努力探索中國近現代史眞相，解讀戰爭現象的多元，但均不似龍應台那樣以生命的名義書寫歷史，以獨特視角寫出兩岸作家沒認識過的一九四九，塡補了主流書寫對那段歷史無暇顧及甚或有意無意遮蔽的盲點和罅隙，揭開了戰亂頻繁的大時代給每一個個體造成的心靈創傷和痛楚。她以過人的膽識引領讀者走進半個多世紀前中國人的一段慘痛遭遇，透過捲入戰爭機器的芸芸眾生的血淚故事，讓人們感受到中華民族那曾經因內戰所帶來的巨大傷痛。在龍氏筆下，所有的顚沛流離，所有生死契約式的放逐，最後都匯入大江奔向大海。

第四節　文學老書重出江湖

二〇〇四年初，《文訊》開了一個三十本距離半個世紀以上重新出版的書單：第一本爲初版於一九三九年「臺灣新民」、重版於一九九八年前衛出版社的吳曼沙《韭菜花》。第二本爲一九五二年由文藝創作出版社初版、一九八五年純文學出版社重版、二〇〇一年爾雅出版社三版的潘人木《蓮漪表妹》。其他前後歷時四十年以上的有一九五七年著者自印、一九五九年新版、一九九九年九歌出版社重版的姜貴的《旋風》，一九六二年初版、一九六三年遭禁、二〇〇二年「九歌」重版郭良蕙的《心鎖》。歷時三十年以上者依序有楊念慈的《黑牛與白蛇》（一九六三年大業書店初版，二〇〇〇年「麥田」重版）、艾雯的《青春篇》（一九五一年啓文出版社初版，一九七八年「水芙蓉」重版，一九八七年「爾雅」新版）、余光中《逍遙遊》（一九六五年文星書店初版，一九八二年「大林」重版，一九八四年「時報」重版，二〇〇〇年「九歌」新版）、林懷民《蟬》（一九六九年「仙人掌」初版，一九七三年「大地」重版，二〇〇二年「印刻」新版）、趙滋蕃《半下流社會》（一九六九年亞洲出版社出版，一九七八年「大漢」重版，二〇〇二年「瀛舟」新版）、羅蘭《飄雪的春天》（一九七〇年羅蘭書屋初版，二〇〇〇年「天下遠見」重版）等，而華嚴《智慧的燈》（一九六一年「文星」初版，一九六九年「皇冠」重版，一九九〇年「躍昇」新版）問世也近三十年。這部「大眾文學」描寫的是司空見慣的愛情題材，可它提供了不少珍貴史料，比如其中描寫臺灣當時士紳家族的門第觀念、酒家女的生活等等。故事雖以臺灣為背景，卻發展到廈門、上海等地，敘述了若干關於泉州的故事和傳說。這些書之所以能「重出江湖」，原因如下：

一是有歷史文獻價值。當時日本禁止作家使用漢文，《韭菜花》並非用日文寫的小說能出版，大概是因為書中運用了不少日本化的語詞，得以蒙混過關。一九九八年，前衛出版社重印此書，是因為《韭菜花》對研究當年大眾文學的特徵有幫助。

二是有較高的閱讀價值，有不斷再版之需要。如艾雯的處女作散文《青春篇》，由十七篇散文組成，表現了年輕人對未來美好的憧憬，還有對大自然熱愛的情感。這不僅是家庭主婦的生活紀實，從中還表現了抗戰的烽火歲月。此書於一九五一年由南部最早成立的出版社「啓文」出版，後又由大業書店、水芙蓉出版社重版。消失一段時間後，一九八七年由爾雅出版社出增訂本。這雖說是舊書，但後來的讀者讀起來仍有新鮮感。在這個意義上，它也是新書。

三是作者是著名作家，其作品在文學史上有地位。如王藍的長篇《藍與黑》，以北平、天津、上海等國際大都市為背景，寫八年抗戰、國共內戰，有時代氣息，人物刻劃也很生動。該書風行四十年，曾改編為話劇、廣播劇、電視劇，被稱為「四大抗戰小說」之一，一九八八年由「九歌」重排再版。

新世紀出版的一個怪現象是在行銷上作暴風雨般的刷新，用廣告、話題性、噱頭、注目率及高手法炒作，將一本質量不過關的書進入排行榜。老書新出不搞這種邪門歪道，它靠的是經得起時間篩選的內容去吸引讀者，這顯得難能可貴。

對舊書新出這種現象，傳播學家向陽說得好：「我認爲文學舊書再版重印，一言以敝之，也可用「出土復甦」來解釋。無論文學書籍的重版是來自文學場域典範的再塑，或是源於舊情的緬懷，意味的都是這些書籍與當代社會共同性的更趨疊合，與整個社會感覺結構的更加靠近，因此受到當代的重視，從而在塵灰中被再一次擦拭而出土，在瀕死之際獲得復甦。文學舊書再版重印，猶如火中鳳凰，象徵文本的出土，也象徵文學場域的復甦。」（註一二）

第五節　各縣市作家作品集出版

一九九一年初，受教育部資助的《文訊》雜誌，開始長達一年四個月的「各縣市藝文環境調查報告」專案計劃。他們以每一期介紹一個縣市的速度，持續地造訪了十六個縣市。一九九三年四月開始，又承文建會、新聞局的贊助，企劃了「臺灣地區區域文學會議」，分「花東」、「高屏澎」、「雲嘉南」、「中彰投」、「桃竹苗」、「北基宜」六個區域，共舉辦六場研討會。兩個系列活動，共計有六百餘人參與。

在會議期間，作爲臺灣文學資料庫的《文訊》，接觸到許多地方文學的問題，聽到了來自底層的聲音，認識了許多沒有洋味只有鄉土味的文友，由此通過各種渠道約稿，以實際行動表達了對臺北這個國際化大都市之外文學的關懷。從一九四九年九月起，《文訊》另開闢了「各地文學采風」專欄，十六個縣市均有一個特派員，專門收集各地的文學資訊。二〇〇九年七月，《文訊》又製作了「各縣市作家作品集觀察」專輯。

首套地方作家作品選，係臺中縣立文化中心出版。這得到文建會的肯定，遂擬定具體的獎勵辦法，通告各縣市文化中心照辦。因爲經費有限，又邀省教育廳一起參與。

後來由於經費有保障，用不著找米下鍋。從一九九三年起，各縣市紛紛響應，競相出書。據徐淑雅統計，從一九九〇年十一月起，全臺二十五個縣市中，除臺北市、新竹縣、嘉義縣、連江縣未出版本地作家作品外，其餘十九個縣市文化局加上臺南市立圖書館與高雄市立文化中心共出版一〇〇二種、文類包括詩、散文、小說、劇本、兒童文學、論集、合集及其他，共收集七三〇多位作家作品。一九九一年七月，臺中市出版「臺中市名家作品集」。十二月，臺中縣又出版「臺中縣文藝家作品集」第二輯。隔年苗栗縣、雲林縣、宜蘭縣、花蓮縣也陸續出版作家作品集。總計十四個縣市文化中心共出版一一九種，是歷年來出版數量最多的一年。一九九四至二〇〇〇年分別出版了九十三、七十九、八十一、六十五、五十九、七十與八十一種，短短八年間，共出版六四七種，占了將近總數的百分之六十五，可以說沉寂已久的地方文壇在這期間活躍了起來，並且大放異彩。截至二〇〇七年上半年仍持續出版作家作品集的縣市有十個：臺北縣、苗栗縣、彰化縣、南投縣、臺南縣、臺南市、屏東縣、宜蘭縣、澎湖縣、金門縣。這些縣市視經費而定，每年每輯以二至十冊不等出版。在二十一個出版作家作品集的縣市裏，出版數量超過五十種（依數量排序）的有臺南縣（一〇三種）、臺北縣（九十六種）、彰化縣（八十八種）、臺中市（七十九種）、臺南市（七十九種）、苗栗縣（六十八種）、屏東縣（六十八種）、南投縣（六十一種）、宜蘭縣（五十六種）、桃園縣（五十一種）。其中臺北縣共出版十二輯，每輯都是八冊，是所有縣市中唯一固定數量出版的；桃園縣和臺中市雖然先後於一九九八、二〇〇〇年後停止出版，但也都出版超過五十種；苗栗縣一至二年出版一輯。難能可貴的是，彰化縣、南投縣、臺南縣、臺南市、屏東縣、宜蘭縣等六個縣市固定每年出版一輯，其中臺南縣已於二〇〇七年初出版超過一百種，居全臺之冠，令人喝采，臺南市於一九九七年起，也固定每年以一輯六冊出版。

在這前十名富中、中南部地就占了六個縣市，相較於大臺北出版主流地區的現象之下，各縣市作家作品集具有平衡作用。（註一四）

這些來自基層作家的作品，不可能像某些知名作家那樣請別人代寫。之所以出現代寫這種現象，是因爲讀者只買名家的名字，不管是眞作還是僞作，均買來看看再說。縣市作者沒有某些知名作家這種條件，也不靠暢銷書排行榜的名氣出書，用不著讓出版社與連鎖書店或網路書店這些大路通談條件合作，可惜這種大好局面受凍省、廢省的干擾，各縣市文化中心由此改制爲文化局。在經費比過去少的情況下，不少縣市仍在堅持出書。出版的門類主要是詩歌、散文、小說，也有文學史料、文學評論、地方文學選集。如二〇一〇年由臺北縣政府出版的《二十堂北縣文學課——臺北縣文學家采訪小傳》，集結了老一代文學家成果與智慧，該書秉承臺北縣文學的在地精神，介紹了孤獨國的苦行僧周夢蝶、「寫作是永遠不必退休的行業」的畢璞、走近天涯歌盡桃花的王鼎鈞、多才多藝的本土文化耕耘者施翠峰、辛勤六十載無愧譯一生的黃文範、兒童文學的推手楊思諶、不凡的「凡夫俗子」蔡文甫、勤寫不輟的文壇公務員廖清秀、殘而不廢的大兵文學代表張拓蕪、「美麗的瘋子」詩人管管、極現代極東方的詩人商禽、寄情山野的森林詩人麥穗、推動臺灣現代戲劇的旗手黃美序等。這些訪問記，保存了豐富的史料，凸顯了臺灣文學的地域性，有很強的可讀性。

不妨把縣市作家作品集的出版，視爲區域文學史編寫者派出的一個「前哨」。如果這「前哨」缺席了，淪陷了，臺灣區域文學史乃至臺灣文學通史，就會存在巨大的威脅。爲減少這種威脅，「前哨」的出現即縣市作家作品的出版，便具有了文學史的意義。

第六節　《文訊》：臺灣文學出版重鎮

臺灣唯一的具高水準的書評雜誌《書評書目》於一九八一年九月劃上句號，使文化人不勝唏噓。幸好過了兩年，即一九八三年七月，臺灣又創辦了有許多新書資訊和書評內容的《文訊》月刊。林海音生前曾稱讚說：「《文訊》的確是本可讀性高又有保存價值的雜誌，包含滿可貴的新文學史料。新文學史料中不斷有過去，也有現在，更有著無限的未來。」這是對《文訊》建構臺灣文學史料所做的貢獻的最好評價。

一九五〇年代初期，全臺灣的出版社只有一百多家，至二〇〇六年已高達九一七六家。《文訊》雜誌社雖沒有打出「文訊雜誌出版社」的旗號，但它以雜誌社名義出版了許多學術性兼資料性的書，其價值之大，其貢獻之巨，不亞於一些出版社。一九八四年十月，《文訊》就設置了「出版探訪」專欄，從總第十六期起易名爲「出版史話」，介紹了早期的重要出版社如文藝創作出版社、文星書店、文壇社、大業書店、平原出版社的來龍去脈，塡補了臺灣文學出版史的空白。不僅有出版社的介紹，還有宏觀論文，如陳銘磻在總三十二、三十三期連載的〈四十年來臺灣的出版史略〉，以十年爲斷代，列敘和評價重要的出版活動和單位，不愧爲微型的臺灣出版史。

一九九三年三月，《文訊》面對出版業的興旺發達，製作了「出版事業的反省」專題。七個月後，《文訊》又製作了「新成立的出版社觀察」專題。所謂「觀察」，就是歸納這些後起之秀的長處和短處，以利今後的發展。

邁入二十一世紀，兩岸加入WTO後出版界有重大變局，牽涉到誰能成爲華文出版市場的執牛耳者。於是，《文訊》又策劃「出版新戰場」專題，邀請孟樊總結自立門戶的「大塊」、「立緒」、「印刻」、「二魚」如何創立品牌的經驗。該文提出出版資本主義化到底是好事還是壞事？這均值得同業者深思。另外，還專訪葉姿麟、初安民、吳錫清等發行人或總編輯，以利彼此取長補短，增強交流提高圖書出版的品質。

對舊書重版現象，《文訊》於二〇〇四年三月推出了「文學書重出再印」專輯，並請學者向陽從文學傳播學角度觀察舊書新出的意義，對引導讀者閱讀有一定的幫助。

從一九九八年七月起，《文訊》規劃了「出版記事」專欄和「出版現象」觀察，共刊出十三篇文章。雖然不少執筆者是年輕人，但他們的意見仍有參考價值。尤其是他們皆「以敏銳、深刻的的觀察，緊扣世紀末的出版動態，可視爲一次成功的成果展示。」「每月新書」專欄，信息量大，很有可讀性。與書評相關專欄，對積累出版史料功莫大焉。據陳信元統計，截至二〇〇八年上半月止，《文訊》刊登了將近一五〇〇篇書評，不少書評觸及到了原作的神韻，對文學的出版帶來更多的助益。這種書評、書訊對文學界、出版界貢獻甚大，堪稱「書海領航者」。（註一五）

《文訊》雜誌還出版有共享文學高貴心靈的「文訊書系」，和智慧的薪傳、時代的見證的「文訊叢刊」，其中臺灣現代詩史研討會實錄《臺灣現代詩史論》，爲臺灣學者撰寫臺灣現代詩史積累了豐富的史料。還有封德屏主編的《臺灣人文出版社三十家》、《台灣人文出版社十八家及出版環境》，不局限於介紹，還有評價。這種評價沒有相當的功力是寫不出來的。此外，「青年文學會議論文集」，對臺灣文學進行比較研究，對文學與社會的關係做了探討，在文學越界方面有新的觀點。「論文集」還開闢了臺灣作家的地理書寫與文學體驗、臺灣現當代文學媒介研究、兩岸暨華文地區數位文學的發展與變遷等新的領域。

不是出版社的《文訊》，其出版貢獻不亞於許多有名的出版社，在兩岸學術界占有重要地位。

第七節　《臺灣論》風暴

當中國統派幹上《臺灣論》　當政客遇到「慰安婦」
當內政部官僚堵住小林善紀　當媒體掀起《臺灣論》風暴……

這是黃邵堂等著《臺灣論風暴》（註一六）封底的廣告詞。這裏說的《臺灣論》，係指日本小林善紀的漫畫，它原先是寫給日本人看的，在日本狂銷近三十萬冊。全書共分十二章，其中有四章是李登輝個人的訪談，並用將近四分之一的篇幅談臺灣的認同以及民族主義，還有臺灣的大血統及臺灣的國土歷史。它資訊豐富，不僅涉及國際關係、國家定位等這些敏感問題，還有哲學觀和向讀者介紹臺灣好吃好玩的地方。當中譯本於二〇〇一年二月在臺灣由前衛出版社出版後，在島內掀起一場巨大的爭議和一股反抗浪潮，引發政治界、文化界一場巨大的風暴。該書還在日本發行時，就引起臺灣愛國人士和媒體的密切關注。這場爭議關係到政治、外交、經濟、社會、歷史、文化、語言各方面。在時空上跨越過去、現在及未來，爭議持續四個月才落下帷幕。

小林善紀既不是專業評論家，也非歷史學家，他只是以漫畫爲業的文藝工作者。他創作《臺灣論》的初衷是出於對日本現狀的不滿，企圖借臺灣作爲日本社會反思和借鑒的標本。作者關心的是一個想像中的日本，而臺灣恰好是在現實中難於找到的獨一無二的代替品。本想是爲臺灣發聲，但由於小林善紀對臺灣歷史和文化的無知，更重要的是他的右派立場，使小林善紀從自稱是日本人的李登輝及其同一代的媚日派人士的會談內容，去梳理日本人統治臺灣的情況，強調日本人主要不是侵略而是幫臺灣人民施政，並對幾個重要人物的施政事跡加以表彰，而對慰安婦等負面事件不是辯解就是淡化，甚至肯定日人發動的蘆溝橋事變，並以此和光復後接收臺灣的國民黨政權作鮮明的對照。

小林善紀赤裸裸地渲洩他的反中國意識，理所當然遭到熱愛中國人士的撻伐。這就不難理解，在臺灣各黨派中，親民黨會一馬當先痛批《臺灣論》參與對話者的媚日心態，毫無臺灣人的尊嚴。親民黨主席宋楚瑜說：「愛臺灣不只是愛這塊土地，更應愛這塊土地上的人與歷史；眞正愛臺灣的人，無權扭曲臺灣歷史，更應還原臺灣的歷史眞相。」立委李慶華痛批正是許文龍及李登輝等政治人物如此媚日、親日，才增長日人的囂張氣焰，由此他當場氣憤地撕毀《臺灣論》，發起民眾打電話向奇美實業抗議運動，陳水扁並應主動撤換許文龍總統資政一職。新黨立法委員馮滬祥等人在臺北街頭，也當場焚燒許文龍及小林的漫畫像和日本國旗，並要求書店將《臺灣論》下架。連呂秀蓮也說慰安婦絕對不是出於自願。親民黨團總召集人鄭金鈴、發言人黃義交、立委周錫瑋等人均要求許文龍、蔡焜燦兩人應公開向社會道歉，並自動請辭總統府資政職務，前衛出版社應主動收回《臺灣論》，不但書店、超市要配合，民眾也應拒看、拒買以抵制，教育部、新聞局則應透過一切管道，澄清書中的不當言論。

新黨立委謝啓大語氣激動地說：「韓國人受到日本人的欺侮，全國人民至今不說日文。反觀臺灣的企業家，竟然到現在還在媚日。請問我們的政府、我們的人民，怎麼能夠繼續容忍這種喪失民族觀念的行爲？難道當企業家就可以爲所欲爲嗎？」

鑒於不少臺灣人由反日、媚日到親日，在自我定位上迷失自我，爲抵制這種思潮，許多作家也參加了這場論戰。其中王曉波認爲，即使對《臺灣論》無法律可據去取締，至少應有知識上的批判，這裏有侵犯人民權利的問題。和王曉波不同，陳芳明雖然認爲小林善紀必須爲他的強硬態度而認錯，但卻認爲「焚旗燒書的行爲，嚴重侵犯言論自由，國人當然不能容忍少數政客的橫蠻。禁止小林善紀入境，嚴重違背基本人權。」（註一七）

《臺灣論》的讀者大都是青少年，他們中的許多人對日本侵占臺灣這段歷史認識不清，只會看日本人的漫畫，學日本時髦，用日本符號，說日本語彙，小林善紀便由此乘虛而入，企圖通過《臺灣論》給這些青少年灌輸其極右史觀。事件結束後，前衛出版社出了有關這一事件的《臺灣論風暴》，而陳映眞主持的人間出版社卻出版了批判《臺灣論》的專書。

第八節　獨立書店撲面而來

作爲新世紀才出現的「獨立書店」，其內涵是不與連鎖書店掛鈎。雖然連鎖書店在臺灣已近四十年的歷史，但「獨立書店」的名稱才遲遲產生。

在一九八三年創辦的「金石堂」、一九八九年的「誠品」大型連鎖店的出現，可視爲書店的一場革命。在他們出現之前，其運作方式不是出版社直接將出版品給書店，而是通過中間環節——總經銷店再由總店批發給書商，連鎖書店省去了這個中間環節，既快捷又省錢，故很受歡迎。但仍有些出版社不思革新，仍把書交給中介方，這樣就增加了成本。

在這種經銷方式下，書店自然就一分爲二：一是向出版社直接進貨，二是用傳統方式從批發商那裏要書，這叫一般書店。「獨立書店」這一名詞的出現大概在二〇〇八年左右，當時實體書店開始面臨網路時代的衝擊，不但連鎖書店的業績大受影響，原本一批經管得很有特色的個別書店，也出現難以爲繼的情形。「這時，我們才特別在這些有特色的一般書店稱爲獨立書店。」（註一八）

傳統觀念認爲書店的職責就是賣書，可按這種方式書店就很難辦下去。當然也有堅守傳統式的，但也有人與時俱進：除賣書外，還賣文具、咖啡、禮品。如不這樣做，獨立書店就無法與連鎖店、網路書店競爭。正因爲如此，走自我風格在臺灣各大街小巷撲面而來的小型書店，由此找到了自己的生存空間，如「女書店」、「晶晶」、「小小」、「有何」等等。

據陳隆昊研究，獨立書店結盟分三個階段：

一、溫羅汀時期的獨立書店聯盟。所謂溫羅汀是臺北城南觀光地區溫州街、羅斯福路、汀州路的簡稱。在臺北文化局的關注下，二〇〇五年，連續辦了數場露天書展、行動劇、圖書裝置藝術展等，喚起了老百姓對臺大公館商業街內獨立書店的關注。就是不逛書店的人，走進溫州公園內商圈中的書店，都會以好奇心進去看一看。正因爲文化風氣比較濃厚，故公館商圈內的南天書店、女書店、晶晶書店、書林書店、唐山書店才一起組成了「獨立書店聯盟」。

二、多家獨立書店組成「集書人文化事業有限公司」。二〇〇八年，由小小書店發起全臺灣九間獨立書店集資成立公司。這家公司，把獨立書店的組合擴展到北、中、南、東部各地，也規劃、執行獨立書店聯合進貨，更協助獨立出版品發行的實務面，可惜二〇一二年這家公司因資金短缺而關門大吉。

三、獨立書店最新的努力。上述公司停擺後，又於二〇一三年初，幾家獨立書店重新集結成立「臺灣獨立書店文化協會」。成立後，除在全臺灣舉辦十二場系列巡迴演講外，另在二〇一四年國際書展會上設計了一個很有獨立書店品味的展場，舉辦了以「走進書店的N個理由」爲主題展覽，以及十二場獨立書店相關議題的系列論壇。（註一九）

獨立書店之所以能生存，是因爲有下列優勢：

獨立書店規模較小，所以身手靈活，調整營業方向更具靈活性。

特色化的撰書，抓住固定的族群，這批蔥友忠誠度較高。

與社會關係密切，在地化的情感，這是連鎖書店做不到的。

經營時間久遠的獨立書店，如果能創造出別致的文化氛圍，曾成爲該地區的文化地標，甚至成爲觀光客朝聖之地，例如眾所周知的舊金山「城市之光」書店、臺灣淡水河畔以賣詩刊爲特色的有河書店同志進出的晶晶書庫，都是很好的例子。（註二〇）

總之，漫步在能尋寶似的翻閱、撒播在臺灣各角落裏的獨立書店，曾明顯地感受城鄉文化氛圍，爲書香社會的建立、尤其幫出版社銷售圖書打開局面。但也有人對這種書店不以爲然，如隱地說：

如今，全臺灣三百多個鄉鎮，書店差不多已全部打烊，代之而起的所謂二手書店或獨立書店，都是在巷弄里弄一間小屋，彷若辦家家酒，打著文創風卻又很隨興，說開就開，說關就關，這樣的所謂書店，就我的觀點，只能稱之爲「書的遊樂場」。生命中的偶然一天，你在這樣的書店，喝了一杯咖啡，買了一本書，下回突然想起，再去尋找，早已沒有這家書店，彷佛李伯大夢，眞的是一場夢啊。（註二一）

第九節　異軍突起的出版社

在「只見退書，不見補書」的年代，出版業不甘心失敗：不但沒有萎縮，反而在不斷增加，僅一九九四年，臺灣平均每個月幾乎增加三十家左右的出版社。在新世紀，不少出版社的確出版了不少好書，如蔣勳的《夢紅樓》、王鼎鈞的《古文觀止化讀》以及大陸作家章怡和的《伶人往事》。另還有值得注意的新辦刊物，如創辦於二〇〇三年八月的《INK印刻文學生活誌》：INK與中文「印刻」發音相同，都是構寫人類理想，留下墨跡的意思，不分地域種族差異，將深刻的內涵思想化成爲人類共同的生活態度。二〇〇二年五月成立的印刻出版社和其雜誌一樣，以文學爲主，兼及其他書籍，凡是人物、生活、年輕族群習俗都涉及，其選稿標準只問好壞，不分中外、新舊、男女、臺灣與大陸，希望通過出版品改變時代的氣質，讓社會風氣不會更敗壞。

「印刻」是兩個很有寓意的漢字，但翻譯成英文Ink，則是「墨水」的意思。初安民說：「印刻這個名字是先有英文再有中文的。人們以前在大街上經常可以看到刻章、刻印的店，我就把刻印倒過來，變成了印刻」。（註二二）作爲一個比較傳統的文人，初安民總是希望能回到過去，回到用毛筆蘸著墨水來書寫的古老傳統裏面，而不是總在開拓未來。

印刻出版社初創時出版了名作家的新作，也有林懷民的《蟬》、朱天心的《古都》等舊作，以及《朱西寧作品集》、《楊照作品集》各四種，《季季作品集》、《平路作品集》各兩種，還有孫大川主編的多卷本《臺灣原住民族漢語文學選集》，龍應台三代共讀的「人生四書」，其視野沒有只盯在臺灣，而是擴展到整個華人世界，從而編織出一幅以華人作家爲中心的出版地圖。

在現在這個有些輕視甚至鄙視文學以致「書越出越多，擺在書店裏的越來越少」的時代，文學還是初安民珍愛的信仰，正是這個珍愛且信仰的文學支持著初安民。印刻出版社創建初期，初安民坦言得到楊照，還有兩個大陸作家朋友張承志和張煒的大力支持。後來，又出版張大春的書，當年初安民給他在聯合文學出版社出版《大頭春生活週記》，這本書破了臺灣出版紀錄，賣了二十七萬冊。

余光中過八十大壽時，初安民沒有實施「零庫存」，而是爲他出了一本精裝詩選。後來也跟進出版

《商禽詩選》。這與初安民把文學當做改造社會的途徑和手段，所做的所有的事情都是在往這個方向發展有關。初安民不懼「賣書像賣金剛鑽」，更不懼書店重視「退書勝於補書」。他一直在追求做臺灣最好的出版社。他的閱讀量非常大，常常通過大量而廣泛的閱讀，讓自己提前發現有潛力的作者，比如駱以軍、李維菁、胡淑雯等等。這麼多年下來，初安民不僅有沉澱下來的穩定的老作者，而且每天也在找尋新作者。一旦鎖定一個人，初安民會一路關照他，從生活到寫作，全方位地照顧，以做「作家的保姆」爲榮。

創辦於二〇〇一年十月三日的二魚文化出版公司，發行人爲謝秀麗。該社每月出四至六本書。據巫維珍介紹，二魚文化目前有五個書系：「文學花園」、「人文工程」、「健康廚房」、「閃亮人生」、「sweet」。「文學花園」與「人文工程」，是二魚文化人文精神的展現。《文學花園》以主題散文與小說劇作爲主，「創意」與「閱讀樂趣」是撰書要件。主題散文是臺灣散文書展値得注目的面向。近年來，飲食文學、運動散文都建立了新的閱讀群眾。（註二三）

創辦於二〇〇二年一月的一方出版社，發行人陳雨航。他在麥田時期曾經與王德威合作過「當代小說家系列」、「麥田人文系列」，受到研究者好評。「一方」成立後，王德威仍幫「一方」企業書系，內容與文學理論、批評、研究有關。大陸一線作家如王安憶、葉兆言、蘇童、李銳……等人，也都在「一方」出版新書，與陳雨航再續前緣。

創辦於二〇〇二年一月的共和國文化事業有限公司，已有五個出版品牌：「遠足文化」、「木馬文化」、「左岸」、「西遊記」、「繆思」。截至二〇〇二年止，已出版一五〇本書，職員有三十四人。

第十節　刺激臺灣學者的「出版史」

「臺灣出版書籍的質與量均稱得上驚人，幾乎所有想得到的題材、內容，都可在坊間找到相關書籍，唯獨缺少一本『臺灣出版史』。」（註二四）

二〇〇一年五月，北京學者辛廣偉由河北教育出版社出版了《臺灣出版史》。

辛廣偉，一九六三年十月生於遼寧撫順，遼寧大學中文系畢業。一九九四~二〇〇五年在國家新聞出版署版權司與圖書司工作，後任大陸最高規格的「人民出版社」總編輯。發表文史評論多篇，在臺灣遠流出版公司出版有《世界華文出版業》、《版權貿易與圖書出版》，另主編有《宋人情詞賞觀》等書籍。一九九一年起開始從事臺灣出版、版權貿易研究，發表有大量相關文章。其中《臺灣出版史》是中國第一部有關臺灣出版研究方面的專著。該書後記中敘述寫此書的原委：一九九四年來臺灣搜集出版相關資訊與書籍，觀察到「臺灣出版業雖較發達，但出版研究尙有缺陷」。對花了三年功夫所搜集來的資料、訪問記、撰述的作品，他謙虛地說：「然隔岸觀景，霧裏看花，畫猫類虎，自是必然。惟一人之思，一身而爲，一家之言，雖或大謬，亦無大礙，引玉之磚而已。」

《臺灣出版史》書前有五點說明：

一　本書涉及的出版業範圍以圖書、雜誌、報紙與有聲出版四類爲主，兼顧發行、出版研究等相關內容。爲兼顧兩岸對出版業的分類習慣及與出版的密切關係，本書也用兩節的篇幅論及了通訊與印刷業。

二　爲便於敘述，本書雜誌與報紙的區分大體採用了臺灣的習慣分法，即刊期在七天及七天以內者爲報紙；七天以上者爲雜誌。

三　在出版物內容分類方面，主要以大陸出版界的分類習慣爲主，除特別注明者外，出版物一般分爲社會科學、科學技術（自然科學）、文藝、少兒與漫畫五大類。

四　由於臺灣的出版事業總體上是從光復後開始發展的，所以，一般均以光復爲開端。光復至今又以解嚴爲界，分爲解嚴前與解嚴後兩段。光復至解嚴間，一般按年代分段。光復前的各種出版活動專列爲一章。

五　與出版相關的發行、書展、出版研究等均分別列專章撰寫。

《臺灣出版史》共二十一章，依次爲：光復前的臺灣出版、光復至五十年代的圖書出版業、六十年代的圖書出版業、七十年代至解嚴前的圖書出版業、解嚴至九十年代的圖書出版業、少兒圖書出版業、漫畫出版業、光復初及五十年代的雜誌出版業、六十年代的雜誌出版業、七十年代至解嚴前的雜誌出版業、解嚴至九十年代的雜誌出版業、光復至五十年代的報紙出版業、六十年代至解嚴前的報紙出版業、解嚴至九十年代的報紙出版業、有聲出版業、通訊業、印刷業與出版社團、臺灣的書刊發行、書展、出版研究、著作權、兩岸出版交流。

從有出版活動的記載到千禧之年，臺灣出版史約有二百年左右，可從未有人系統地整理寫出這樣的出版史。使人佩服的是作者處理史料的能力，如〈光復後的臺灣出版史〉是很難下筆的，可作者駕輕就熟，將史料爲自己的論點服務，做到了材料與觀點的統一。此外，「壓制與抗爭」、「翻印西書風波」、「出版管制的劇變」，也很有新意。

由於內容太廣泛，作者寫此書畢竟是隔岸觀火，「這有點『牆裏鞦韆牆外佳人笑』，進到院子裏，和隔了一層牆，由坐在牆上的人敘述牆內種種歡笑和喜樂的狀況，總是無法予人親歷其境的感同身受。」（註二五）這就難免出現一些史料錯誤，如第三十五頁說洛夫是《創世紀》詩社的創辦人，其實創辦者應該是張默。不錯，洛夫也參與創辦，但他位居第二。還有同頁又說紀弦主辦了《現代派》雜誌，其實雜誌名叫《現代詩》，另有「王敬義」多次錯爲「王敬羲」。

儘管存在一些錯誤，但這本書還是極大地刺激了臺灣文化界。封德屏在其主編的《臺灣人文出版社三十家》中的〈前言〉中，說辛廣偉的書「以堂堂四百六十頁的規模，呈現在我們的眼前。面對著談了許久卻遲遲沒人動筆。自己的出版史，由中國大陸的學者先完成，心中五味雜陳。」（註二六）封德屏編輯工作繁忙，沒有時間寫出版史，但主編了《臺灣人文出版社三十家》及《台灣人文出版社十八家及其出版環境》，爲後來者撰寫臺灣出版史打下基礎。爾雅出版社的發行人隱地，也是寫臺灣出版史的不二人選。尤其是他那不輕易示人的文學老抽屜，藏的珠寶不少，可老是串不起來，於是只好寫了「回到五十~九十年代」的系列散文，供寫臺灣文學出版史學者（尤其是筆者參考）。至於陳銘磻在一九八七年十二月號《文訊》連載的〈四十年來臺灣的出版史略〉，堪稱微型出版史，可惜他未能將其擴充成一本專著。如由他來寫臺灣出版史，肯定會超過辛廣偉。

第十一節　宏偉的作家研究資料工程

二〇〇四年四月至二〇〇九年十月，臺灣文學發展基金會暨《文訊》團隊受臺灣文學館委託進行「臺灣現當代作家評論資料目錄」專案計劃，共收集整理三一〇位作家相關研究評論資料近十萬筆。在此基礎上，臺灣文學發展基金會暨《文訊》團隊再次受臺灣文學館委託，於二〇一〇年開展「臺灣現當代作家研究資料彙編」套書編纂計劃，至二〇一七年底，歷時八年，宏偉工程終於竣工，共出版了一百冊《臺灣現當代作家研究資料彙編》。

書名《臺灣現當代作家研究資料彙編》中的「現當代」，其概念來源於大陸，但不同於大陸。大陸「現代」通常是指一九一九～一九四九年；「彙編」的現代，係指日據中期一九二〇年至一九四五年八月。「當代」，是指光復後到編書爲止的二〇一七年。「臺灣作家」，按「彙編」的重要策劃人李瑞騰的說法，是「指生活在臺灣的寫作人，包括原籍臺灣和從外地移入者。」（註二七）這後者相當重要，是李氏不同於「南部詮釋集團」的地方，體現了他的包容性。這裏還包含有時間性的歷史分期，也有空間性的範疇。按照此標準，不是出生在臺灣但長期在臺灣生活和寫作的文學人，也可入選，如蘇雪林（一八九七～一九九九）、梁實秋（一九〇二～一九八七）、謝冰瑩（一九〇六～二〇〇〇）、陳紀瀅（一九〇八～一九九七）、姜貴（一九〇八～一九八〇）、覃子豪（一九一二～一九六三）、紀弦（一九一三～二〇一三）、吳魯芹（一九一八～一九八三）、鹿橋（一九一九～二〇〇二）、羅蘭（一九一九～二〇一五）等。這些作家都不同程度上吸取過大陸新文學的營養，在光復後的臺灣大放異彩。據廖振富統計，這類外省籍作家有五十三人，本省籍作家有四十七人。（註二八）這兩者大體做到了平衡，而沒有人為地去突出那一派。本地作家有生於一九二〇年代的詹冰（一九二一～二〇〇四）、陳千武（一九二二～二〇一二）、葉石濤（一九二五～二〇〇八）、鍾肇政（一九二五～）、錦連（一九二八～二〇一三）等所謂「跨越語言的一代」。至於生於日據中晚期的一九三〇年代作家，他們在日本投降後經過「去日本化」的洗禮，受過完整的中文教育，如鄭清文（一九三二～二〇一七）、陳冠學（一九三四～二〇一一）、李喬（一九三五～）、黃春明（一九三五～）、白萩（一九三七～）、陳若曦（一九三八～）、郭松棻（一九三八～二〇〇五）、七等生（一九三九～二〇二〇）等。

鑒於日本戰敗、中國勝利在臺灣歷史上寫下壯麗的一頁，故「彙編」收錄作家以一九四五年前出身者為下限，唯一例外是一九五三年出身的李潼，因其在兒童文學創作方面有驕人的成績，且在二〇〇四年去世，故也在入選名單之內。（註二九）

至於「作家研究資料」，「係指研究作家所據以分析判斷的材料，包括傳記資料、文本資料、前行代研究資料。本叢書各冊依類為序，包括：圖片集（照片、書影、手稿）、生平及作品（小傳、作品目錄及提要、文學年表）、研究綜述、重要文章選刊（作家自述、評論及報導）、研究評論資料目錄（專書與學位論文、生平資料篇目、作品評論篇目）等，即是從其本義出發的編輯規畫。」（註三〇）

臺灣《臺灣現當代作家研究資料彙編》計劃的完成，是臺灣文學研究界的學術大檢閱，其中有前行代，也有研究生。如第一階段的《臺灣現當代作家研究資料彙編》，《文訊》即聘請學者專家陳建忠、張恆豪、陳信元、黃惠禎、向陽、張文薰、柳書琴、陳萬益、陳義芝、須文蔚、許俊雅、應鳳凰、周芬伶、張瑞芬、彭瑞金、陳芳明、阮美慧等負責編選工作，在嚴謹的編輯體例下，分為「圖片集」等五個部分，系統呈現出作家生平創作、研究概況、歷史地位與影響，爲臺灣文學研究提供了完整的研究教學參考資料。《文訊》團隊擔纂修之任，其編輯體例，最初由張錦郎協助編訂工作手冊，經諮詢委員與審查委員多次提出細部調整，可謂排列條貫，體例完整。（註三一）

《臺灣現當代作家研究資料彙編》用八年時間收穫了一百本書，這是臺灣文學出版史上的一件大事。無論是保存史料，爲臺灣文學學科建設或對華文文學界認識臺灣地區的重量級作家，都有莫大的幫助。有了這套書，撰寫詳實而嚴謹的臺灣文學史，也就指日可待了。

第十二節　爭議甚多的《臺灣新文學史》

無論是西方還是臺灣的學者，都不像大陸熱衷於編寫文學史，而更喜歡編文學作品選。在這種情況下出現的《臺灣新文學史》，對一直被邊緣化的文學史書寫，無疑是一種推動。

《臺灣新文學史》本是一個巨大的工程。過去，臺灣學人在這方面幾乎交了白卷，現在陳芳明出版的這本同名書，（註三二）是這項工程的鋪路石，是陳氏著作中最重要的一本。該書出版後，著者獲得鮮花的同時，也收穫了一片荊棘，這是名副其實的毀譽參半的文學史。

這本書的框架和分期不是脫胎於葉石濤的《臺灣文學史綱》（註三三），更看不見大陸學者出的同類書構架的影子。比起葉石濤過於簡陋寒傖還不是正式的文學史《臺灣文學史綱》來，在時間上比葉石濤多寫二十年，且不局限於「本土」即島內單一族群的狹窄立場，視野顯得相對寬闊：正是這種開放的眼光，陳芳明將大陸出版的臺灣文學史著作中完全未注意到的馬華作家在臺灣以及張愛玲、胡蘭成所形成的「張腔胡調」現象寫進書中。《臺灣新文學史》從本省寫到「外省」，從島內寫到島外乃至海外，這是堅信「臺灣文學就是臺灣人用臺灣話寫臺灣事的文學」（註三四）信條的學者寫不出來的。

陳芳明是當今文壇極爲活躍同時有慧眼的評論家。體現在《臺灣新文學史》中，他對現代主義「入侵」臺灣原因的分析，不局限於美援和臺灣社會西化的外緣因素上，還深入到文學本身去詮釋。此外，該書突出林海音對五十年代文壇的貢獻，將聶華苓主辦的《自由中國》文藝欄用專節表彰，這是他超越同類著作的地方。在談到五十年代男女作家創作路線的不同時，他認爲「從獲獎與較爲著名的反共小說來看，男性的文學思考偏向廣闊的山河背景與綿延的時間延續，而小說人物大多具備了英雄人物的性格……同時代的女性作家，縱然也在呼應官方文藝的要求，卻並不在意重大歷史事件與主要英雄人物的經營。她們鮮明的空間感取代了男性作家的時間意識……這種空間的巧妙轉換，構成了一九五〇年代臺灣女性小說的主要特色。」（註三五）像這種分析，均顯示出作者的評論功力。

《臺灣新文學史》還在上世紀末《聯合文學》連載部分章節時，就引起了巨大的爭議。陳映眞認爲，陳芳明在〈臺灣新文學史的建構與分期〉中亮出「後殖民史觀」，是史明在《臺灣人四百年史》等書中建構的「臺獨史觀」的文學翻版，同時是李登輝講的「國民黨是外來政權」的文學版。（註三六）在這次出書時，陳芳明仍堅持這種「雄性」的文學史觀。陳芳明在接受記者採訪時聲稱：「不希望用後來的某些意識形態或文學主張去詮釋整個歷史。它在你們出生之前就已經存在了，不能把過去的歷史收編成當前一個政黨的意識形態。我主要的出發點在於，我不想替藍或綠說話，而純粹爲文學與藝術發言。」（註三七）作爲曾擔任過民進黨文宣部主任這種重要職務的陳芳明，進入學術界時要完全脫胎換骨——由政治色彩鮮明的「戰士」蛻化爲無顏色的「院士」，談何容易！陳芳明在接受《自由時報》採訪時，就曾坦率地說：「我才是眞正的綠色！」（註三八）如書中將中國與日本並稱爲「殖民者」和多次出現抗拒「中國霸權」論述的段落，明眼人一看就知在替「綠營」發聲。更奇怪的是論述反共文學時，陳芳明說「反共文學暴露的眞相，尚不及八十年代傷痕文學所描摹的事實之萬一。反共文學可能是虛構的，但竟然成爲傷痕文學的『眞實』。」（註三九）這裏對大陸傷痕文學與臺灣反共文學所作的非學術性比較，不僅掉進了「藍營」意識形態的陷阱裏，而且還給大陸學者「兩岸文學一脈相承」的看法提供了最佳佐證。

臺灣文學應包括嚴肅文學與通俗文學。陳芳明寫文學史，拒絕讓瓊瑤、三毛、席慕蓉、古龍進入他的文學史殿堂，這有違他主張的兼容並納的自由派立場。還有文學史寫法問題，《臺灣新文學史》不少論述給人的感覺是作家作品評論彙編。

《臺灣新文學史》出版後，出版家隱地說陳芳明的書日據部分所戴的是「綠色眼鏡，寫光復以後的文學史卻換了『藍色』眼鏡」（註四〇）。

這本書號稱「歷時十二載，終告成書」，其實中間作者寫了許多文章和書。書的封底上還有「最好的漢語文學，產生在臺灣」，在書中根本未進行論證。作爲一本嚴肅的文學史著作，完全用不著借世俗的方法去推銷。許多章節尤其是最後寫到新世紀臺灣新文學只有「文學盛世」的空洞讚美而無實質性內容。這種倉促成書的做法，就難免帶來許多史料差錯，詳見〈送給陳芳明的大禮包〉。（註四一）

陳芳明的《臺灣新文學史》，是對臺灣文學史寫作方法的一次探險，一次實驗，對何爲臺灣文學作過某種程度的獨立思考。這「獨」也包含了臺獨之獨，這使人想起雷納・韋勒克在一九八二年曾發表過〈文學史的沒落〉。臺灣文學史的書寫才進入「試寫」階段，遠比不上對岸書寫臺灣文學史及其專題史那樣堅挺和多元，故還未達到「沒落」的地步，但像陳芳明這種用不同「眼鏡」書寫文學史且硬傷甚多的情況，有學者認爲離「沒落」也就爲期不遠了。

第十三節　兩岸爭奪張愛玲著作出版權

以出版瓊瑤作品著稱的皇冠出版社，自稱擁有張愛玲作品永久和無限的獨家授權。從二〇〇三年起，他們對凡出版過張愛玲作品的大陸出版單位展開強大攻勢，控告他們侵權，一本書索賠高達五十萬元人民幣，還牽連到電子出版物和影視改編權。二〇〇五年，出版過《張看》、《傳奇》、《紅玫瑰與白玫瑰》等張愛玲作品的北京「經濟日報出版社」，「皇冠」向其索賠二百萬元的目標雖然沒有實現，但北京市第一中級人民法院認定經濟日報出版社侵犯專有出版權，判令停止出版發行，同時賠償經濟損失四十萬元。經濟日報出版社不服判決結果，向北京市高級人民法院提出上訴，但北京市高院仍維持原來的判決。

眼看旗開得勝，皇冠出版社從二〇〇六年起，控告上海文匯出版社、浙江文藝出版社等六單位，並通過法院保全封凍了一些出版社賬號。還有近二十家出版社也等著挨打命運：要麼銷毀已出版的文集，要麼高額賠償，其中涉及的圖書一百多種，賠償金額總數據說高達一千多萬元人民幣。（註四二）

皇冠出版社起訴的理由爲：他們「擁有張愛玲遺產繼承人宋淇夫婦簽署的〈委任授權書〉，該『書』寫道：『本人茲委任臺灣皇冠文學出版社有限公司獨家代理有關本人所擁有之張愛玲女士著作權在全世界任何地區之一切版權事宜，包括任何出版授權及其以任何形式、任何媒介之一切改作和衍生授權。』」

大陸資深張愛玲研究專家、《張愛玲文集》編者金宏達接受《文匯讀書周報》採訪時表示：臺灣皇冠出版的《華麗與蒼涼》一書中附有一封張愛玲的親筆信，該信是一九九二年二月十七日張愛玲給遺產執行人林式同遺囑的副本影印件的附件。張愛玲在寫此信三天前的一九九二年二月十四日，給大陸的姑父寫了一封授權書，授權在大陸出版其著作。由於立遺囑事先沒有通知林式同，三天後，張愛玲將遺囑的副本影印件郵寄給林式同。張愛玲信中明確表示，如林式同同意，她就將授權書拿去登記，「如有難處，不便擔任，再立一份，這份就失效了。」並要求林式同電話告知結果。林式同在回憶文章〈有緣得識張愛玲〉中，則認爲張愛玲立遺囑爲時過早，並未予以回復，所以也就未能登記認證。（註四三）這至少說明「張愛玲作品的財產權至今仍處於擱置狀態，臺灣皇冠本身也在侵權。」

被告內地出版社代理陳律師認爲，張愛玲的信已經清楚表明，如果林式同不回復她，這份遺囑就自然失效，她再立一份。陳律師認爲，張愛玲作品的著作權在其生前就已經產生可觀收益。按照美國遺產法，美國公民生前遺囑須經法院認證，但是張愛玲生前處理其遺產時並未完成法律手續，受遺贈人宋淇夫婦也未履行其法律義務。金宏達亦認爲，立遺囑後三年多時間裏，林式同和宋淇夫婦也未從張愛玲處獲得任何有關遺贈的文件和信息，遺囑應該視爲失效。「況且當時張愛玲的弟弟和姑父還都健在，自然繼承人應是她弟弟。」

二〇〇七年六月，北京「文化藝術出版社」、中國戲劇出版社、文匯出版社等十二家媒體共同發表〈聯合聲明〉，不承認「皇冠」繼承權的合法性，拒絕他們不合理的索賠要求。

自大陸出版社聯合聲明拒絕臺灣皇冠出版社高額索賠要求後，沉默多時的「皇冠」委託大陸乾坤律師事務所召開了發布會，就大陸出版社的新證據「張愛玲的一封親筆信是否能推翻此前立下的遺囑」做了澄清。乾坤律師事務所表示，林式同在給張愛玲的信裏曾清楚地表述「在張愛玲來說，我不回音，就等於默認」，顯見林式同並沒有任何拒絕擔當遺囑執行人的意思，而且事後他也的確用自己的行動完成了作爲遺囑執行人的工作，而且張愛玲在一九九二年三月十二日寫給宋淇夫婦的信中，明確提到「林式同答應做executor」（遺囑執行人）。第四個證據是無論如何張愛玲只立了一份遺囑，所以「皇冠」是張愛玲著作權的合法擁有者。

這場張愛玲著作版權爭奪戰折射出兩岸版權領域的許多現象：相關法律規定中缺乏具體的賠償標準，版權社會服務體系不健全。不過，這個索賠與反索賠的對峙，不完全是經濟問題，背後所隱含的是一場兩岸有關張愛玲著作權、詮釋權、出版權的爭奪戰。在二〇〇九年張愛玲遺作《小團圓》出版後，爭論仍在繼續。其中張愛玲研究專家金宏達的看法最引人矚目：張愛玲是美國公民，其遺產繼承適用美國法律，臺灣皇冠打官司不出具遺囑證據原件，也沒有美國遺產法院認證和執行著作權讓渡的原始文件，宋淇夫婦擁有張愛玲著作權「無疑存在嚴重瑕疵。」（註四四）

第十四節　大陸簡體字圖書的興衰

在戒嚴時期，大陸簡體字圖書屬查禁對象。應鳳凰在《孤零世界裏的書痴》有這樣的描述：

……輪到我大搖其頭！——凡是簡體字，在臺灣海關一律沒收，我有個寫作朋友，帶一本徐志摩選集，沒收的理由是攜帶匪版圖書（註四五）。

把大陸書稱爲匪版，如此濫用「匪」字，今天讀來恍如隔世。可惜禁大陸書，只能在檯面上，在地下仍在不斷地流通著。迫於形勢，臺灣當局在解除戒嚴後，於一九八七年七月二十二日公布「出版品進口管理與輔導要點」和「出版品進入自由地區管理要點」，規定「臺灣機關、學術機構因業務需要，可以申請出版及採購大陸非宣傳共產主義意識形態的圖書入臺，但出版商必須經過新聞局審查批准」。這些規定儘管設有種種關卡，但畢竟大陸圖書登陸臺島已出現了合法渠道。

伴著開放大陸民眾探親熱潮的到來，具有神秘色彩的大陸書隨之被探親者帶進臺灣，如此一步一個腳印衝破阻力，直至掀起了一個前所未有的大陸圖書熱潮。據統計：一九八七年底至一九八八年底，臺灣至少有五十家出版社在翻印大陸的文學作品，其中人文學科的書籍有一萬種以上；屬七十年代後的作家作品亦有一二〇多種。爲配合這種簡體字圖書熱，出版商還於一九八九年公開出版《簡化字總表檢字手冊》。三民書店一進門則就可看到「歡迎使用人民幣」的廣告。

據周雨薇的研究，大陸簡體字書在臺灣的新起步時期爲一九九二年七月。這時臺灣行政部門制定了「臺灣地區與大陸地區人民關係條例」，其中第三十七條爲：「大陸地區出版品、電影片、錄像節目及廣播電視節目，非經主管機關許可，不得進入臺灣地區，或在臺灣地區發行、製作或播映」。明確規定大陸出版物進口要有許可制，可允許限量進口參閱，但不得公開販賣。一九九四年三月，大陸圖書展在臺北舉行，此次共展出大陸一八一家出版社的一點七萬種（二點六萬冊）圖書。這是大陸圖書首次在臺灣公開展覽，也是海峽兩岸出版交流史上的一次重大突破。可見，臺灣當局在兩岸交流的現實考量下，

在「島內民眾要求進一步開放的輿論背景下，一步步地放開了大陸圖書入臺的限制」。（註四六）

由於文化制度和意識形態的差異，臺灣當局並沒有完全開放大陸書尤其是人文學科、藝術文化類書的進口。可這類書文化界以及高等學校師生均有迫切需要，因而不少在臺灣大學、臺灣師範大學開設的書店，都會爲師生代訂簡體字圖書，學校的圖書館和研究部門進口簡體圖書用的便是這種若明若暗的方式。由於採購這些圖書成本大，一般讀者負擔不起費用，只能從公家單位購買的圖書複印。

隨著兩岸交流的頻繁，群眾不斷呼籲當局盡可能大幅度開放大陸書進來。在這種情勢下，二〇〇一年問津堂書店從廈門大量引進簡體字圖書，這引起當局的警惕，對其採取嚴管乃至查處的政策，這導致輿論界的嚴重抗議。他們紛紛要求銷售簡體字圖書合法化。眼看群眾的不滿情緒無法化解，當局只好作出讓步。二〇〇三年七月，執政者正式施行「大陸地區出版品在臺銷售辦法」，規定大陸簡體字版只要是學校和研究單位需要的學術用書，在辦理相關手續後，即可在臺灣地區公開上市銷售。從此，大陸圖書在臺灣市場走出了灰色地帶，成爲合法行爲。難怪許多簡體書店如雨後春筍般出現，如天龍書局、三民書店、誠品、若水堂、秋水堂、山外、結構群，尤其是聯經出版公司與上海季風園在臺大附近合辦的「上海書店」，受到知識分子的熱烈歡迎。

大陸簡體書除了塡補臺灣出版業空白的作用外，價格不高也是當年能夠在臺灣頗受歡迎的重要原因。一般而言，簡體書在臺灣的定價都是人民幣的定價再乘以固定匯率，早年人民幣的匯率低，因此簡體書的定價比起臺灣出版的圖書便宜許多，更不用說內容的豐富和廣博，以致造成大學生、研究生提著籃子大把大把地搶購簡體書，是那時臺灣溫羅汀書店街的一道亮麗風景。簡體書店也從北部大學商圈，輻射到中南部等其他地區。後來隨著執政者把金錢耗在鞏固國防和選舉上，經濟嚴重衰敗，以及少子化現象的出現，臺灣的讀書人口有減無增，出版業在往夕陽西下方向走，這時匯率只升不降，再加上簡體字書出版質量的提高，大陸書的定價亦不再像以前那樣低廉；新興科技的出現，使讀者在網路能下載大陸書電子版，這造成紙質書的讀者大量流失，導致簡體字書店不斷收縮，如專營簡體書的若水堂在二〇二〇年七月結束了網絡書店服務，緊接著九月三十日關閉了最後兩間位於臺北、高雄的實體分店，這就意味著過去簡體書在臺灣一枝獨秀的好景一去不復返。

大陸圖書已不再走俏，可當局嚴格把關的尺度卻一再收緊，造成雪上加霜，以致類似戒嚴時期「禁書」政策的迴光返照：從二〇二一年二月一日起，臺灣地區出版出大陸授權、簡體字轉繁體字的書，都必須先向文化主管部門申請許可通過，然後才能取得書號，才能享有圖書免稅的資格。這種開歷史倒車的做法，受到不少出版業的抵制，讓這種決定成了一紙空文。即使這樣，大陸書在臺灣仍難改變處於邊緣狀態乃至逐步消失的命運。

第十五節　臺語出版時代的來臨？

「二十一世紀是臺語出版的時代」，這有點危言聳聽，至少在「臺北文壇」沒有人說過，更沒有人聽到過，但在「南方文學」或曰「南方文壇」，有位論者大膽預言這個時代一定會來臨，華語出版一定會被臺語出版所取代；就是不被取代，也有可能與華語出版平分秋色。

這種論調據說來源於執政黨政府最近推動學校臺語課程的啓發，或者說對臺語文化的自信；來源於眾多本土作家在從事臺語創作，尤其是來源於出版臺語文學的大本營——《海翁臺語文學》的母體金安文教機構。該機構出版的一大套十五冊具指標性意義的臺語文學大系，分別是《許丙丁臺語文學選》、《林宗源臺語詩選》、《向陽臺語詩選》、《林央敏臺語文學選》、《黃勁連臺語文選》、《陳明仁臺語文學選》、《胡民祥臺語文學選》、《陳雷臺語文選》、《沙卡布拉楊臺語文學選》、《李勤岸臺語詩選》、《林沉默臺語文學選》、《莊柏林臺語詩選》、《顏信星臺語文學選》、《路寒袖臺語詩選》、《方耀乾臺語詩選》。這些作者知名度不高，難道他們能代表臺灣文學？前衛出版社一九九二年推出的「臺語精選文庫」，也是如此。

「臺語出版時代的來臨」的另一根據是作爲母語代表有最好的刊物，如二〇〇五年十二月創辦的《臺文戰線》，有幾個固定欄目：胡祥民專輯、林央敏專輯、塞佛特專輯、方耀乾專輯、臺語詩的音樂性專輯、臺語小說發展專輯、臺語小說發展專輯、臺語小說發展專輯、臺語小說創作展、臺語文學的一百個理由專輯、陳雷專輯、胡長松專輯、土地佮人的詩篇專輯等等。影響力大的刊物還有《臺文通訊》和團體「臺語文推廣協會」。

此外還有各種臺語工具書的出版。在大學，在民間，各種臺語社團如雨後春筍般出現：臺語社同仁會、蕃薯詩社、臺文通訊社、臺灣語文促進會、臺語文摘雜誌社、臺語社、臺文罔報等等。

更重要的是對臺灣文學定義的重新認定。如林央敏認爲：「臺語文學才是臺灣文學」。按此邏輯，臺語出版才是正統的臺灣文學出版。這是林央敏想說而未說出的話。

臺語出版眞的能從邊緣走向中心嗎？臺語文學眞的會從南部進軍臺北嗎？二十一世紀眞的是臺語出版的世紀嗎？新世紀已過二十年，臺語出版至今還未居主流，或者說離主流地位還相差十萬八千里哩。

臺語出版的時代之所以遲遲未來臨，原因如下：

無論是日據時期還是兩蔣時代，執政者都倡導「國語」即日語或華語，禁用方言。現在是臺灣人當家做主的時代，可統治者並未禁止使用來源於中國大陸的華語，更沒有把臺語當成第一國語，而是讓臺語與華語並存。政府公文寫的是中文，長官發言在正式場合尤其是外交場合，用的也是華語。在選舉時，候選人也不全部用臺語宣布自己的政治綱領，可見要普及臺語，何其難也。

大中國意識或中華意識並沒有在出版界「清除」掉。如要時報出版公司或聯經出版公司全部改用臺語出版，會受到不懂臺語的人或有強烈漢民族意識人的反對。撇開國族認同問題不談，臺語出版高科技就很難通過，也就是說，電腦很難操作這種有音無字的語言。

光復後華語出版在臺灣一直占主流地位，無論是編輯還是校對人員，都習慣華語操作而改用臺語書寫和出版，很多人會變成文盲，這就是爲什麼連臺灣許多本土作家如黃春明都不願用寫得辛苦、讀者讀得更辛苦的臺語，甚至還有人鄙視不登大雅之堂的臺語文學、臺語出版的原因。再加上研究臺語的作者布不成陣，無經典文本供出版者參考。何況這樣做，會遭到客家族群作家的強烈反對，故宣言臺語出版時代的來臨未免言之過早。但絕不能由此忽視臺語出版這一潮流的興起乃至漲大，它將來有可能從南部燃燒到北部，逐步蠶食華語寫作與出版這一不爭的事實。

注釋

一　文訊編輯部：〈編輯室報告．出版的理想與現實〉，《文訊》二〇〇二年九月號。

二　劉文輝：〈新媒介時代文學的生長困境與前景〉，《創作與評論》二〇一二年第十二期，頁七十三。

三　周復儀：〈楊青矗——以文學爲美麗島歷史爲見證〉，《聯合文學》二〇〇九年十二月號，頁七十七。

四　隱　地：《出版圈圈夢》（臺北市：爾雅出版社，二〇一四年），頁十七。

五　張良澤：〈寫於《王詩琅全集》出版前夕〉，載《王詩琅全集》（臺北市：海峽學術出版社，二〇〇三年），頁九。

六　封德屏：〈臺灣現代作家全集的回顧與前瞻〉，載林瑞明總編輯：《二〇〇五臺灣文學年鑑》（臺南市：臺灣文學館籌備處，二〇〇六年），頁二十五。

七　余光中：〈我的四度空間〉，《文訊》二〇一三年一月號，頁五十九。

八　王鼎鈞：〈寫在《關山奪路》出版以後〉，《關山奪路》（臺北市：爾雅出版社，二〇〇五年）。

九　王義銘：〈王鼎鈞：只有寫才覺得活著〉，《中國新聞網》，二〇一二年二月二十四日。

一〇　王鼎鈞編：《東鳴西應》（臺北市，爾雅出版社，二〇一三年），頁一三五。

一一　王德威：〈「如此悲傷，如此愉悅，如此獨特」——齊邦媛與《巨流河》〉，《當代作家評論》二〇一二年第一期。

一二　王鼎鈞編：《東鳴西應》（臺北市：爾雅出版社，二〇一三年），頁一七三。

一三　向　陽：〈蒙塵與出土——小論文學舊書再版重印現象〉，《文訊》二〇〇四年三月號，頁四五〇。本文吸取了他的研究成果。

一四　徐淑佳：〈播撒文學的種籽〉，《文訊》二〇〇七年七月號，頁七十四～七十五。本節資料多來源於此文。

一五 陳信元：〈《文訊》與臺灣文學出版〉，《文訊》二〇〇八年七月號，本節采納了他的研究成果。

一六 黃邵堂等著：《臺灣論風暴》（臺北市：前衛出版社，二〇〇一年六月）。

一七 陳芳明：〈對《臺灣論》事件的回應〉，載陳芳明《孤夜讀書》（臺北市：麥田出版社，二〇〇五年），頁二四二。

一八 王思迅：〈「獨立書店」的明天〉，《文訊》二〇一四年五月號，頁七十二。

一九 陳隆昊：〈網路時代下獨立書店的前行〉，《文訊》二〇一四年五月號，頁七十六～七十七。

二〇 陳隆昊：〈網路時代下獨立書店的前行〉，《文訊》二〇一四年五月號，頁七十七。

二一 隱　地：《回到八十年代》（臺北市：爾雅出版社，二〇一七年）。

二二 劉憶斯：〈我希望通過文學把我們這個時代一個字一個字地印、刻出來〉，《晶報》，二〇一三年三月三十一日。

二三 巫維珍：〈分享、深情與關懷〉，《文訊》二〇二〇年第九期，頁八十。

二四 隱　地：〈大人走了，小孩老了〉（臺北市：爾雅出版社，二〇一九年），頁一一九。

二五 隱　地：《大人走了，小孩老了》（臺北市：爾雅出版社，二〇一九年），頁一二〇。

二六 封德屏：《臺灣人文出版社三十家》（臺北市：文訊雜誌社，二〇〇八年），頁三。

二七 李瑞騰：〈宏偉的人文華夏落成〉，《文訊》二〇一八年一月號，頁一一七。

二八　廖振富：〈標誌時代意義的巍然巨著〉，《文訊》二〇一八年一月號，頁一一六，本節吸取了他的研究成果。
二九　李瑞騰：〈宏偉的人文華夏落成〉，《文訊》二〇一八年一月號，頁一一八。
三〇　李瑞騰：〈宏偉的人文華夏落成〉，《文訊》二〇一八年一月號，頁一一八。
三一　廖振富：〈標誌時代意義的巍然巨著〉，《文訊》二〇一八年一月號，頁一二〇。
三二　陳芳明：《臺灣新文學史》（新北市：聯經出版公司，二〇一一年）。
三三　葉石濤：《臺灣文學史綱》（高雄市：文學界雜誌社，一九八七年）。
三四　見蔡金安主編：《臺灣文學正名》（臺南市：金安文教機構，二〇〇六年）。
三五　陳芳明：《臺灣新文學史》（新北市：聯經出版公司，二〇一一年）。
三六　陳映眞：〈以意識形態代替科學知識的災難——批評陳芳明先生的《臺灣新文學史的建構與分期》〉，《聯合文學》二〇〇〇年七月號。
三七　黃文鉅：〈從文學看見臺灣的豐富——陳芳明×紀大偉對談《臺灣新文學史》〉，《聯合文學》二〇一一年十一月。
三八　張耀仁：〈我才是眞正的綠色——陳芳明談《臺灣新文學史》〉，《自由時報》二〇一一年十二月二十八日。
三九　陳芳明：《臺灣新文學史》（新北市：聯經出版公司，二〇一一年）。
四〇　隱　地：〈一幢獨立的臺灣房屋〉，《聯合報》二〇一一年十二月十日。
四一　古遠清：〈送給陳芳明的大禮包〉，《葡萄園》二〇一二年秋季號。

四二　肖　文：〈臺灣皇冠不擁有張愛玲著作權〉，《文匯讀書周報》，二〇〇七年九月七日。
四三　羅　錚：〈張愛玲遺囑是「無效」的〉，《文匯讀書周報》，二〇〇七年七月二十日。
四四　平　方：〈張愛玲遺作出版引發爭議，國內學者再指《小團圓》出版「嚴重侵權」〉，《中華讀書報》，二〇〇九年四月二十二日。
四五　應鳳凰：《孤零世界裏的書痴》（臺北市：爾雅出版社，二〇一〇年），頁一九一。
四六　周雨薇：〈大陸簡體書入臺的五個時期〉，《兩岸視點》（二〇一一年四月），頁六十九。本節吸收了她的研究成果。

餘論　臺灣文學出版面臨的困境

出版自由的臺灣，題材無禁區的臺灣，辦出版社門檻低的臺灣，繁花似錦，亂象叢生。哪怕全年出書量已超過三萬五千種，每天至少仍有一百種新書涌進書店，但書店畢竟承受不了，只好高喊「退書！退書！」。其發展困境有如下幾點：

一是眼光遠大的出版家少，鼠目寸光的出版商多。所謂眼光遠大，就是不局限在臺灣，而把事業做大，到島外去發展，讓自己的出版社成爲華文文學出版中心。這點臺灣是有條件的，可很少人這樣做。他們的目光只局限於島內，名曰爲本地讀者服務，可爲本地讀者服務不一定要局限在本地，應把生意做到海外去，做到中國大陸去，做到香港、澳門去。當然，這與資金不雄厚有關，但缺少視野寬廣的出版人卻是不爭的事實。

眼光遠大的出版家，並不把賺錢放在第一位，把出暢銷書當成終極目標。當然，辦出版社虧本就會倒閉，但不倒閉尤其是贏利甚多後要回饋社會，回報讀者，可這種出版家並不多。

鼠目寸光的出版者出書就像趕漁訊，什麼書有生意就出什麼書。電腦科技類、商業管理、自我修養、兒童讀物、漫畫還有吃喝玩樂的書，以及如何賺錢的書、搞怪的書。這種跟風者胸無大志，缺乏長遠規劃，滿足於小打小鬧，不往大方向發展。這裏說的大方向，就是島內學者陳大爲說的「立足臺灣，胸懷中國，放眼世界」，可有人把立足臺灣局限在臺灣寫作、臺灣出版、臺灣閱讀，這樣怎能到國際上去競爭；出版品又怎能走出島內，向國際市場進軍呢？

二是政府不把出版業看成是提高國民素質的一個重要方面軍，或有所認識最後還是認爲文化可有可無，出版事業畢竟不一定能爲鞏固政權加分，因而在經費預算時，出版業很難分到一杯羹。現在是民進黨執政，理應給本土出版社免稅或用其他獎勵去扶助，可他們忙於選戰，完全顧不上此事。本土出版社遭冷遇，非本土、非臺語的出版社，其命運也就可想而知了。

三是泡沫書太多，精品書太少。所謂泡沫書，不光是指其體積小，而且指其內容單薄，只能滿足一時閱讀的快感，沒有典藏價值，看後即扔。有些看似有高深的內容，其實經過出版社的包裝，雖印刷精美但也不能掩蓋其內容的膚淺和空虛；而精品書，是指內容深刻、藝術手法高超，可這樣的書愈來愈少了。這就難怪出現寫書的多於讀書的這種怪現象。

四是受鋪天蓋地的電子產品衝擊和數位化的挑戰：

正當大型集團書店，以風華絕代之姿，準備在臺灣從北到南大展身手之際，突然天邊閃起一聲響雷，電腦和手機的出現，數位時代來臨，一個翻天覆地的革命向我們衝擊而來，電腦排版替代了鉛字，銅模一夕之間變成廢鐵，手機徹底改變了閱讀習慣，紙版書對崇尚新科技的年輕人已失去吸引力。手機才是王道，年輕人在手機上聽歌、看電影、閱讀，和朋友哈拉或傳簡訊。書，可有可無，正像CD或卡帶，都不再是人們的焦點，一夕之間，書店黯然失色，重慶南路的傳統書店，早已紛紛不支倒地，從百多家驟減到連十家都湊不足了，而金石堂、新學友、何嘉仁和誠品，原先家家都擬擴充且朝百家分店挺進，風雲變色之際，立即改弦易轍，開店計劃一下變成關店計劃。（註一）

這裏說的重慶南路書店一條街已減到不足十家，其實現在只有「三民」、「天瓏」還在苦撐著。這種現象真應了隱地所說的、人世間的一切不過這十六個字：

一陣騷動
漸行漸遠
不知去向
無聲無息（註二）

是網上書店幾乎霸占了圖書市場，使實體書店「不知去向」，連名氣很大、讓人嘖嘖稱奇的誠品書店也在撤退。看電子書的人多，看紙質書的人是如此之少，全臺灣一二〇個鄉鎮竟找不到一家書店，有些鄉鎮連文具店也沒有了。由此帶來一個問題：紙質書會不會消失？文學出版是否走入了死胡同？其實，這種擔心是多餘的，就像當年鋼筆出現後毛筆並未消失，電視出現後電影仍然存在一樣。如何把電子書的讀者爭取過來，是當下文學出版面臨的一大難題。

五是文學出版社難得請到有水平的編輯和美工設計人員。除了時報文化出版公司、聯經出版公司等少數財力雄厚的出版社外，大部分出版社都是小本經營，編輯人員不像大陸多，一般是十至十五人，還有許多是家庭作坊式，因而不可能大幅提高員工的待遇。據簡媜在〈一個編輯勞工的苦水經〉中云：「基層編輯起薪，從一萬七千至兩萬二千元不等。校完一本十萬字的書，可得一千五百至兩千元之譜」。如此廉價，說明知識貶值，導致校對及廣告界高手不可能來，導致編輯和美工設計師流動性大，哪裏工資高他們就往哪裏去。這種現象再加上出版市場的限制，臺灣的出版業很難引進高水平的管理與編輯人才，這均不利出版高品質的圖書。

六是無法到大陸市場發展。大陸幅員遼闊，人口眾多，如能到大陸辦出版社分社或到大陸舉辦書展，一定會極大地促進島內的文學生產。可大陸的社會制度和文化制度與臺灣有極大不同。儘管同根同種同文，可大陸那邊有種種規定，主要是因意識形態問題，臺灣進軍大陸市場便有極大的難度。如誠品書店早就想來大陸辦書店，可只在蘇州辦過一間規模不大的書店，一直想往上海等大城市發展均無法實現。現在兩岸局勢緊張，執政黨對兩岸出版交流又有種種限制。所謂的「反滲透法」，使得臺灣出版業放不開手腳去體驗大陸出版業書與人的體溫，還有學習北京「萬聖書園」圖書永不下架的做法，這眞是難上加難。

七是臺灣的讀書人口日益萎縮。就大學來說，理應是讀書最好的地方，可現在被選戰、被商業所污染，能靜下來讀書的人已成了稀有動物。遠離書本，遠離文化，這就使文學出版失卻了基礎。銀行不肯對出版業融資，財團極少贊助出版社，政府的獎勵面太窄，這固然是出版業發展的障礙，但「去中」化的教育，把四大古典名著還有唐詩宋詞說成是外國人寫的，這對增加閱讀人口有害無益。

在這個供過於求的出版年頭，出版業不可能有大套書時代那樣高成長、高獲利。媒體環境產生劇變後，出版業有可能從高成長到低成長甚至零成長。在這種情況下，圖書有可能像網頁一樣被檢索被利用。現今暢銷書的封面是那樣醜陋無文，純文學園地在萎縮，在荒蕪，影像媒體卻大行其道，使得文學出版市場寒意迫人。鑒於全臺灣三分之一的鄉鎮都沒有書店，隱地不禁感嘆：

> 連臺北和高雄等都會區，有一天，如果所有書店全經營不下去，而只剩網路書店，請問，以出版書籍爲業的出版社，恐怕也只好關門了。

這種預測未免太悲觀。據報導：國際出版業二〇一九年的發展趨勢爲「紙質書仍爲基本盤、有聲書升溫、線上渠道壯大」，（註三）這種判斷也適合於臺灣。

八是華文出版市場整合難度極大。在全世界人口占五分之一的華人，數量大得驚人，可華人閱讀市場提供的面積不大。這種情況的造成，與各地區政治體制的不同、意識形態的差異，還有生活習俗南轅北轍有關。不僅在東南亞而且在中國陸臺港澳地區，華文圖書市場各自爲政，令人傷感。作爲僅次於大陸的臺灣出版業，本應拋開政治分歧、文化差異，負起整合華文出版市場的重任，可由於臺灣兩派政治惡鬥，使得臺灣與大陸合作的機會越來越少。所謂整合，也就成爲偉大的空話。

儘管有眾多急待解決的困境，但從客觀上說，臺灣的文學出版不會也不該消失，使人感傷的是在臺灣出現了不少余光中當年所說的「半票子」讀者，他們只會跟著排行榜走，而缺乏辨識「僞事實」、「僞文本」的智慧。但我們可以感傷卻沒有理由沮喪：「讀書會」會逐漸成爲人們生活的一部分，文學出版畢竟不會死亡，只是孤獨地存在著。它仍會像「皇冠」、「爾雅」、「九歌」、「聯合」、「印刻」那樣仿照唐吉訶德奮力對抗著風車，守著純文學的最後一道防線，穩定自己的步伐向前邁進。席捲而來的新科技，絕不可能終止紙本書的生命，讀者板塊皆不可能像南極冰山那樣碎裂和崩潰。以後的臺灣文學出版氣象，無論是獲名率還是獲利率，都會有所上升，這是肯定的。

注釋

一　隱　地：《回到八十年代》（臺北市：爾雅出版社，二〇一七年）。

二　隱　地：《朋友都還在嗎？》（臺北市：爾雅出版社，二〇一〇年），頁一三四。

三　張　晴、王珺：〈國際出版業：紙質書仍爲基本盤、有聲書升溫、線上渠道壯大〉，《中華讀書報》（二〇二一年十一月十七日）。

後記　書王的書房

我的書房在名不經傳的竹苑社區，一度靜臥在蛇山南麓，長江黃鶴樓西岸。它是我魂牽夢縈的心靈之鄉，是鍛造學術「磚」著的「工廠」。這座「工廠」不失嚴謹，也不失精緻，更不失文雅，還帶有一股「野性」。在這座「工廠」裏長出的喬木，盡可能讓人感到有一種清新氣息和旺盛的生命力，感到新銳和生猛。

香港中文大學黃維樑教授趁到武漢出席「古遠清與世界華文文學學科建設國際研討會」之際——這個研討會以我爲名，我想自己的學術生涯很可能就此劃上句號了，可黃教授完全不認同——堅持要參觀這座蓬首垢臉的書房，據說它還蘊藏著巨大創造力。

這時，天空已變得陰暗。在這「白日依山盡」的黃昏時刻，黃教授看到我的書房一片狼藉，與「惡婦」故意堆放的大量食品垃圾同伍，書房旁邊的特厚玻璃被砸爛，再加上寫字臺又被她野蠻地「徵用」，還將一張大床橫跨在書房中間，黃教授想進去看書顯得寸步難移。眼看書齋蛻變爲書災，他不由得喟然而嘆：「你現在的處境，與文革時蹲『牛棚』差不多了。」

我厭惡鞭炮，因爲它很像槍聲；我不喜歡映山紅，因爲它會讓我產生「大火」的幻覺。我喜歡安靜，喜歡舒坦，喜歡祥和。當記憶撩開往昔書房的帷幕，映入眼簾的仍然是乳白色的書櫥。在秋風勁吹、桂花滿城飄香的季節，我曾在這個書房接待過韓國的漢學家許世旭、臺灣的陳映眞伉儷、香港的曾敏之。正當我懷想當年時，黃教授突然問我：「你到底有多少藏書？」我沒有直接回答，而是想起有誰說過「惡人像秋天的紅葉，不是生成的，是變成的。」我現在關心的不是有多少藏書，而是想起古人說的「竹可焚而不可毀其節」，或者說房可焚而書不可毀，因而千方百計將這些圖書不被「惡人」損壞而完好地保存下來。這不是危言聳聽。四個多月前，「惡人」在寒冬季節竟將兩盆冷水潑向我們兩位老人的被窩，幸好未潑在書架和藏匿書信的紙箱內。

我只問耕耘，不問收穫。我買書，從不進行登記；只管上架，而不問有多少冊。不論是在雪梨還是首爾，是在新加坡還是吉隆坡，是在北京還是臺北，是在香港還是澳門，我買起書來均有一股瘋狂勁：不是一本本買，簡直是一箱箱地扛。與其說是買書，不如說是到書店「打劫」。

「人間有字處，讀盡吾無求。」但書是讀不完的。關於這點，說來還有點慚愧。我少年家貧，讀書甚少，常常一邊放牛一邊騎在牛背上看小說，有一次家父發現我在燒火煮飯的同時入神地看袁靜、孔厥合著的小說《新兒女英雄傳》，他竟把我的書投入火爐。我讀書最多的時間是在珞珈山求學五年，但那時讀書有罪惡感，怕別人指責我「只專不紅」，怕「左派」說我一腦子資產階級名利思想。爲了彌補極左年代的損失，我後來拼命買書，發憤地讀書。張愛玲說「出名要趁早」，對我來說是讀書要趁早：趁耳朵還沒有失聰，眼睛還沒有失明，脊背還沒有佝僂，讀書便像著魔般不顧身體往前衝，爲伊消得人憔悴，在珞珈山麓做著當文學評論家的美夢。我這時買的書有楊柳岸曉風殘月的「小而美」，也有雲霞出海曙的「大而富」。不管是「小」還是「大」，這些書都是要看的，要用的，一切都是爲在暗夜中獨行時看到篝火。這篝火不是熊熊燃燒，而是一點點閃亮。對讀書來說，就是一本本瀏覽。所謂「瀏覽」，不是一頁頁地讀，而只是欣賞一下裝幀設計，翻翻目錄和後記，再嗅嗅書香，看看插圖，然後就束之高閣。這類書長時期得不到我的眷顧寵幸，其命運已不亞於曹禺《王昭君》中的孫美人了。

寫到這裏，遠方傳來鐘聲，我下意識地看了下錶，是早上六點了，該進書房了。說來不怕別人笑話，我進書房就像進餐廳，因爲我常常有精神饑餓之感。可有些人進自己的書房如入博物館。你看某些企業家的書房，那一排排的書很像等待檢閱的軍隊，人人戎裝筆挺地立正。這酒櫃——不，是書櫃的主人，很可能缺乏精神饑餓的感覺。他買書多半是爲了炫富或裝點門面，而我是爲了充實自己的精神生活，爲了寫論文和書。爲此，我心無旁鶩地「獨坐幽篁裏，彈琴復長嘯」，常常從重重疊疊或橫陳或側臥的書中「挖」出一本，從書架，牆隅，甚至床底下只有使用電筒才能「撈」到的一本雜誌，然後放在寬闊的寫字臺上，東一堆西一塊。「書是青山常亂疊」，要寫作，就從書堆中刨出一個「坑」放紙和筆，哪有閑情逸致去整理這麼多的書、這麼多束信、這層層加碼的書稿？更不可能將書像某位作家那樣用豪華的絲巾時勤拂拭，使其塵埃落地。我當然愛書，但用書比愛書的時間花得更多。

我是樂天派，二十年前與上海一位姓余的文化名人對簿公堂，爲此，我寫了一篇〈打官司是一種文化娛樂〉。至於書房，更是「文化娛樂」好玩的地方。在某種意義上說，我的書房是奢侈的「玩樂室」。古代民歌手留下「魚戲蓮葉東，魚戲蓮葉西，魚戲蓮葉南，魚戲蓮葉北」的佳篇，到了我的書房就變成「書戲書房東，刊戲書房西，報戲書房南，信戲書房北。」這個「玩樂室」有時又變成和「愛侶」溫存的密室。我在朝霞升起之時就奔向寫字臺和我的「愛侶」親吻握手，不間斷地翻書、看書——必須趕緊交代，在我的藏書中混雜有來歷可疑或曰不夠光明正大的書，比如借朋友的書久看不還，再如借圖書館的書，其「僑居」日期已大大超過規定，以致成了「據爲己有」的犯罪嫌疑人。我這位「嫌疑人」，讀的大多數是論著，間或也會讀一些描寫情天恨海、痴男怨女的軟性作品。此外，還讀文化散文，如讀余光中的〈書齋·書災〉，如同相逢一位多年的老友，在密密的書林裏，在粼粼的碧潭旁。讀王鼎鈞的《滴青藍》，又好似看見作者在陽光下喃喃自語，看碧波蕩漾，萬捲雲舒。

我讀書另一方法是玩書。所謂玩書，就是余光中說的玩書的外表而不看內容。我喜新厭舊，愛新書勝過舊書。但我家藏有少量的民國版舊書，它比新書更有收藏價値。不管是還散發出油墨芬芳的新書，還是有霉味的舊書，我從來沒有一天玩到厭。事實上，有些書是要「玩」得長久，才能體會到「書滋味」的。在這種霞光逗留的瞬間「玩書」，有如時光的山水畫，無不定格在歲月的相框裏。

在我的藏書中，絕大部分是自己買的，也有出版社送的和編輯部贈的，亦有不少是朋友寫的書。對這些贈書只有少部分我會認眞閱讀，有時還做點筆記；大部分贈書，只是草草掠過，始終激不起我通讀的欲望。據說臺灣有一位著名詩人收到贈書後，回到房裏撕掉扉頁上的作者簽名，然後立即投入垃圾桶。這太過分了，且違反友情。我的做法是將其打入冷宮，有時則轉贈學生和朋友。

當今書房講究電腦化、現代化。可我這位又老又古的「老古」，對電腦一竅不通。所謂電腦化，就是請內子或學生幫我把像天書一樣難認的草稿，化爲整齊漂亮的打印文字。我本是葛朗臺，可買起書架、書櫥，卻顯得非常闊綽。此外，買書房的附屬物，同樣不計成本。除一箱箱買打印紙和碳粉外，還購買了不同型號的裝訂機。人家只要有小裝訂機即夠用，可對我這位天天寫書的人來說，必須買大型的訂書機。有一回，這大型的裝訂針遺失了，害得全家動員大搜三日，也不見蹤影，只好到網上訂購。當訂購回來時，卻發現原來的裝訂針遺落在一個盒子裏。失而復得，一點也不驚喜，因爲我八十歲出八本書，一本本新寫的學術著作原稿像一塊塊小磚頭，這大裝訂針有如韓信用兵，多多益善。

如今電視連續劇不叫「第一集」而稱爲「第一季」，如此算來，我的書房至少也有「五季」——書房的第一季，是我的工作間。我在左邊寫稿，內子在右邊「敲打樂」，眞是夫唱婦隨，以致有時這個「工作室」成了「匿私室」。工作勞累時，難免互相撫慰，爲日夜糾纏不休的親情、愛情再加書情，抒發「剪不斷、理還亂」的愛慕之情。

書房的第二季是客廳，四壁的書呈頂天立地狀。珍本、善本，放在最高層，以防孔乙己光顧。「書與老婆不借」，在我書房門上早就貼有這樣的字條。

書房的第三季是臥室，這裏放著不少可供有閑而悠閑地閱讀的枕邊書和剛到來的新書刊。

書房的第四季是車庫。我的書房有「三多」：一是叢書多，如臺北九歌出版社出版的《中華現代文學大系》十五卷，臺灣文學館出版的《臺灣現當代作家研究資料彙編》一百冊；二是文學史著作多，如方修的《馬華新文學史稿》，夏志清在香港出版的《中國現代小說史》；三是簽名本多。對有車庫但沒有車（倒是有一輛又古又破的自行車）的我來說，車庫這個「後宮」存放著我從事海內外文學研究以來所珍藏的胡秋原、蘇雪林、余光中、洛夫、無名氏以及艾青、公木、李何林、臧克家、卞之琳、田間、周而復、馮牧、牛漢、曾卓、碧野、王願堅、李瑛、杜鵬程、王蒙的手跡或簽名本。

書房的第五季地點暫不公開，因這裏呈列著全世界兩千多位華文作家手寫的書信原件，這相當於「秘密藏書（信）室」。這書信分爲大陸、臺港澳、海外三大部分。當下一些老闆喜歡用「小秘」，可我這位老而不古的人偏愛用「老秘」，由這位「一家之煮」仔細分類包扎，藏在一個沒有商標圖案的兩大紙箱裏，以防不速之客偷窺。

在尺土寸金的國際大都會武漢，這個「密室」被朋友戲稱是「金屋藏書」，這當然不許外人進入。去年編選榮獲《中華讀書報》二〇二一年度二十五本最佳文學書稱譽的《當代作家書簡》，用的是這個「金庫」。這個「金庫」因爲年久失「修」，這次搬家竟有驚人的發現：足有三大紙箱均未開啟。其中有從舊金山來，從雪梨來，從墨爾本來，從倫敦來，從巴黎來，從新加坡來，從雅加達來，從香港來，從澳門來，從北京來，從上海來的書信。有的是斷簡殘編，歷經相當於水火兵蟲的「家暴」而保存下來。這些尺牘或橫看成嶺，側看成峰；或惜墨如金，或潑墨如雲。或黑雲壓城，或風輕雲淡；或枯筆淡墨，似有若無；有這豐足的資源，哪怕只讀其中五分之二，我還是編成了《當代作家書簡》續集。

想當年，我報考中文系是想當作家，作家沒當成，倒學會了寫論文。爲寫論文，總是把自己關在寢室內，宅在書房中，極少到戶外去戀愛盛開的桃花。每天對著成千上萬的書，畢竟壓迫得我喘不過氣來。當眼睛疲勞時，手腕寫酸時，便停下來欣賞信函。「詩歌是心聲，書法是心畫」——從世界各地寄來的信封上，既有「心聲」又有「心畫」的郵票。內中的信絕大部分爲手寫：或筆攜風雷，大氣磅礡；或筆觸纖細，娓娓道來；或不溫不火，舒疾有序；或端正秀雅，一絲不苟；或任性不拘，隨興塗改；或溫婉動人，柔韌超俗；或難懂得如天書，或潦草得如謎語；或如奔放恣肆的駿馬，或如涓涓細流的小溪。欣賞這些風格各異的書法，其幽秘玄麗的美妙和樂趣，只能用「絕倒」去形容。

古代藏書家的外號叫書蠹，藏書家以書爲精神食糧，從浩如湮海的圖書中吸取養料，這倒也名副其實。不過這裏含有「蛀蟲」之意，聽起來不雅。至於「書痴」，有點呆頭呆腦死讀書、讀死書之意，不符合我的風格。「書淫」，我的書早就滿坑滿谷，已「過多」即達到「淫」的地步。不過，這「淫」字太難聽了。香港作家潘銘燊不滿意上述說法，將自己定位爲「書奴」。他每次搬家——有時從香港搬到加拿大，再由加拿大搬回香港，如此折騰不斷地爲書所累，不斷地爲書所苦，成了地道書的「奴隸」，可我同樣不喜歡「奴」字。因爲我要做書的主人，要讓這些書成爲豐饒的精神家園，讓主人在這裏氣定神閑地寫作，在寫作中讓思想與歷史對話，用心靈與現實溝通。

鄙人的藏書之「雄偉」，有如一座名城，我向世界驕傲地宣布：「古遠清就是這座名城的主人」，或借用香港作家梁錫華的話來說我是「書王」。這個原名梁荏蘿的梁錫華，不僅用詞奇新，而且爲人怪癖。他從不看電視，也不買洗衣機，據說是怕這些勞什子侵占了他的神聖的書房。有一次臺灣某大學邀請他講學，事先要做身體檢查，他覺得這是不尊重自己，便「拒絕」這次交流，由此也失掉了賺外快的機會。至於對自己的「芳齡」，他一直不肯從實招來，害得內地出版的各類臺港澳作家辭典，有的說他三十年代出生，有的說他四十年代出世。直到他的摯友余光中有一次偷窺他填表，才知道他生於一九二八年。

在大陸，僅臺港澳及海外華文文學藏書，我不位居第一，還有誰能比得上？我愛收集數據，我不當冠軍誰當冠軍？「活著就是沖天一喊」，我不懼別人說我狂妄，何況有王豔芳在《人民日報》發表的採訪記〈古書房〉爲證，廣州中山大學王劍叢生前也是這樣點讚我的。我這輩子從沒有當過官，連教學小組長都沒做過，這回就讓我過過官癮，當一回占書爲王的「書王」吧。

如果說宗教是教人如何「失去」，師法宗教的「惡人」則是無師自通。是她霸占了櫥房，霸占了客廳，霸占了走道，霸占了餐桌，霸占了陽臺，霸占了書房，有時還把我視同心肝寶貝的圖書胡亂地丟在地板上再踏上一隻腳。如此這般蹂躪我的精神食糧，逼得我無路可逃，長期在衛生間裏煮飯，有時還躲在衛生間旁邊的一個小角落裏從事秘密寫作。是可忍，孰不可忍？這回只好把價值人民幣二百多萬的房子丟下不管，以敗走麥城之姿逃之夭夭。

想當年，也就是二十年前搬過一次家，圖書足足裝了七卡車。二十年後再遷新居，七卡車變成十四卡車，搬家公司的工友說：「你這哪裏是搬家，搬的是圖書館！」既然是「圖書館」，我這位享書福的

「書王」又有了新的官銜，那就是「圖書館館長」。爲了不讓「館長」成爲光杆司令，我任命「老秘」當外聯部部長，專門爲我在境外出書簽合同、辦手續；「小秘」即我的女兒爲財政部長，專門爲我在世界各地採購華文圖書撥款；「小三」（三個女人中最小的一位）即外孫女爲後勤部長，負責打理稿件的收發，兼顧電腦的維修，新來的保姆則當圖書管理員。有許多瞻之在前忽焉在後的書，文化不高的「下女」不僅能幫我找到，還把散佚各處的《臺灣文學年鑑》和《文訊》，以及《香港文學》、《美華文學》、《歐華文學》、《加（拿大）華文學》、《新（加坡）華文學》、《馬（來西亞）華文學》、《印（度尼西亞）華文學》《越（南）華文學》一期一期按順序擺放好，使我不再在暗中摸索。每當讀到發黃的國外刊物登有我的文章，讀之有如故友重逢。

這次搬遷書房最大的好處是讓那些靠裏層全部臥倒的圖書，終於驕傲地挺直脊背，優雅地與我這位「書王」的目光熱切地交會，接受我一次次的臨幸。至於搬家的高潮，當是不止一次發現「新大陸」。當年那些被打進冷宮的書，本像一雙雙「討債」的眼睛，催我解除「監禁」，這種機會因搬家終於來臨了，特別是發現了一小批臺灣《聯合報》副刊主編瘂弦（王慶麟）當年送給我卻未啟封的臺北出版的《出版界》和《出版情報》雜誌，有許多我正在校對中的《臺灣百年文學出版史》所遺漏的內容，於是連忙補寫「臺港陸合作出版的經驗」、「閩臺合作出版座談會召開」、「大陸簡體字書的興衰」等章節。另還發現「上窮碧落下黃泉」、多年尋覓不見的徐遲的書信，他給我的信裏面還誤裝一封寫給巴金女兒、《收穫》雜誌主編李小林的尺牘。這封尺牘重新出土，我這不堪「信托」的外號也可摘掉了。

梁實秋說他有十一種書信不在收藏之列，臺灣詩人高準則說凡是把「準」寫成簡體字「准」，一律不讀不復。我沒有這樣傲氣，不管是來自山村、廠礦乃至西藏的讀者來信，我都讀，也會收藏。我追摹對岸的名人，當臺灣出版家、有「小巨人」之稱的沈登恩約請剛出獄的李敖寫書時，李敖馬上找出沈登恩念初中時給他寫的信。

讀文朋或詩友的來信，尤其是漂洋過海貼有異國風光郵票的尺牘，一翻開便不忍釋卷。但要書翰往來，面對如雪片般飛來的書信作覆，這便是讀信之樂的副贈品「苦痛」。八十歲的李何林不怕這種「苦痛」，他給我的回覆雖然只寥寥數行，但畢竟是尺素寸心。據說張大千不時向朋友借錢，朋友只要他的收條而不要他還錢，因爲這收條是書法藝術，他的字千金難買。但這回我書房中新出土的某些書信，讀起來並不那麼溫馨，有時看後還會血脈賁張，如某文化名人的粉絲從北京寄來的匿名信，罵我是「畜生（應爲『牲』）」，希望我在春節前就死掉；還發現顧城父母寫給我的「抗議信」，說他的兒子顧城根本不可能殺人，更不可能用斧頭砍人，要我在《愛情·婚姻·家庭》上發表的〈朦朧詩人顧城的血花愛情〉負法律責任等等。幸好我當時給他的回信留了底稿，說明此文從題目到內容均經過編輯大幅度加工，發表後我甚至懷疑這是自己寫的文章。但不可否認，那殺人的道具「斧頭」，是我引自當時許多媒體發表的顧城殺妻的報道，我哪敢掠人之美呢。

「人生千里與萬里，黯然銷魂別而已。」我的「銷魂」方式是購書、讀書、教書、寫書、評書、編書、搬書、借書、送書、賣書。所謂「賣書」，就是希望武漢市中心書城明年落成後毛遂自薦去當董事長。奇怪的是朋友們、學生們發微信或打電話並沒有祝賀我即將就任董事長，因爲他們認爲：這位年齡老化、思想僵化、等待火化的「三化」之人還想當官，已經有點神經不正常了，但他們認爲「蘋果的種子內，有一座看不見的果園」，在「想當『官』的內心處，有一座看不見的書山」，因而沒有立即將我這位痴人說夢者送到瘋人院，仍然祝賀我的喬遷之喜，紛紛慶祝「淪陷」的書房新座落在南湖之濱，擺脫「家暴」重歸主人。爲報答他們的美意，我給發微信者送一套八種《世界華文文學研究年鑑》，打電話者則送繁體字書《古遠清臺灣文學五書》總計九冊。爲安置這些套書和其他藏書，自己則整整做了二十個書架。那些闖過層層關卡飛到我書房內的繁體字書，除擺在客廳的書架外，還流落在案頭、椅子、餐室、走道、陽臺、床上、床下、地板、浴室乃至洗手間。爲整理這些書，我花了差不多兩個月時間。除請保姆這位「圖書管理員」外，還請了幾位學生幫我整理，我就這樣成了新居的書房「王子」。既然是「王子」，當然得處處表現出王者風度。從上面說的叢書、套書送人外，還將從未看過但有些朋友急需用的書，我讓「後勤部長」一捆捆打包快遞給這些天南海北的朋友。

「空山不見人，但聞人語響。」到了琳琅滿目的「古書房」，是「書山不見人，但聞書語響。」「書語」爲何會響？這是別人難以體會到的，只有書的主人才有這種奇妙的感悟。我以「金屋藏書」的主人自居，還封自己爲「書王」，也許有人說這是醉話，可我從來不喝酒。既然不是醉話，那就有可能是傻話，或夢話。不管是傻話還是夢話，我到了耄耋之年，求知欲還這麼旺盛，還不斷地在境內外買書，買不到的書則請朋友在臺北或香港整本複印。我在書房快樂地讀書，快樂地寫塡補空白之書。王鼎鈞說：好書都是「血變成墨水寫成的。」對我來說，一系列拙著均是「汗水變成墨水寫成的」，如《世界華文文學概論》、《臺灣百年文學紛爭史》、《臺灣百年文學出版史》、《臺灣百年文學制度史》、《臺灣百年文學期刊史》、《微型臺灣文學史》、《臺灣文學學科入門》、《臺灣文學焦點話題》、《臺灣查禁文藝書刊史》、《戰後臺灣文學理論史》。

王鼎鈞這位頗富哲理的散文家又說：「江不留水，水不留影，影不流年，逝者如斯」，而我偏要讓逝去的青春留影，遠去的時年留書。這種不懼時間流逝的「書王」，與其說其狂妄，不如說有福氣。我那些經過「家暴」的洗劫而仍然藏書萬卷的「古書房」，在傍晚的炊烟裏顯得那樣古樸，那樣有韻味。「我的靈魂騎在紙背上」（三毛），書房的論著如飯，書信如酒，在書王書房內讀尺牘，如醉；讀論著，如醒。我相信讀書會帶來花開的未來，會像雲朵一樣飛翔在碧空，永遠在破曉的地平線奔馳。

——刊於《文學自由談》二〇二二年第三期

參考書目

總督府警務局編　《臺灣總督府警察沿革志》　第二篇中卷　臺北市　臺灣總督府警務局　一九三九年
臺灣省新聞處編印　《新聞業務手冊》　臺北市　臺灣省新聞處　一九五二年十月
游淑靜等著　《出版社傳奇》　臺北市　爾雅出版社　一九八一年
齊邦媛　《中國現代文學選集》　臺北市　爾雅出版社　一九八二年
孫起明、李瑞騰、封德屛等總編　《文訊》　臺北市　文訊雜誌社　一九八五年十二月號
孫起明、李瑞騰、封德屛等總編　《文訊》　臺北市　文訊雜誌社　一九八六年十二月號
孫起明、李瑞騰、封德屛等總編　《文訊》　臺北市　文訊雜誌社　一九八七年十月號
孫起明、李瑞騰、封德屛等總編　《文訊》　臺北市　文訊雜誌社　一九八七年十二月號
姜　穆　《解析文學》　臺北市　黎明文化事業公司　一九八七年
李瑞騰總編　《臺灣文學觀察雜誌》　第一期　臺北市　臺灣文學觀察雜誌出版一九九〇年
李瑞騰總編　《臺灣文學觀察雜誌》　第二期　臺北市　臺灣文學觀察雜誌出版一九九〇年
王鼎鈞　《兩岸書聲》　臺北市　爾雅出版社　一九九〇年
臺北市出版商業同業公會編印　《出版界》　臺北市　一九九二年秋季號
臺北市出版商業同業公會編印　《出版界》　臺北市　一九九二年冬季號
臺北市出版商業同業公會編印　《出版界》　臺北市　一九九三年春季號

臺北市出版商業同業公會編印　《出版界》　臺北市　一九九四年春季號

孫起明、李瑞騰、封德屏等總編　《文訊》　臺北市　文訊雜誌社　一九九三年三月號

孫起明、李瑞騰、封德屏等總編　《文訊》　臺北市　文訊雜誌社　一九九三年十月號

隱　地　《出版心事》　臺北市　爾雅出版社　一九九四年

文訊雜誌社編印　《五十年代臺灣文學——臺灣文學發展現象》　一九九六年

文訊雜誌社編印　《五十年來臺灣文學研討會論文集（二）》　行政院文化建設委員會出版　一九九六年

文訊雜誌社編印　《五十年來臺灣文學研討會論文集（三）》　行政院文化建設委員會出版　一九九六年

梁明雄　《日據時期臺灣新文學運動研究》　臺北市　文史哲出版社　一九九六年

文訊雜誌社編印　《一九九六臺灣文學年鑑》　臺北市　行政院文化建設委員會出版　一九九七年

孟　樊　《臺灣出版文化讀本》　臺北市　唐山出版社　一九九七年

《文訊》雜誌　臺北市　文訊雜誌社　一九九七年四月號

文訊雜誌社編印　《一九九七臺灣文學年鑑》　臺北市　行政院文化建設委員會出版　一九九八年

文訊雜誌社編印　《一九九八臺灣文學年鑑》　臺北市　行政院文化建設委員會出版　一九九九年

文訊雜誌社編印　《一九九九臺灣文學年鑑》　臺北市　行政院文化建設委員會出版　二〇〇〇年

隱　地　《漲潮日》　臺北市　爾雅出版社　二〇〇〇年

辛廣偉　《臺灣出版史》　石家莊市　河北教育出版社　二〇〇一年一月

楊宗翰　《臺灣文學的當代視野》　臺北市　文津出版社　二〇〇二年
孫起明、李瑞騰、封德屏等總編　《文訊》二〇〇四年三月號
陳　君　《臺灣書店地圖》　臺中市　晨星出版有限公司　二〇〇四年
應鳳凰　《五十年代臺灣文學論集》　高雄市　春暉出版社　二〇〇四年
陳信元　《出版與文學》　新北市　揚智出版公司　二〇〇四年
應鳳凰　《五十年代文學出版顯影》　新北市政府文化局出版　二〇〇六年
黃英哲　《「去日本化」再中國化——戰後臺灣文化重建一九四五—一九四七》　臺北市　麥田出版社　二〇〇七年
封德屏　《臺灣人文出版社三十家》　臺北市　文訊雜誌社　二〇〇八年
孫起明、李瑞騰、封德屏等總編　《文訊》　臺北市　文訊雜誌社　二〇〇八年七月號
孫起明、李瑞騰、封德屏等總編　《文訊》　臺北市　文訊雜誌社　二〇〇九年二月號
隱　地　《遺忘與備忘》　臺北市　爾雅出版社　二〇〇九年
隱　地　《朋友都還在嗎》　臺北市　爾雅出版社　二〇一〇年
應鳳凰　《孤零世界裏的書痴》　臺北市　爾雅出版社　二〇一〇年
陳盈如　《前衛出版社之研究》　臺北市　臺北教育大學臺灣文學研究所碩士論文　二〇一二年
隱　地　《出版圈圈夢》　臺北市　爾雅出版社　二〇一四年
隱　地　《回到五十年代》　臺北市　爾雅出版社　二〇一六年
隱　地　《回到七十年代》　臺北市　爾雅出版社　二〇一六年

隱　地　《回到六十年代》　臺北市　爾雅出版社　二〇一七年
隱　地　《回到八十年代》　臺北市　爾雅出版社　二〇一七年
隱　地　《回到九十年代》　臺北市　爾雅出版社　二〇一七年
應鳳凰　《畫說一九五〇年代臺灣文學》　新北市　遠景出版社　二〇一七年
河原功著　張文薰、林蔚儒、鄒易儒譯　《被擺布的臺灣文學——審查與抵抗的譜系》　新北市　聯經出版事業公司　二〇一七年
楊　渡　《有溫度的臺灣史》　臺北市　南方家園文化事業公司　二〇一八年
李　敖　《李敖自傳》　北京市　人民文學出版社　二〇一八年
廖爲民　《美麗島後的禁書》　臺北市　前衛出版社　二〇一九年
柳書琴主編　《日治時期臺灣現代文學辭典》　新北市　聯經出版事業公司　二〇一九年
隱　地　《大人走了　小孩老了》　臺北市　爾雅出版社　二〇一九年
孫起明、李瑞騰、封德屏等總編　《文訊》　臺北市　文訊雜誌社　二〇二一年八月號

作者簡介

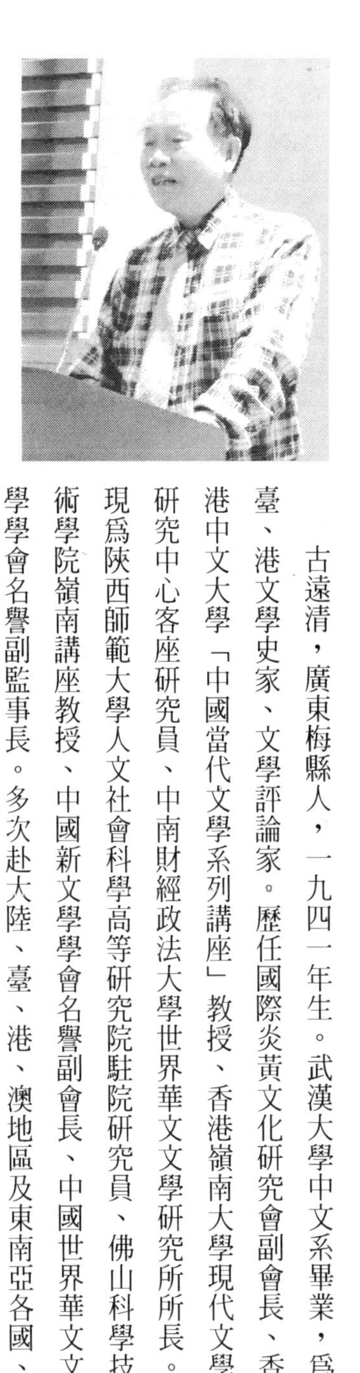

古遠清，廣東梅縣人，一九四一年生。武漢大學中文系畢業，為臺、港文學史家、文學評論家。歷任國際炎黃文化研究會副會長、香港中文大學「中國當代文學系列講座」教授、香港嶺南大學現代文學研究中心客座研究員、中南財經政法大學世界華文文學研究所所長。現為陝西師範大學人文社會科學高等研究院駐院研究員、佛山科學技術學院嶺南講座教授、中國新文學學會名譽副會長、中國世界華文文學學會名譽副監事長。多次赴大陸、臺、港、澳地區及東南亞各國、韓國、澳大利亞講學和出席國際學術研討會。承擔教育部課題和國家社會科學基金項目七項。

著有《中國大陸當代文學理論批評史》、《香港當代文學批評史》、《臺灣當代新詩史》、《香港當代新詩史》、《海峽兩岸文學關係史》、《臺灣新世紀文學史》、《澳門文學編年史》、《中外粵籍文學批評史》、《華文文學研究的前沿問題》、《世界華文文學概論》、《世界華文文學研究年鑑》、《古遠清八秩畫傳》等多部著作；另有在萬卷樓圖書公司出版「古遠清臺灣文學五書」：《戰後臺灣文學理論史》、《臺灣查禁文藝書刊史》、《臺灣百年文學制度史》、《臺灣文學焦點話題》、《臺灣文學學科入門》，以及「古遠清臺灣文學新五書」：《微型臺灣文學史》、《臺灣百年文學期刊史》、《臺灣百年文學出版史》、《臺灣百年文學紛爭史》、《臺灣當代文學辭典》。

文學研究叢書 · 古遠清臺灣文學新五書 0810YB8

臺灣百年文學出版史

作　　者　古遠清
責任編輯　林以邠
特約校對　林秋芬

發 行 人　林慶彰
總 經 理　梁錦興
總 編 輯　張晏瑞
編 輯 所　萬卷樓圖書股份有限公司
臺北市羅斯福路二段 41 號 6 樓之 3
電話 (02)23216565
傳真 (02)23218698

發　　行　萬卷樓圖書股份有限公司
臺北市羅斯福路二段 41 號 6 樓之 3
電話 (02)23216565
傳真 (02)23218698
電郵 SERVICE@WANJUAN.COM.TW
香港經銷　香港聯合書刊物流有限公司
電話 (852)21502100
傳真 (852)23560735

ISBN 978-986-478-676-3
2022 年 4 月初版一刷
定價：新臺幣 460 元

如何購買本書：
1. 劃撥購書，請透過以下郵政劃撥帳號：
帳號：15624015
戶名：萬卷樓圖書股份有限公司
2. 轉帳購書，請透過以下帳戶
合作金庫銀行　古亭分行
戶名：萬卷樓圖書股份有限公司
帳號：0877717092596
3. 網路購書，請透過萬卷樓網站
網址　WWW.WANJUAN.COM.TW
大量購書，請直接聯繫我們，將有專人為您服務。客服：(02)23216565 分機 610

國家圖書館出版品預行編目資料

臺灣百年文學出版史/古遠清著. -- 初版. -- 臺北市：萬卷樓圖書股份有限公司, 2022.04
面；　公分. --(文學研究叢書. 古遠清臺灣文學新五書；0810YB8)

ISBN 978-986-478-676-3(平裝)

1.CST: 出版業 2.CST: 歷史 3.CST: 臺灣

487.7933　　111006110